创新型职业教育精品教材

PLC 编程与应用技术

主审　胡　军
主编　李文武　张晓燕

教·学
资　源

航空工业出版社
北　京

内 容 提 要

本书共有八个项目，内容包括 PLC 基础、位逻辑指令的应用、定时器指令和计数器指令的应用、功能指令的应用、PLC 梯形图程序的设计方法、PID 控制和运动控制的应用、PLC 通信和人机界面的应用、PLC 控制系统应用实例等。

本书集理论性、实用性于一体，图文并茂，通俗易懂，可作为高等职业院校自动化类、机电设备类等相关专业的教材。

图书在版编目（CIP）数据

PLC 编程与应用技术 / 李文武，张晓燕主编. -- 北京 : 航空工业出版社，2023.7（2024.7 重印）
ISBN 978-7-5165-3359-8

Ⅰ. ①P… Ⅱ. ①李… ②张… Ⅲ. ①PLC 技术－高等职业教育－教材 Ⅳ. ①TM571.61

中国国家版本馆 CIP 数据核字(2023)第 088112 号

PLC 编程与应用技术
PLC Biancheng yu Yingyong Jishu

航空工业出版社出版发行
（北京市朝阳区京顺路 5 号曙光大厦 C 座四层　100028）
发行部电话：010-85672666　010-85672683

北京京华铭诚工贸有限公司印刷　　全国各地新华书店经售
2023 年 7 月第 1 版　　2024 年 7 月第 2 次印刷
开本：787×1092　1/16　　字数：358 千字
印张：15.5　　定价：59.80 元

PREFACE

前言

PLC 自 20 世纪 60 年代诞生以来，其发展速度非常迅猛。PLC 作为自动化设备中重要的控制装置，广泛应用于化工、电力、建材、机械制造、交通运输、环保及文化娱乐等领域。因此，相关领域急需掌握 PLC 应用技术的高级技能型人才。

目前市场占有率较高的 PLC 是 S7-1200 PLC。S7-1200 PLC 是西门子公司推出的一款功能较强的小型控制装置，适用于多种应用现场，可满足不同的自动化需求。因此，本书以 S7-1200 PLC 为例，以 TIA 博途 STEP 7 V15.1 专业版为工具，通过应用实例，系统地讲解 PLC 的编程及应用。

本书主要具有以下特色。

1. 素质教育，立德树人

党的二十大报告指出："育人的根本在于立德。"本书有机融入党的二十大精神，秉承能力教育与素质教育同向同行的理念，在正文中添加了"素质目标""知类通达"等，以素质教育为核心，以实践精神和创新能力的培养为主线，潜移默化地引导学生树立正确的世界观、人生观、价值观，帮助学生养成自主意识、责任意识、诚信意识、竞争意识和合作意识，使学生能够将个人发展与国家需要和社会发展相结合，并愿意为之付出积极的努力。

2. 校企合作，工学结合

在编写过程中，编者走访了众多院校和企业，听取了诸多一线教师和行业专家的相关意见，结合长期教学经验和工程实践经验，将理论知识和工作内容有机结合起来，可帮助学生在学习理论知识的同时，掌握实际岗位所需要的操作技能。

3. 任务驱动，理实一体

为满足职业院校多元化教学需求，本书采用项目任务式体例编写。全书分为多个项目，每个项目包含若干个任务，每个任务都按照"任务引入→任务工单→相关知识→任务分析→任务实施"的形式展开。每个项目后面还设置了"学习成果检验"和"学习成果评价"模块。

- 任务引入：让学生初步了解本任务将要进行的工作任务及相关背景，激发学生对本任务的学习兴趣。
- 任务工单：先以思维导图的形式梳理本任务将要学习的知识，然后明确本任务需要掌握的技能，最后引导学生以小组形式分析任务、实施任务，帮助学生培养自主学习的意识和能力。
- 相关知识：以"实用、够用"为原则，讲解相关知识，语言简练，通俗易懂。

- ❖ 任务分析：根据控制系统的控制要求，分析控制系统的工作过程和完成该任务的主要步骤，旨在培养学生的自主分析能力和问题解决能力。
- ❖ 任务实施：以实际工作中需要的技能为出发点，精心设置相关案例，每个案例都按照“I/O 地址分配→硬件接线→程序设计与仿真”的形式展开，学生通过上机操作这些案例，即可掌握相关知识，并能在实践中灵活应用。
- ❖ 学习成果检验：根据本项目的内容安排相关习题，让学生通过做题，巩固所学知识。
- ❖ 学习成果评价：设置于每个项目的最后，以表格的形式，从知识、技能、素养三个方面对学生的学习成果进行评价，并通过“教师评价”和“自我评价”帮助学生了解自己对本项目的掌握情况，以便指导学生提升技能。

4. 案例丰富，学练结合

为了便于学生进一步理解和巩固所学知识，本书在讲解 PLC 的相关指令时，配备了大量典型案例，并给出了详细的解析思路及梯形图程序。与此同时，每个案例都有相应的工程文件，学生可以通过 TIA 博途软件进行仿真测试，有利于提高学生的实际操作能力。

5. 栏目丰富，增趣添彩

本书在讲解时，穿插有“知识链接”“提示”“小试身手”“各抒己见”等模块，这些模块不仅可以帮助学生深度理解知识点、提高技能，还可以增加本书的趣味性、活跃课堂气氛，从而提高学生的学习积极性。

6. 数字资源，平台辅助

本书配有丰富的数字资源，读者可借助手机或其他移动设备扫描二维码获取实训操作视频，也可登录文旌综合教育平台“文旌课堂”（www.wenjingketang.com）查看和下载本书的配套资源，如工程文件、任务工单、学习成果检验答案、优质课件和教案等。

此外，本书还提供了在线题库，支持“教学作业，一键发布”，教师只需通过微信或“文旌课堂”App 扫描扉页二维码，即可迅速选题、一键发布、智能批改，并查看学生的作业分析报告，提高教学效率、提升教学体验。学生可在线完成作业，巩固所学知识，提高学习效率。

本书由胡军担任主审，李文武、张晓燕担任主编，王晓峰、叶莉莉、贺双旭、何雨华、李晓莹、陈树晓、朱强担任副主编。

在编写本书的过程中，编者参考了大量有关 PLC 编程与应用技术的文献资料。在此，向这些文献资料的作者表示衷心的感谢！由于编者水平有限，书中存在的疏漏与不当之处，恳请广大读者批评指正。

CONTENTS
目录

项目一

PLC 基础

项目导读

PLC 自诞生以来，凭借其控制能力强、可靠性高、配置灵活、编程简单、使用方便、易于扩展等优点，成为当今工业自动化中重要的控制设备，广泛应用于各个领域。本项目将介绍 PLC 的基础知识和西门子 S7-1200 PLC 的相关知识。

知识目标

- 了解 PLC 的产生、定义、组成和工作原理。
- 了解 PLC 的特点、性能指标、分类和应用。
- 了解西门子 S7-1200 PLC 的特点和编程语言。
- 了解西门子 S7-1200 PLC 的硬件系统和开发软件。

技能目标

- 能够完成西门子 S7-1200 PLC 的安装和接线。
- 能够正确安装和使用 TIA 博途软件。

素质目标

- 感受中国科技的腾飞，增强民族自信心。
- 养成崇尚技艺、求实创新的职业品质。

任务一 认识 PLC

任务引入

什么是 PLC？PLC 有什么特点？PLC 有什么用途？这些都是初学者较为关注的问题。通过本任务的学习，学生需要初步了解 PLC，这是学习本书后续内容的基础。

请认真学习本任务，并完成任务实施中的市场调查报告。

任务工单

请扫描下方的二维码，获取任务工单，根据任务工单，学生可以课前预习相关知识，课后按步骤进行任务实施，提高操作技能。

扫一扫

一、PLC 的产生和定义

1. PLC 的产生

1968 年，美国通用汽车公司公开招标，要求用新的控制装置取代生产线上的继电器-接触器控制装置，要求新的控制装置满足以下要求：① 编程方便，可现场修改程序；② 维护方便，最好是插件式；③ 可靠性高于继电器-接触器控制装置；④ 体积小于继电器-接触器控制装置；⑤ 数据可以直接送入管理计算机；⑥ 成本上可以和继电器-接触器控制装置相竞争；⑦ 输入可以是交流 115 V（美国的电网电压）；⑧ 输出为交流 115 V、2 A 以上，可以直接驱动电磁阀；⑨ 用户程序存储器容量至少能扩展到 4 KB；⑩ 系统功能扩展和升级方便。

1969 年，美国数字设备公司根据上述要求，研制出了世界上第 1 台可编程序控制器 PDP-14，并在通用汽车公司的自动生产线上试用成功。从此这项研究技术迅速发展，从美国迅速普及至全世界。由于这种新型工业控制装置可以通过编程改变控制方案，且专门用于逻辑控制，因此人们将其称为可编程序逻辑控制器（programmable logic controller, PLC）。

2. PLC 的定义

1980 年，美国电气制造商协会将可编程序逻辑控制器正式命名为可编程控制器（programmable controller），简称 PC。但人们为了与个人计算机相区别，仍称它为 PLC。

国际电工委员会（IEC）在 1987 年 2 月发布的可编程控制器第三稿标准草案中，对 PLC 做了如下定义：PLC 是一种数字运算操作的电子系统，专为在工业环境下应用而设计。它采用可编程序的存储器，用来在其内部存储执行逻辑运算、顺序控制、定时、计数和算术运算等操作的指令，并通过数字式和模拟式的输入、输出来控制各种类型的机械或生产过程。PLC 及其有关的外围设备，都应按照易于与工业控制系统连成一个整体、易于扩充其功能的原则设计。

科技之光

2021 年 6 月 17 日，在第五届未来网络发展大会期间，华为携手紫金山实验室、上海交通大学、宝信软件正式发布了全球首个广域云化 PLC 技术试验成果。本次试验基于确定性广域网技术和下一代工业控制边缘计算架构，在未来网络试验设施（CENI）上实现了沪宁两地间传输距离近 600 千米的广域云化 PLC 工业控制系统的部署和稳定运行，为广域远程工业控制系统的应用铺平了道路。

（资料来源：光电通信网，有改动）

二、PLC 的组成和工作原理

1. PLC 的组成

PLC 由硬件系统和软件系统两部分组成。

1）PLC 的硬件系统

PLC 的种类繁多，但其硬件系统的基本结构大致相同。PLC 的硬件系统主要由中央处理器（CPU）、存储器、输入/输出接口、电源等组成，如图 1-1 所示。

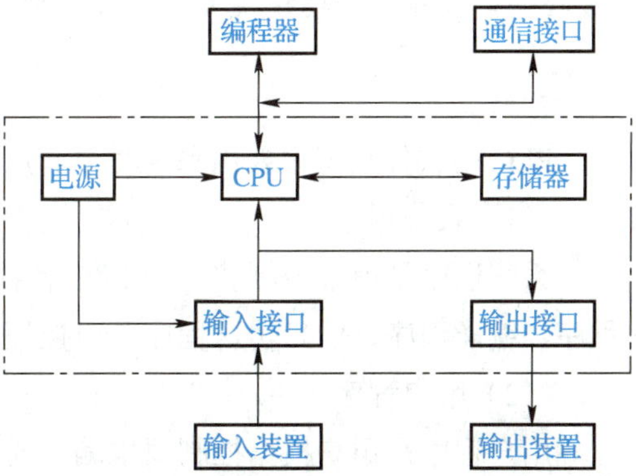

图 1-1　PLC 的硬件系统

（1）CPU。

CPU 的主要功能是完成 PLC 内所有的控制和监视操作。CPU 一般由控制器、运算器和寄存器等组成，通过数据总线、地址总线、控制总线与存储器、输入/输出接口电路连接。

（2）存储器。

PLC 中的存储器按照读写方式的不同，可分为只读存储器（ROM）和随机存储器（RAM）；按照用途和功能的不同，可分为系统程序存储器和用户存储器。

系统程序存储器主要用于存放 PLC 生产厂家编写的系统程序并固化在只读存储器（ROM）中，用户不能访问和修改；而用户存储器主要用于存储用户的程序和数据，常存放在电可擦除可编程只读存储器（EEPROM）和随机存储器（RAM）中。

知识链接

由于系统程序存储器与用户无直接联系，因此在 PLC 产品样本或使用手册中所列的存储器形式及容量是指用户存储器。为避免出现用户存储器容量不够用的情况，许多 PLC 提供了存储器扩展功能。

（3）输入/输出接口。

输入/输出接口也称 I/O 单元或 I/O 模块，是 PLC 与被控设备相连接的端口。输入接口的作用是将外部电路的信息，通过光电耦合电路送至 PLC 内部电路中。输出接口的作用是将 PLC 的输出信号转换为可以驱动外部电路的信号，以便控制执行元件（如接触器线圈、电机、阀门、水泵等）。

（4）电源。

电源将交流电转换为 CPU、存储器等工作所需要的直流电。PLC 内部电路使用的电源是整机的能源供给中心，它的好坏直接影响 PLC 的功能和可靠性。目前，大部分 PLC 采用开关式稳压电源供电。

知识链接

为了满足较复杂的控制需求，PLC 还有一些智能接口模块，如高速计数器模块、温度控制模块等。这些模块大多带有单独的 CPU，有一定的数据处理能力。

2）PLC 的软件系统

PLC 的软件系统主要由系统程序和用户程序组成。

（1）系统程序。

系统程序是用来控制和完成 PLC 各种功能的程序，一般包括系统诊断程序、输入处理程序、编译程序、信息传送程序、监控程序等。

（2）用户程序。

用户程序是用户根据控制要求编写的应用程序，一般包括开关量逻辑控制程序、模拟量运算控制程序、闭环控制程序、工作站初始化程序等。

2. PLC 的工作原理

PLC 采用周期性循环扫描的工作方式，即“顺序扫描，循环工作”。在 PLC 中，用户程序按照先后顺序存放，CPU 从第一条指令开始执行程序，遇到结束指令时又返回到第一条指令，完成一个扫描周期，如此周而复始地循环。PLC 的工作过程（见图 1-2）主要分为 3 个阶段：输入采样阶段、程序执行阶段、输出刷新阶段。

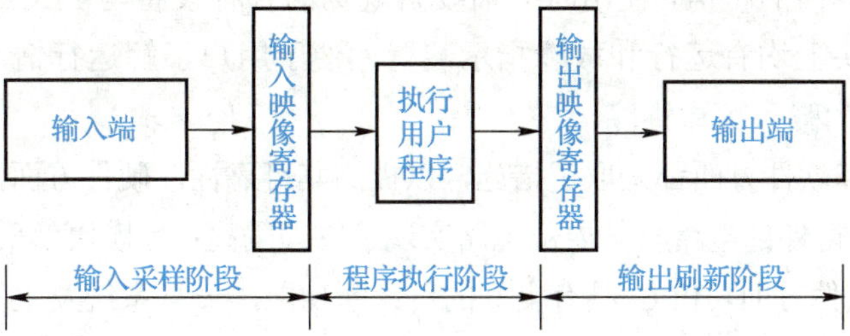

图 1-2　PLC 的工作过程

1）输入采样阶段

PLC 在执行程序之前，按照顺序将所有输入端的信息读入输入映像寄存器中，这一过程称为采样。采样结果的内容在本扫描周期内不会改变，只有到下一个输入采样阶段才会被刷新。PLC 在运行程序时，所需要的输入信息不是取现时输入端上的信息，而是取输入映像寄存器中的信息。

2）程序执行阶段

PLC 按照顺序（从上到下、从左到右）逐条执行用户程序，并按照程序要求对数据进行运算和处理，再将程序执行结果写入输出映像寄存器中。

3）输出刷新阶段

PLC 执行完所有用户程序后，将输出映像寄存器中的内容送到输出端中进行输出，以驱动被控设备。

提　示

PLC 在一个扫描周期内，对输入状态的扫描只在输入采样阶段进行，输出值也只在输出刷新阶段才能被送出去，而在程序执行阶段输入端和输出端均被封锁。

三、PLC 的特点和性能指标

1. PLC 的特点

PLC 是一种工业控制系统，它较好地解决了工业控制领域中普遍关心的可靠、安全、灵活及经济等方面的问题，其主要特点如下。

1）编程简单，容易掌握

PLC 一般采用梯形图作为编程语言。梯形图语言直观、易懂、易掌握，其电路符号和表达式与继电器电路图很相似，熟悉继电器电路图的技术人员不需要学习专门的计算机知识和语言，很快就可以掌握梯形图语言。

2）安装简单，维护方便

PLC 不需要专门的机房，使用时只需要将现场的各种设备与 PLC 相应的接口相连接即可。PLC 各模块上均有运行和故障指示装置，便于用户了解运行情况及查找故障。

3）抗干扰能力强，可靠性高

PLC 在硬件和软件方面都采取了措施，以提高其可靠性。硬件方面，PLC 各接口都采用了光电隔离，使得外部电路与其内部电路实现了物理隔离；各模块都采用了屏蔽措施，以防止辐射干扰。软件方面，PLC 具有良好的自诊断功能，一旦系统发生故障，CPU 会立即采取有效措施防止故障扩大。

4）体积小、重量轻、功耗低

PLC 的各部件，如 CPU、电源、I/O 模块等一般采用模块化结构，且结构紧凑、重量轻、功耗低。相对于通用工控机，PLC 的体积和重量要小得多。

5）扩展能力强

PLC 针对不同的工业现场信号有相应的 I/O 模块与工业现场的设备直接连接。此外，为了提高可操作性，PLC 还有多种人机对话的接口模块；为了组成工业局域网，它还有多种通信联网的接口模块。

2. PLC 的性能指标

各厂家的 PLC 虽然有所差异，但它们的主要性能指标是相同的，大体如下。

1）输入/输出点数

输入/输出点数是指 PLC 上可连接外部输入和输出的端子数，常称为点数。点数越多，说明 PLC 可连接的输入和输出设备越多，控制规模越大。

2）存储器容量

存储器容量是指 PLC 可存储的用户程序的量，通常以字或千字为单位。存储器容量大，可以编制出复杂的程序。有些 PLC 的存储器容量可以根据需要配置，有些 PLC 的存储器容量可以扩展。

3）扫描速度

扫描速度是指 PLC 执行用户程序的速度，一般以 ms/K 为单位，即执行一千字用户程序所需要的时间。不同用户程序的执行速度差别较大，可以通过比较 PLC 执行相同程序所用的时间来衡量 CPU 工作速度的快慢。

4）内部存储器的种类和数量

内部存储器的种类和数量是衡量 PLC 硬件功能的一个指标。PLC 内部有许多寄存器用于存放变量、中间结果、数据等，还有许多辅助寄存器，如定时/计数器、状态寄存器等。

这些存储器的种类和数量越多，表示 PLC 存储和处理各种信息的能力越强。

5）扩展能力

PLC 除了具有主控模块外，还具有可以通过配置实现各种特殊功能的功能模块，如信号模块、通信模块等。通过特殊功能模块可以实现输入/输出点数的扩展、联网功能的扩展、存储容量的扩展等。

四、PLC 的分类和应用

1. PLC 的分类

1）按照结构形式分类

按照结构形式的不同，PLC 可分为整体式和模块式两类。

- **整体式 PLC**：将电源、CPU、存储器、I/O 模块等集中在一个机壳内，形成一个整体，如欧姆龙 CPM1A 系列、西门子 S7-200 系列和三菱 FX_{2N} 系列的 PLC 等，如图 1-3 所示。

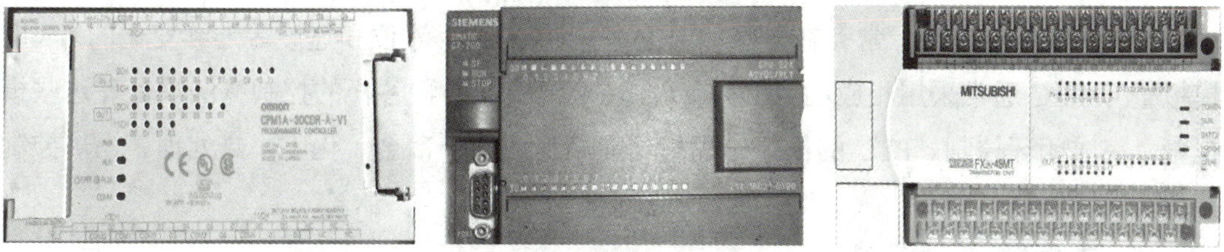

（a）欧姆龙 CPM1A 系列 PLC　（b）西门子 S7-200 系列 PLC　（c）三菱 FX_{2N} 系列 PLC

图 1-3　整体式 PLC

- **模块式 PLC**：按照各组成部分功能的不同分成若干个模块，如电源模块、CPU 模块、I/O 模块、通信模块等。用户可以根据系统要求，组合不同的模块，形成不同用途的 PLC 系统，如欧姆龙 CQM1H 系列、西门子 S7-300/400 系列、西门子 S7-1200/1500 系列和三菱 Q 系列的 PLC 等，如图 1-4 所示。

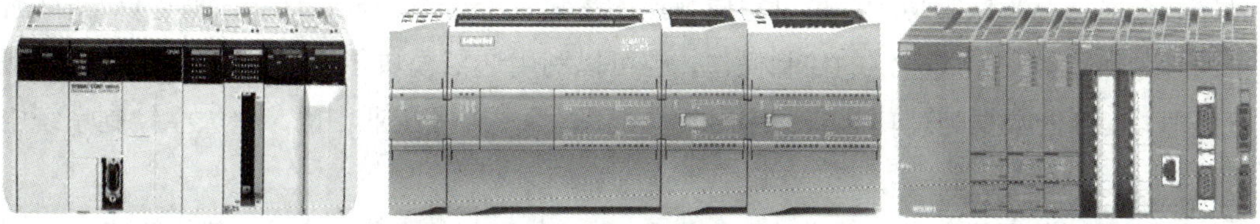

（a）欧姆龙 CQM1H 系列 PLC　（b）西门子 S7-1200 系列 PLC　（c）三菱 Q 系列 PLC

图 1-4　模块式 PLC

2）按照输入/输出点数分类

按照输入/输出点数的多少，PLC 可分为小型机、中型机和大型机 3 类。通常将输入/

输出点数在 256 点以下的 PLC 称为小型 PLC，如西门子 S7-1200 系列；将输入/输出点数在 256～2 048 之间的 PLC 称为中型 PLC，如西门子 S7-300 系列；将输入/输出点数在 2 048 以上的 PLC 称为大型 PLC，如西门子 S7-400 系列。

3）按照功能分类

按照功能的强弱，PLC 可分为低档机、中档机和高档机 3 类。小型 PLC 多为低档机，中型 PLC 多为中档机，而大型 PLC 多为高档机。

2. PLC 的应用

目前，PLC 已广泛应用于钢铁、石油、化工、电力、建材、机械制造、汽车、轻纺、交通运输、环保及文化娱乐等各个行业，其应用方向主要有以下几类。

1）开关量逻辑控制

这是 PLC 最基本、最广泛的应用领域。PLC 可以取代传统的继电器-接触器控制装置，实现逻辑控制和顺序控制，它既可以用于单台设备的控制，也可以用于多机群控及自动化流水线，如注塑机、数控机床、磨床、包装生产线、电镀流水线等。

2）模拟量控制

在工业生产过程中，常存在一些如温度、压力、流量、液位和速度等连续变化的量（即模拟量），PLC 通常采用相应的 A/D 和 D/A 转换模块及各种各样的控制算法来处理这些模拟量，完成闭环控制。PLC 的模拟量控制功能广泛应用于冶金、化工、热处理、锅炉控制等场合。

3）运动控制

目前，大多数 PLC 制造商都提供步进电机或伺服电机的单轴或多轴位置控制模块。在多数情况下，PLC 将描述目标位置的数据送给位置控制模块，位置控制模块控制电机移动一轴或多轴到目标位置。当轴移动时，位置控制模块保持适当的速度和加速度，确保运动平滑。PLC 的运动控制功能广泛应用于机床、机器人、电梯等各种机械设备中。

4）数据处理

PLC 具有数学运算（包含矩阵运算、函数运算、逻辑运算）、数据传送、数据转换、排序、查表、位操作等功能，可以完成数据的采集、分析及处理。这些数据可以与存储器中的参考值比较，完成一定的控制操作，也可以利用通信模块传送到指定的智能装置中进行处理。PLC 的数据处理功能广泛应用于造纸、冶金、食品工业中的一些大型控制系统中。

5）通信联网

PLC 的通信通常包括 PLC 与 PLC 之间、PLC 与上位机之间、PLC 与其他智能设备（如变频器、数控装置）之间的通信。PLC 与其他智能设备一起，可以构成“集中管理、分散控制”的分布式控制系统，建立工厂的自动化网络。

任务分析

本任务需要先学习 PLC 的基础知识，包括 PLC 的产生、定义、组成、工作原理、特点、性能指标、分类及主要应用等，对 PLC 有一定的了解，然后在此基础上收集、查找资料，深入了解 PLC，以完成任务实施。

任务实施——撰写 PLC 市场调查报告

1. 实施目的

通过撰写 PLC 市场调查报告，让学生了解市场中的主流 PLC、了解国产 PLC 的优势和不足、了解各品牌 PLC 常用的编程软件。

2. 实施内容

PLC 市场调查报告的内容应包括以下几个方面。

（1）PLC 市场发展现状分析。

（2）PLC 应用状况分析。

（3）国际主流 PLC 的主要性能及应用。

（4）国产 PLC 的主要产品及特点。

（5）列举各品牌 PLC 常用的编程软件。

3. 实施流程

（1）将全班学生分为 4～6 组，每组人数尽量一致，设组长 1 名。

（2）组长组织小组成员搜集资料，并将市场调查报告制作成 PPT。

（3）每个小组选派一名代表上台讲解自己组的市场调查报告。

（4）评选出 PPT 制作得最好和市场调查报告讲解得最全面的小组进行奖励。

任务二 认识西门子 S7-1200 PLC

任务引入

S7-1200 PLC 是西门子公司在 2009 年 5 月正式推出的一款产品，经过近几年的推广，在市场上的使用率很高，目前是西门子公司主推的一款产品。

通过本任务的学习，学生需要了解 S7-1200 PLC 的特点、编程语言、硬件系统和开发软件等内容。

请认真学习本任务，并完成任务实施中的安装任务。

任务工单

请扫描下方的二维码，获取任务工单，根据任务工单，学生可以课前预习相关知识，课后按步骤进行任务实施，提高操作技能。

扫一扫

一、S7-1200 PLC 概述

1. S7-1200 PLC 的特点

S7-1200 PLC 作为西门子公司在小型 PLC 领域的主打产品，吸纳了 S7-200 PLC 和 S7-300 PLC 的优点，将逻辑控制、人机接口和网络控制等功能集成于一体，可满足小型独立离散控制系统处理复杂控制任务的需求。S7-1200 PLC 的主要特点如下。

1）集成了 PROFINET 接口

S7-1200 PLC 集成的 PROFINET 接口用于编程、HMI 通信和 PLC 之间的通信。此外，PROFINET 接口还支持使用开放以太网协议的第三方设备。该接口带有一个具有自动交叉网线功能的 RJ-45 连接器，可提供 10/100 Mbit/s 的数据传输速率，且支持以下协议：TCP/IP、ISO-on-TCP 和 S7 通信。

2）集成技术强

S7-1200 PLC 具有进行计算和测量、闭环回路控制、运动控制的集成技术，是一个功能非常强大的系统，可以完成多种类型的自动化任务。

3）存储器容量大

S7-1200 PLC 为用户程序和用户数据提供了高达 150 KB 的工作内存，同时还提供了高达 4 MB 的集成装载内存和 10 KB 的掉电保持内存。

SIMATIC 存储卡是一种由西门子预先格式化的 SD 存储卡，是可选件，可用于转移程序，也可用于存储其他文件或更新系统固件。

4）组态灵活

通过简单的组态，S7-1200 PLC 通过对输入和输出映像寄存器的读写操作，可以实现主从架构的分布式 I/O 应用。

5）通信方便

S7-1200 PLC 提供了各种各样的通信选项以满足网络通信的要求，可支持的通信协议有 I-Device、PROFINET、PROFIBUS、USS 通信、AS-i、Modbus RTU 等，可实现远距离控制通信、点对点通信。

扫一扫

S7-1200 PLC 编程基础知识

2. S7-1200 PLC 的编程语言

PLC 有 5 种编程语言，包括梯形图（LAD）、语句表（STL）、功能块图（FBD）、顺序功能图（SFC）、结构文本（ST）等。其中，S7-1200 PLC 使用的编程语言只有梯形图和功能块图两种。

1）梯形图

梯形图是一种图形编程语言，它使用基于电路图的表示方法。梯形图与继电器电路图相似，很容易被技术人员理解和掌握。在梯形图中，程序由一个或多个程序段构成，每个程序段由左、右两条垂直线之间的触点、线圈和功能块有序组合而成。

如图 1-5 所示，在梯形图程序中，左、右垂直线称为左、右母线，触点表示逻辑输入条件，如开关、按钮和寄存器等；线圈通常表示逻辑输出结果，用来控制外部的指示灯、接触器、电磁阀和寄存器等；功能块包括定时器、计数器及数学运算等。

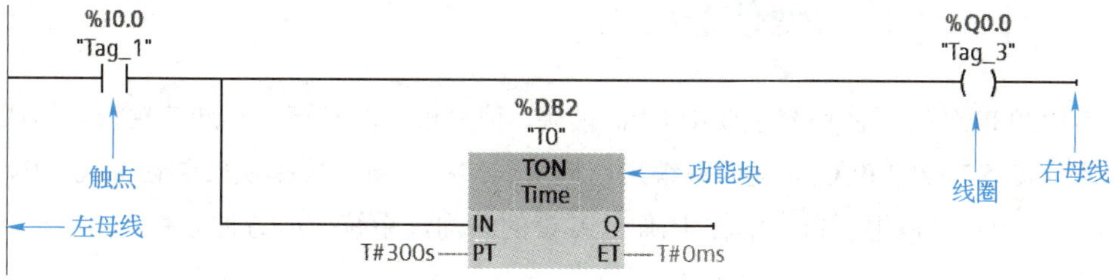

图 1-5　S7-1200 PLC 的梯形图程序

用梯形图编写程序时，应遵循以下规则。

（1）梯形图常采用程序段结构。清晰的程序段结构有利于程序的调试，编译时能够明确指出错误语句所在的程序段，且不增加程序的长度。

（2）梯形图必须遵循顺序执行的原则，即从左到右、从上到下执行，每行都是从左母线开始，到右母线结束。

（3）触点不能放在线圈的右侧，且不能与右母线直接相连。

（4）线圈不允许串联，且同一个编号的线圈不能多次使用。

提　示

PLC 循环扫描程序，将同一扫描周期中的结果留在输出寄存器中，所以输出点的值在用户程序中可以作为条件使用。

2）功能块图

功能块图（见图 1-6）采用类似于数学逻辑门电路的图形符号，在该编程语言中，方框左侧为逻辑运算的输入变量，方框右侧为逻辑运算的输出变量，输入端和输出端的小圆圈表示“非”运算，方框被“导线”连接在一起，信号从左向右流动。

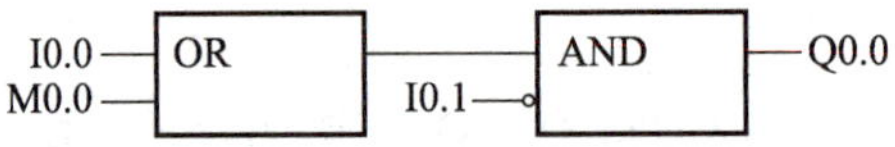

图 1-6　功能块图

功能块图具有以下特点。

（1）功能块图以功能模块为单位，从控制功能入手，使控制方案的分析和理解变得容易。

（2）功能块图是用图形化的方法描述功能，逻辑直观，大大方便了技术人员的编程和组态，易于操作。

（3）由于控制功能的逻辑关系易于表达，因此对于控制规模较大、逻辑关系较复杂的系统，使用功能块图编程和组态的时间可以缩短。

二、S7-1200 PLC 的硬件系统

S7-1200 PLC 的硬件系统主要由 CPU 模块、信号板、信号模块和通信模块等组成，如图 1-7 所示。S7-1200 PLC 的硬件系统采用模块式结构，将主要模块安装在标准 DIN 导轨或面板上。用户可以根据自身的需求确定 PLC 的结构，系统扩展方便。

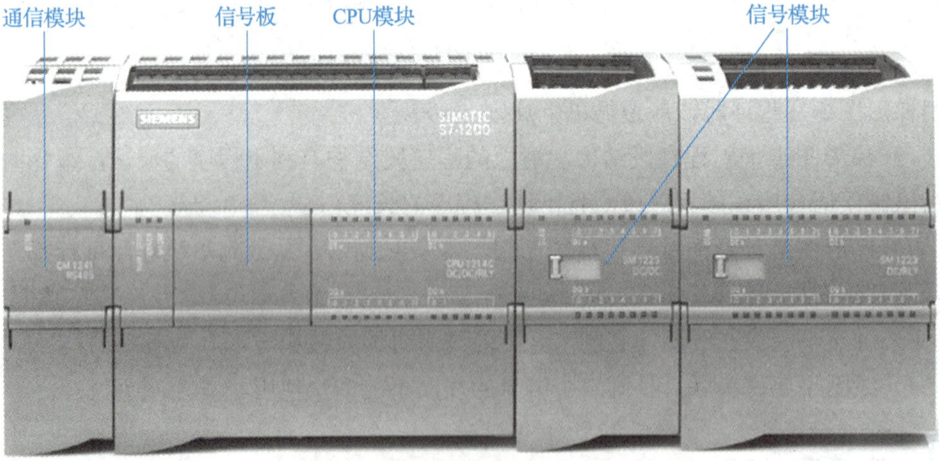

图 1-7　S7-1200 PLC 硬件系统的组成

1．CPU 模块

S7-1200 PLC 的 CPU 模块将微处理器、电源、数字量 I/O 电路、模拟量 I/O 电路、

PROFINET 接口、高速运动控制 I/O 等组合到一个设计紧凑的外壳中，形成功能强大的控制器。

目前，S7-1200 PLC 有 5 种型号的 CPU，其技术规范如表 1-1 所示。

表 1-1　S7-1200 PLC 的 CPU 技术规范

<table>
<tr><th>型号
特征和功能</th><th>CPU 1211C</th><th>CPU 1212C</th><th>CPU 1214C</th><th>CPU 1215C</th><th>CPU 1217C</th></tr>
<tr><td>CPU 类型（电源信号/输入信号/输出信号）</td><td colspan="4">DC/DC/DC、DC/DC/RLY、AC/DC/RLY</td><td>DC/DC/DC</td></tr>
<tr><td>本机数字量 I/O 点数</td><td>6/4</td><td>8/6</td><td colspan="3">14/10</td></tr>
<tr><td>本机模拟量 I/O 点数</td><td colspan="3">2/0</td><td colspan="2">2/2</td></tr>
<tr><td>输入映像寄存器</td><td colspan="5">1 024 B</td></tr>
<tr><td>输出映像寄存器</td><td colspan="5">1 024 B</td></tr>
<tr><td>工作存储器</td><td>50 KB</td><td>75 KB</td><td>100 KB</td><td>125 KB</td><td>150 KB</td></tr>
<tr><td>装载存储器</td><td colspan="2">1 MB</td><td colspan="3">4 MB</td></tr>
<tr><td>位存储器（M）</td><td colspan="2">4 096 B</td><td colspan="3">8 192 B</td></tr>
<tr><td>信号模块可扩展个数</td><td>无</td><td>2 个</td><td colspan="3">8 个</td></tr>
<tr><td>信号板可扩展个数</td><td colspan="5">1 个</td></tr>
<tr><td>通信模块可扩展个数</td><td colspan="5">3 个（左侧扩展）</td></tr>
<tr><td>最大本地数字量 I/O 点数</td><td>14</td><td>82</td><td colspan="3">284</td></tr>
<tr><td>最大本地模拟量 I/O 点数</td><td>13</td><td>19</td><td>67</td><td colspan="2">69</td></tr>
<tr><td>高速计数器</td><td colspan="5">最多可组态 6 个使用任意内置或信号板输入的高速计数器</td></tr>
<tr><td>脉冲输出</td><td colspan="5">最多可组态 4 个使用任意内置或信号板输出的脉冲输出</td></tr>
<tr><td>上升沿/下降沿中断点数</td><td>6/6</td><td>8/8</td><td>12/12</td><td colspan="2">14/14</td></tr>
<tr><td>PROFINET 接口个数</td><td colspan="3">1 个</td><td colspan="2">2 个</td></tr>
<tr><td>实时时钟保持时间</td><td colspan="5">通常为 20 天，40℃时最少为 12 天</td></tr>
<tr><td>外观尺寸/mm</td><td colspan="2">90×100×75</td><td>110×100×75</td><td>130×100×75</td><td>150×100×75</td></tr>
</table>

注：DC 表示直流电信号、AC 表示交流电信号，RLY 表示继电器输出。

知识链接

CPU 有 3 种工作模式，即 STOP 模式、STARTUP 模式和 RUN 模式。在 STOP 模式下，CPU 不执行任何程序，此时用户可以编辑、修改、下载和上传程序；在 STARTUP 模式下，CPU 将执行一次“启动 OB”程序（如果存在）；在 RUN 模式下，CPU 重复执行 PLC 程序。

2. 信号板

信号板（signal board, SB）（见图 1-8）是 S7-1200 PLC 特有的硬件设备，安装时将信号板直接插入 CPU 正面的槽内即可，信号板的安装如图 1-9 所示。信号板有可拆卸的端子，可以很容易地更换掉。

图 1-8　信号板

图 1-9　信号板的安装

目前，S7-1200 PLC 有多种型号的信号板，主要包括数字量输入/输出（DI/DQ）板、模拟量输入/输出（AI/AQ）板和通信板等，如表 1-2 所示。

表 1-2　信号板的型号

型　号	名　称	相关说明
DI/DQ	SB1221	4 点的数字量输入信号板
	SB1222	4 点的数字量输出信号板
	SB1223	2 点输入/2 点输出的数字量输入/输出信号板
AI/AQ	SB1231	1×12 位的模拟量输入信号板
	SB1232	1 点的模拟量输出信号板
通信板	CB1241	RS-485 接口和 9 针 D-Sub 插座

3. 信号模块

信号模块（signal module, SM），主要用于扩展 PLC 的输入/输出点数，增加 PLC 的附加功能。信号模块通常安装在 CPU 模块的右侧。

信号模块按其信号类型的不同，可分为数字量模块和模拟量模块。其中，数字量模块包括数字量输入模块、数字量输出模块和数字量输入/输出模块，模拟量模块包括模拟量输入模块、模拟量输出模块和模拟量输入/输出模块。

常见信号模块的技术规范如表 1-3 和表 1-4 所示。

表 1-3　数字量模块

型　号	类　型	相关说明	
		输入/输出点数及类型	输入/输出电源类型
SM1221	数字量输入模块	8/0	DC 24 V
		16/0	DC 24 V

表 1-3（续）

型　号	类　型	相关说明	
		输入/输出点数及类型	输入/输出电源类型
SM1222	数字量输出模块	0/8	DC 24 V，0.5 A
		0/16	DC 24 V，0.5 A
		0/8（RLY）	2 A
		0/16（RLY）	2 A
		0/8（RLY 双态）	2 A
SM1223	数字量输入/输出模块	8/8	DC 24 V，0.5 A
		16/16	DC 24 V，0.5 A
		8/8（RLY）	DC 24 V，2 A
		16/16（RLY）	DC 24 V，2 A

注：RLY 表示继电器输出。

表 1-4　模拟量模块

型号/类型	相关说明
SM1231 模拟量输入模块	包括 4 路、8 路的 13 位模块和 4 路的 16 位模块，可选 ±10 V、±5 V、0～20 mA 和 4～20 mA 等多种量程
SM1231 热电偶和热电阻模拟量输入模块	包括 4 路、8 路的热电偶模块和 4 路、8 路的热电阻模块，可选多种量程的传感器
SM1232 模拟量输出模块	包括 2 路和 4 路的模拟量输出模块，±10 V 电压输出为 14 位，0～20 mA 和 4～20 mA 电流输出为 13 位
SM1234 模拟量输入/输出模块	包括 4 路模拟量输入和 2 路模拟量输出，输入为 13 位，输出为 14 位

4．通信模块

通信模块（communication module, CM）安装在 CPU 的左侧，S7-1200 PLC 最多可安装 3 个通信模块。常用的通信模块主要有点对点通信模块、PROFIBUS 通信模块、工业远程控制通信模块、AS-i 接口模块和 I/O-Link 接口模块等。

用户可以使用通信模块，通过 TIA 博途软件提供的相关指令，实现 PLC 与计算机、PLC 与 PLC 之间的通信。通信模块还可以和其他控制部件或智能模块通信或组成局部网络。因此，可以说通信模块的能力代表了 PLC 的组网能力。

三、S7-1200 PLC 的开发软件

TIA 博途软件是西门子推出的、面向工业自动化领域的新一代工程软件平台。TIA 博

途软件将所有的自动化软件工具都统一到一个开发环境中，是自动化行业内首个采用统一工程组态和软件项目环境的自动化软件。

自 2009 年发布第一款 SIMATIC STEP 7 V10.5（STEP 7 Basic）以来，TIA 博途软件经历了 V10.5、V11、V12、V13、V14、V15 和 V16 等版本，它支持西门子最新的硬件 S7-1200/1500 系列 PLC，并向下兼容 S7-300/400 等系列 PLC。

TIA 博途软件包含 TIA 博途 STEP 7、TIA 博途 WinCC、TIA 博途 Startdrive 和 TIA 博途 Scout 等，用户可以根据实际应用情况，购买一种或几种软件产品的组合。

知识链接

TIA 博途 STEP 7 是西门子 PLC 的一款编程软件，用于西门子系列工控产品包括 S7、M7、C7 和基于 PC 的 WinAC 的编程、监控和参数设置，是 SIMATIC 工业软件的重要组成部分。

TIA 博途 WinCC 是西门子公司开发的一款可视化过程监控软件，它能够进行数据采集、监控、处理等一系列操作。

TIA 博途 Startdrive 是西门子 TIA 博途软件的一个组件，用于调试西门子的变频器产品，主要完成联网、配置参数（包括功率部件、电机、编码器、自由功能块和工艺控制器等）、配置控制方式和故障诊断等功能。

TIA 博途 Scout 是西门子公司开发的一款全集成自动化软件，将运动控制任务、PLC 任务、工艺功能和驱动组态组合在一个系统中，它通过一个用户友好、组织清晰的“导航中心”开发和管理 PLC 项目所需要的全部工具。

任务分析

本任务需要先学习 S7-1200 PLC 的相关知识，包括 S7-1200 PLC 的特点、编程语言、硬件系统和开发软件等，对 S7-1200 PLC 有一定的了解，在此基础上，才能完成 S7-1200 PLC 硬件电路的安装和接线，以及 TIA 博途软件的安装和使用。

任务实施——安装并使用 S7-1200 PLC 的硬件及软件

1. 安装 S7-1200 PLC

1）CPU 的安装

通过卡夹可以方便地将 CPU 安装到 DIN 导轨或面板上，并且 CPU 可以采用水平或垂直两种安装方式，如图 1-10 所示。

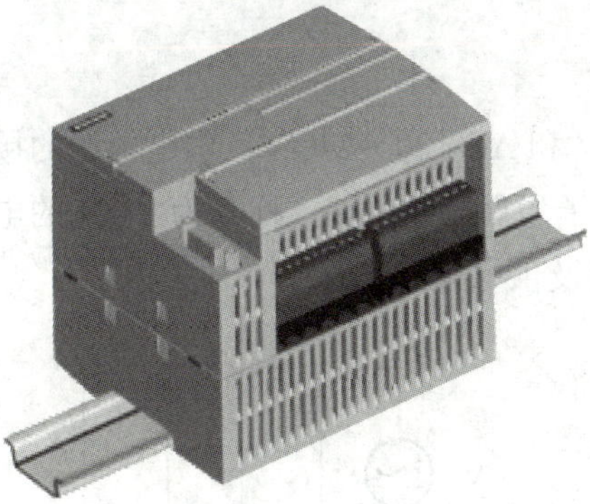

（a）DIN 导轨安装方式

（b）面板安装方式

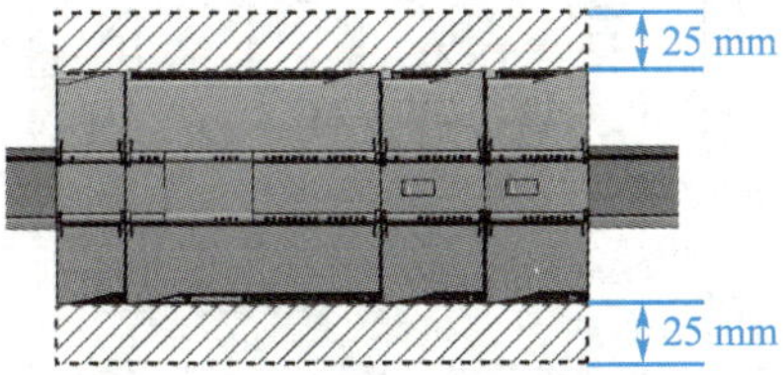

（c）水平安装方式

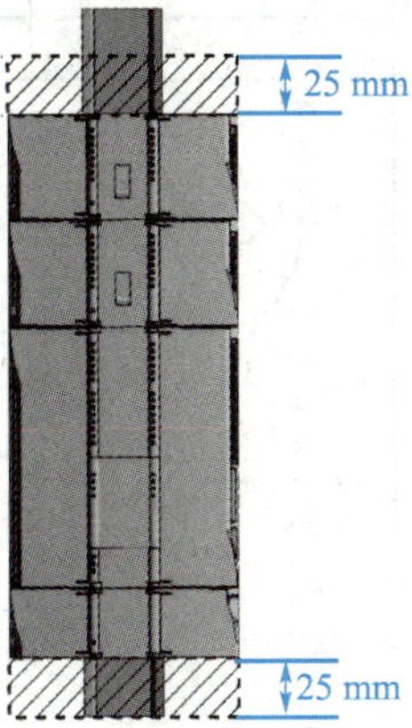

（d）垂直安装方式

图 1-10　S7-1200 PLC 的安装方式

由于 S7-1200 PLC 需要通过自然对流冷却，所以在设备上方和下方必须留出至少 25 mm 的空隙。此外，模块前端与机柜内壁间也至少应留出 25 mm 的深度。

如果有通信模块，应先将通信模块连接到 CPU 模块上，然后将整个组件作为一个单元安装到 DIN 导轨或面板上，再安装信号模块。如果没有通信模块，可直接安装 CPU 模块，再安装信号模块。

提　示

安装时，要注意几点：① 垂直安装时，允许的最大环境温度比水平安装时低 10℃；② 在安装或拆卸任何模块（含引线）前，要确保电源处于断开状态；③ S7-1200 PLC 必须安装在外壳、控制柜或电控室内；④ S7-1200 PLC 必须与热辐射、高压和电噪声隔离开。

2）S7-1200 PLC 的接线

（1）供电电源接线。

S7-1200 PLC 有两种供电方式，即 DC 24 V 和 AC 120～240 V，供电电源的接线方法如图 1-11 所示。其中，标记为 L+/M 的电源端子为直流电源端，标记为 L1/N 的电源端子为交流电源端，接线时必须先确认 CPU 的类型及供电方式。

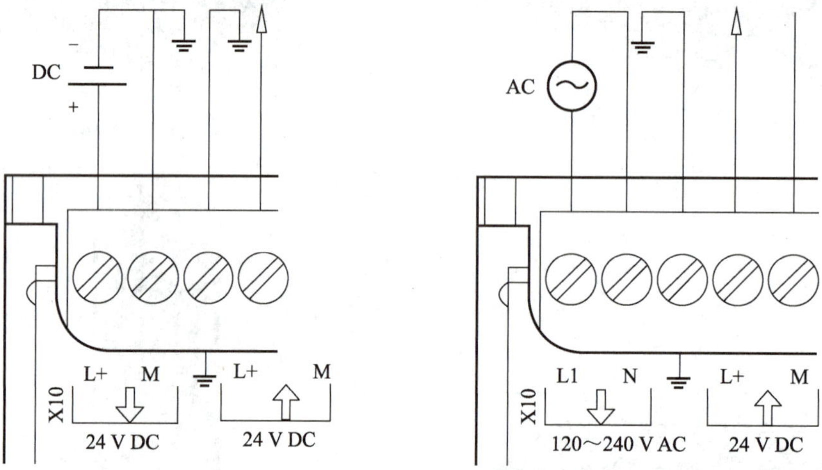

（a）直流电源接线方法　　（b）交流电源接线方法

图 1-11　供电电源接线方法

（2）数字量模块接线。

数字量模块接线包括数字量输入模块接线和数字量输出模块接线。

- **数字量输入模块接线**：S7-1200 PLC 的数字量输入方式有 DC 24 V 漏型输入和源型输入两种。漏型输入时，数字量输入公共端 1M 接 24 V 直流电源的负极，如图 1-12（a）所示；源型输入时，数字量输入公共端 1M 接 24 V 直流电源的正极，如图 1-12（b）所示。

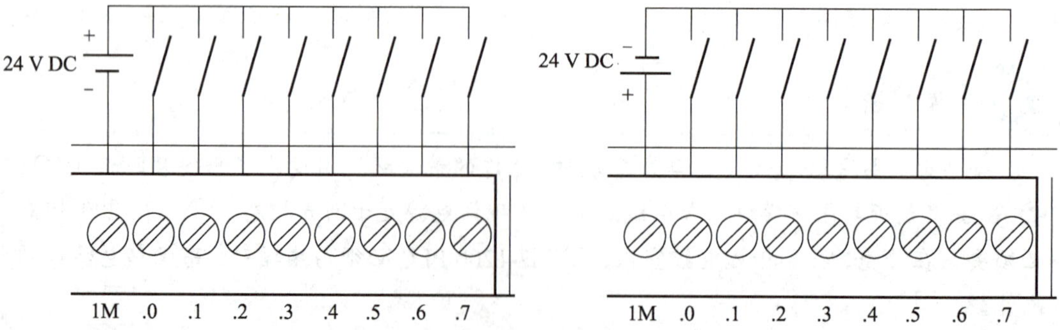

（a）漏型输入接线　　（b）源型输入接线

图 1-12　数字量输入模块接线

- **数字量输出模块接线：** S7-1200 PLC 的数字量输出方式有晶体管输出和继电器输出两种。其中，晶体管输出的 CPU 只支持直流信号输出，如图 1-13（a）所示；继电器输出的 CPU 可以接直流信号，也可以接 120～240 V 的交流信号，如图 1-13（b）所示。

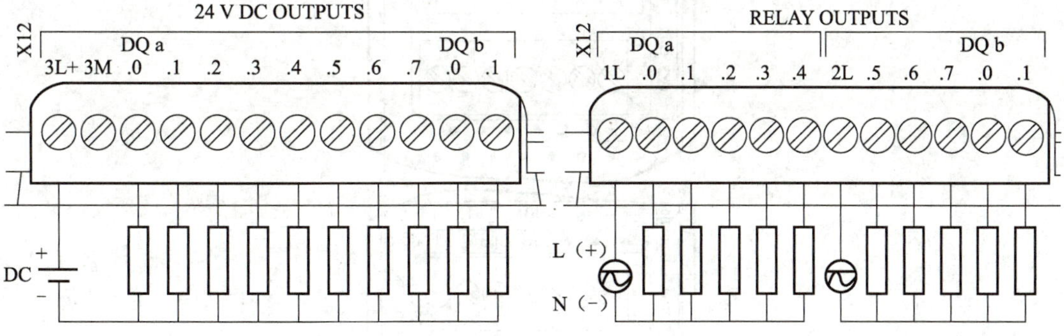

（a）晶体管输出接线　　（b）继电器输出接线

图 1-13　数字量输出模块接线

（3）模拟量模块接线。

模拟量模块接线包括模拟量输入模块接线和模拟量输出模块接线。

- **模拟量输入模块接线：** 模拟量输入模块可以采用标准电流和电压信号，其接线方式根据模拟量仪表或设备线缆个数分为二线制、三线制和四线制 3 种类型，如图 1-14 所示。

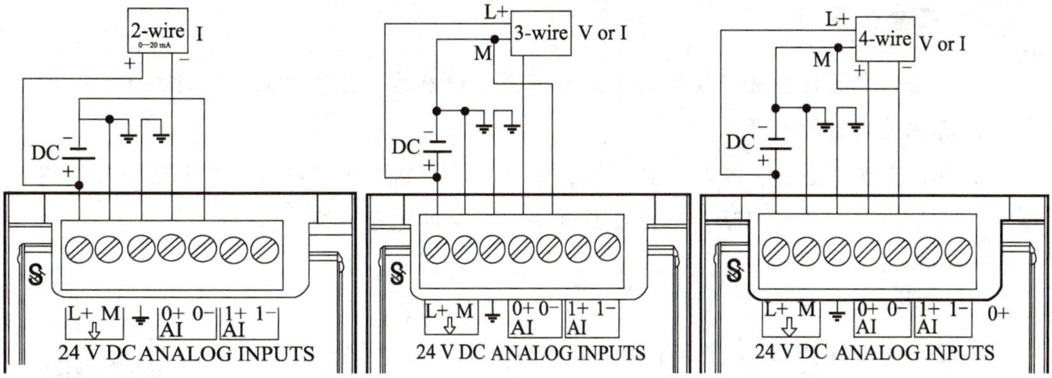

（a）二线制接线　　（b）三线制接线　　（c）四线制接线

图 1-14　模拟量输入模块接线

- **模拟量输出模块接线：** 模拟量输出模块可以输出标准电流和电压信号，其接线方式（以 SM1232 模块为例）如图 1-15 所示。

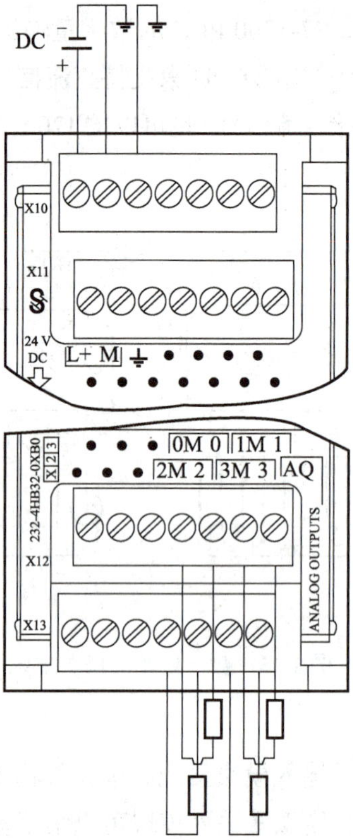

图 1-15　模拟量输出模块接线

经验传承

在对任何电气设备进行接线前，必须确保已切断该设备的电源。同时，还要确保已切断所有相关设备的电源。

另外，在使用感性负载时，要加入抑制电路。抑制电路可以限制输出通断时的高压瞬变，保护输出，并可以限制感性负载开关时产生的电子噪声。

2. 安装 TIA 博途软件

S7-1200 PLC 使用的软件是 TIA 博途 STEP 7。TIA 博途 STEP 7 有两个版本，一个是基础版（STEP 7 basic），用于组态 S7-1200 PLC；另一个是专业版（STEP 7 professional），用于组态目前西门子品牌中除 S7-200 之外所有的 PLC 及 WinAC。

扫一扫

安装 TIA 博途软件

1）安装要求

本教材所使用的软件版本为 TIA 博途 STEP 7 V15.1 专业版。运行该软件推荐的计算机配置如表 1-5 所示。

表 1-5　运行 TIA 博途 STEP 7 V15.1 专业版推荐的计算机配置

配　置	要　求
操作系统	Microsoft Windows 7 或更高
处理器	Intel(R) Core(TM) i5-6440EQ 2.7 GHz 或更高
内存	16 GB 或更大（大型项目为 32 GB 以上）
硬盘	50 GB 的固态硬盘或更大
显示器	15.6″全高清显示器（1 920×1 080 或更高）

2）安装步骤

在安装软件前要检查计算机的配置是否满足系统要求，并确保具有管理员权限。满足这两点要求后，关闭所有正在运行的程序，准备安装软件。

步骤 1▶　右击“TIA_Portal_STEP_7_Pro_WINCC_Adv_V15_1.exe”文件，在弹出的快捷菜单中选择“以管理员身份运行”选项，如图 1-16 所示。

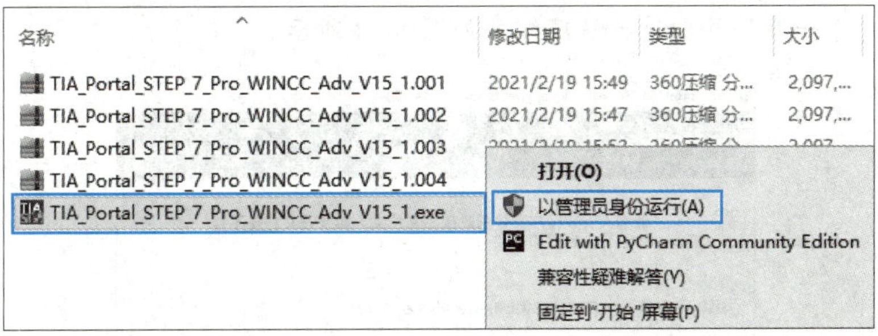

图 1-16　运行安装文件

步骤 2▶　进入安装程序引导界面（解压缩），单击“下一步”按钮，如图 1-17 所示。

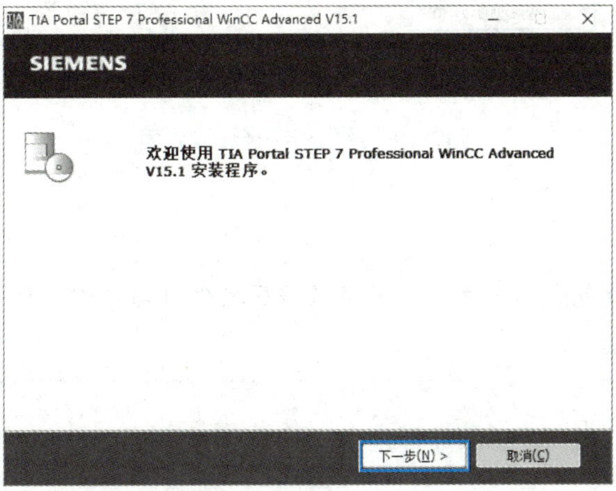

图 1-17　安装程序引导界面

步骤 3▶　进入选择安装语言界面，单击“下一步”按钮，如图 1-18 所示。

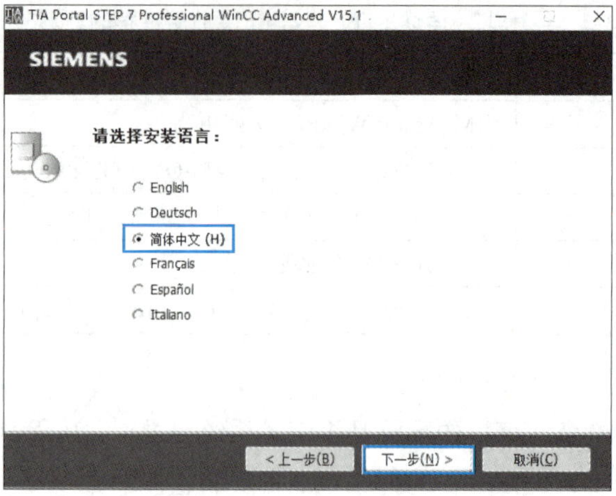

图 1-18 选择安装语言界面

步骤 4▶ 进入解压缩路径设置界面，选择路径后，勾选“退出时删除提取的文件”复选框，单击“下一步”按钮进行解压缩，如图 1-19 所示。

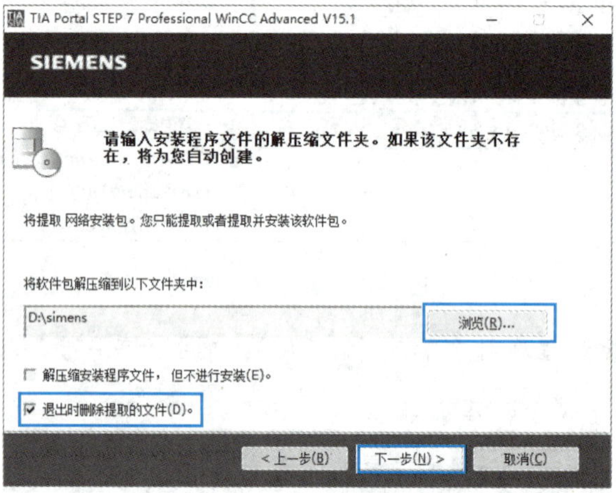

图 1-19 解压缩路径设置界面

提 示

安装路径中不能包含中文字符。如果只解压文件可勾选“解压缩安装程序文件，但不进行安装”复选框。

经验传承

安装 TIA 博途 STEP 7 V15.1 时，有时会遇到反复要求重启计算机的情况，此时可以通过删除注册表键值的方法解决。在任务栏搜索框中输入“regedit”，按

"Enter"键，进入"注册表编辑器"界面。在左侧的项目树中找到并删除"计算机\HKEY_LOCAL_MACHINE\SYSTEM\CurrentControlSet\Control\Session Manager"下面的键值"PendingFileRenameOperations"，删除后不需要重启计算机，直接按照步骤安装即可。

步骤 5▶ 解压缩完成后，进入安装引导界面，选中"安装语言：中文"单选钮，单击"下一步"按钮，如图 1-20 所示。

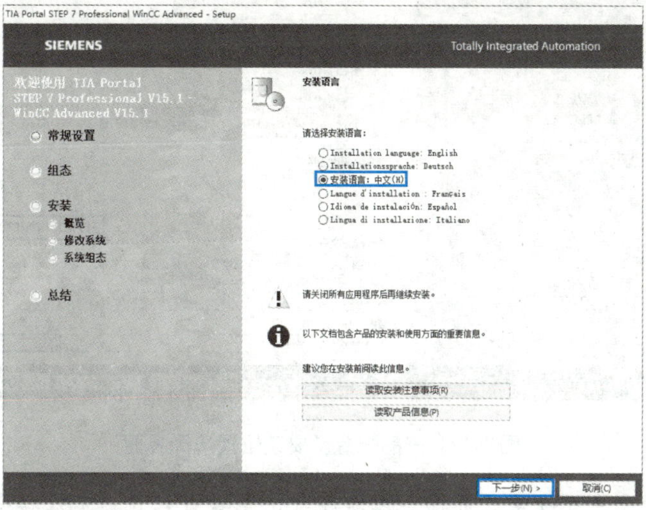

图 1-20　安装引导界面

步骤 6▶ 进入产品语言界面，勾选"中文"复选框，单击"下一步"按钮，如图 1-21 所示。

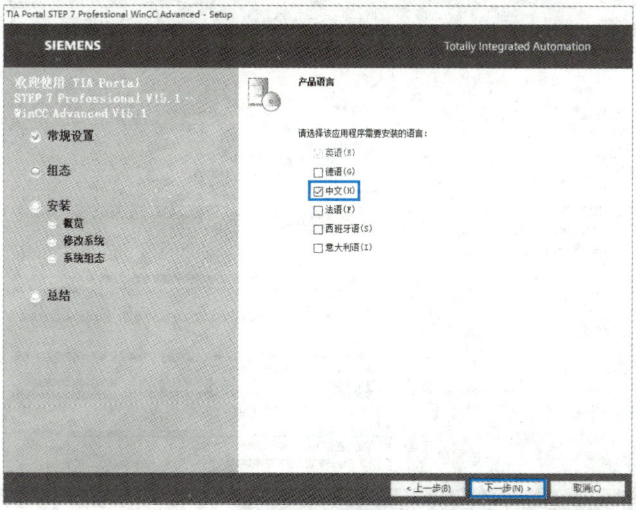

图 1-21　产品语言界面

步骤 7▶ 进入产品配置及安装位置选择界面，选择要安装的产品，并勾选需要安装的文件，单击“浏览”按钮，设置安装路径，然后勾选“创建桌面快捷方式”复选框，单击“下一步”按钮，如图 1-22 所示。

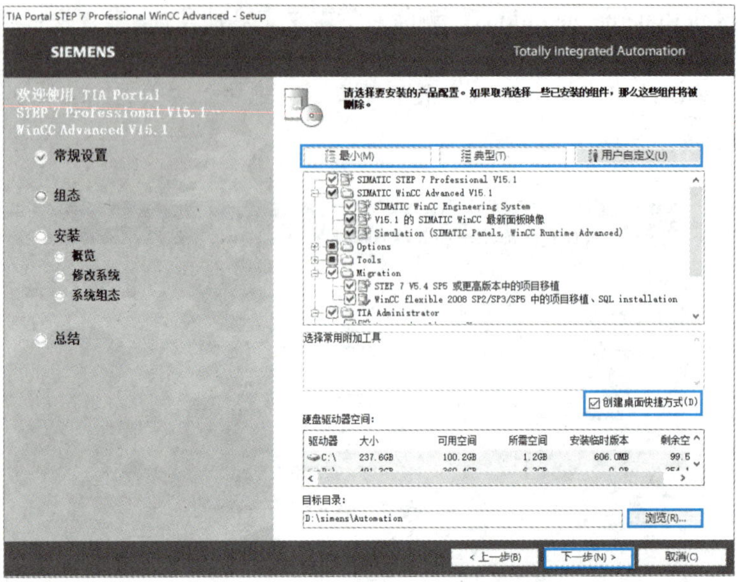

图 1-22 产品配置及安装位置选择界面

步骤 8▶ 进入许可证条款界面，阅读许可证条款并勾选“本人接受所列出的许可协议中所有条款”和“本人特此确认，已阅读并理解了有关产品安全操作的安全信息”两个复选框，单击“下一步”按钮，如图 1-23 所示。

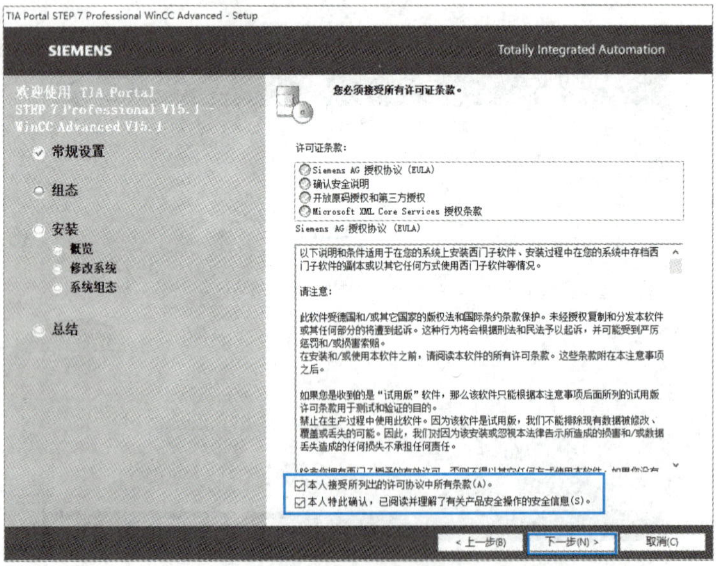

图 1-23 许可证条款界面

步骤 9▶　进入安全控制界面，勾选“我接受此计算机上的安全和权限设置”复选框，单击“下一步”按钮，如图 1-24 所示。

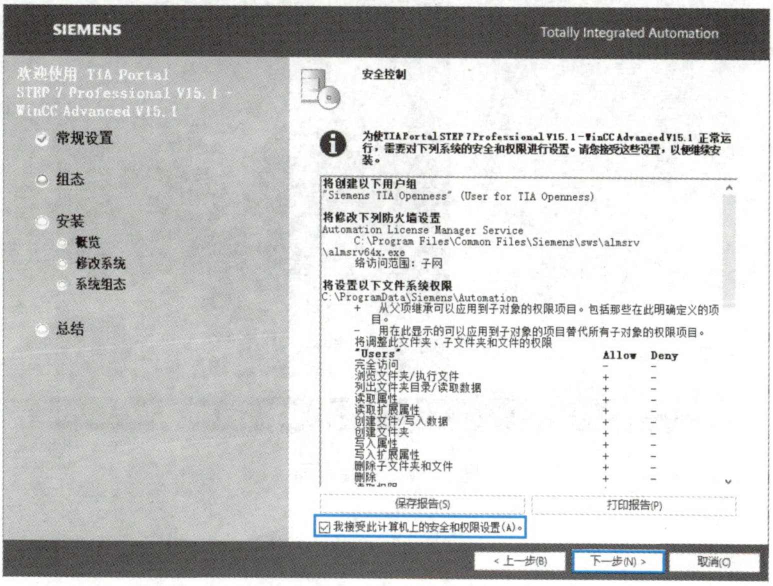

图 1-24　安全控制界面

步骤 10▶　进入安装设置概览界面，检查产品配置及安装路径无误后，单击“安装”按钮（见图 1-25），进入安装界面，如图 1-26 所示。

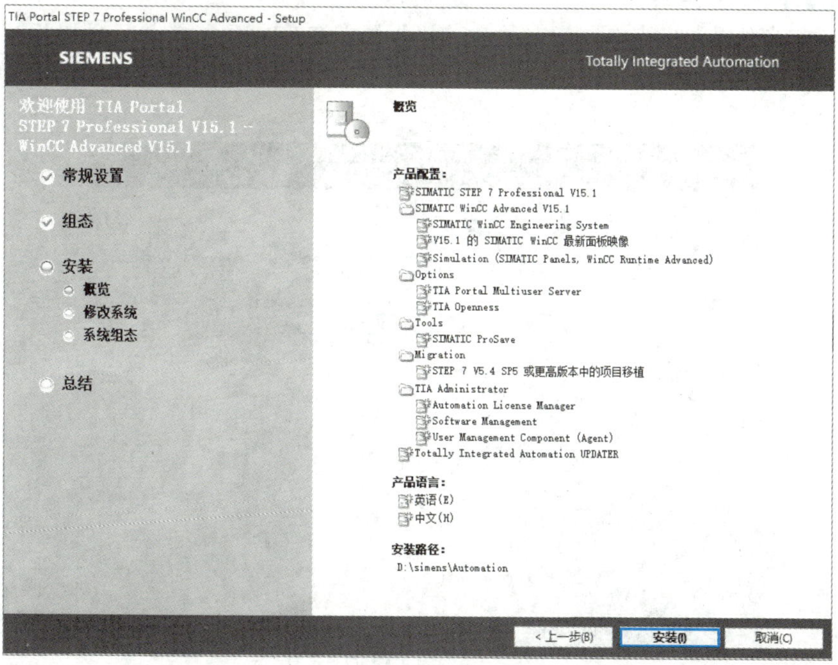

图 1-25　安装设置概览界面

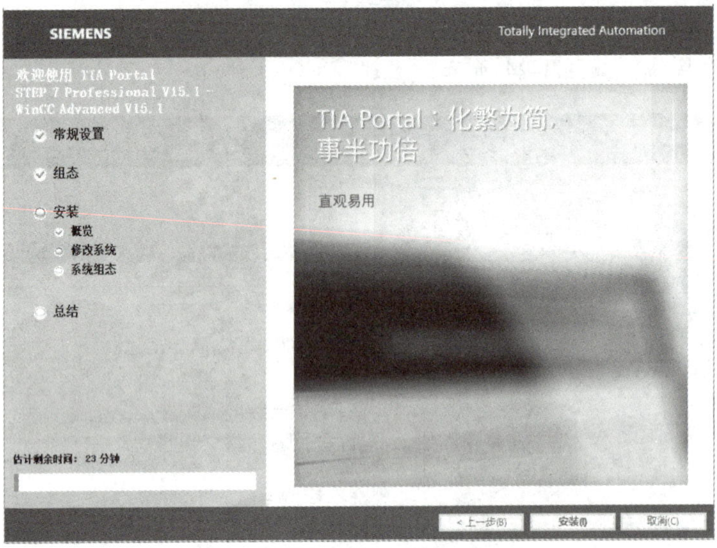

图 1-26　安装界面

提　示

如果安装过程中未在计算机中找到许可证密钥，则可通过从外部导入的方式将其传送到计算机中；如果跳过许可证密钥传送，安装完成后可通过自动化授权管理器传送。

步骤 11▶ 安装完成后，选中“是，立即重启计算机”单选钮，然后单击“重新启动”按钮，即可重启计算机，如图 1-27 所示。计算机重启后桌面上会出现 TIA V15 图标，表示软件已安装完成。

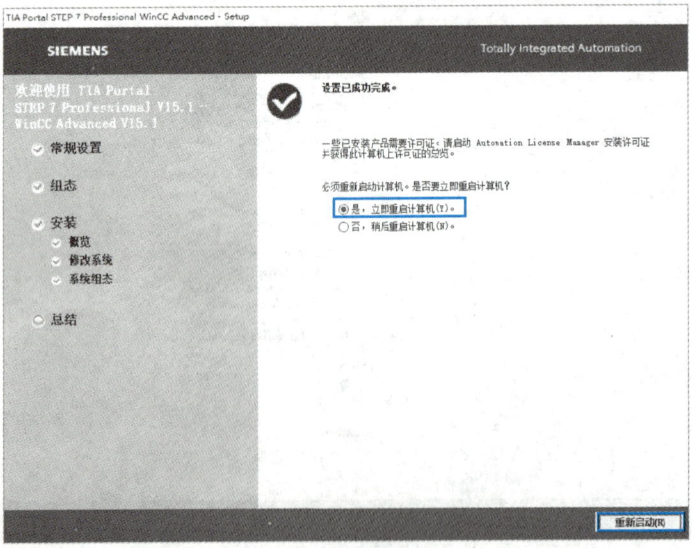

图 1-27　安装完成界面

3. 初步使用 TIA 博途软件

扫一扫

初步使用 TIA 博途软件

在桌面上双击图标，进入 TIA 博途软件开发界面。

1）TIA 博途软件的视图

TIA 博途软件的视图有两种，即 Portal 视图和项目视图，可以单击左下角的图标按钮进行切换，如图 1-28 所示。

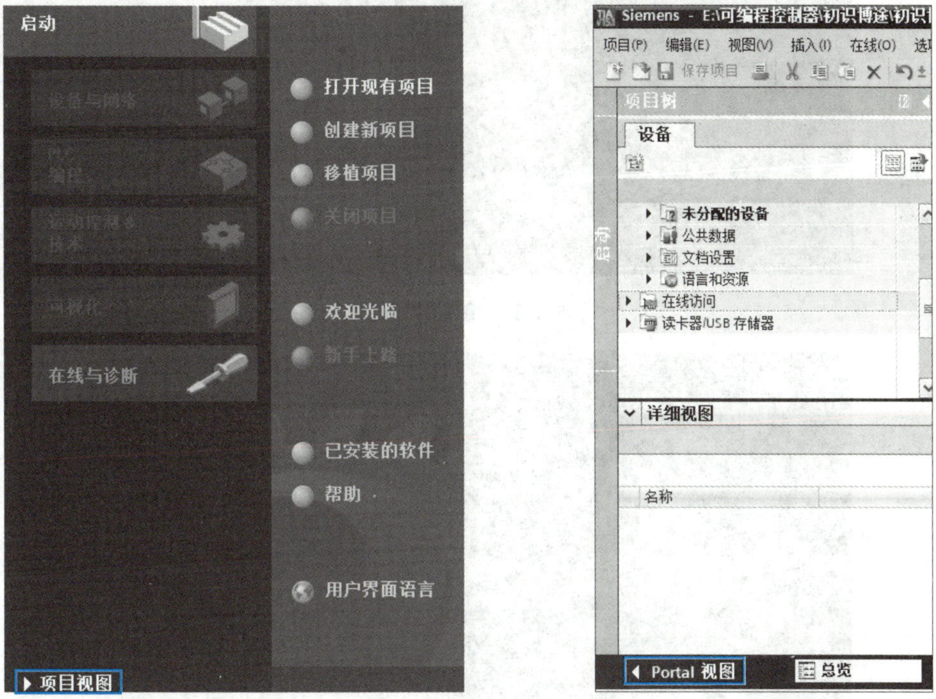

（a）Portal 视图　　（b）项目视图

图 1-28　TIA 博途软件的视图

Portal 视图是面向任务的工作模式，使用简单、直观，可以很快地开始项目设计，适合初学者使用。项目视图能显示项目的全部组件，编辑器、参数和数据等全部显示在一个视图中，可以方便地访问设备和块。

2）创建新项目

在 Portal 视图和项目视图中都可以创建新项目，此处介绍在 Portal 视图中创建新项目的步骤。

步骤 1▶ 在 Portal 视图中，在界面左侧选择“启动”→“创建新项目”选项，然后在“项目名称”编辑框中输入项目名称并选择文件存放的路径，单击“创建”按钮，如图 1-29 所示。

步骤 2▶ 进入新手上路界面，如图 1-30 所示。

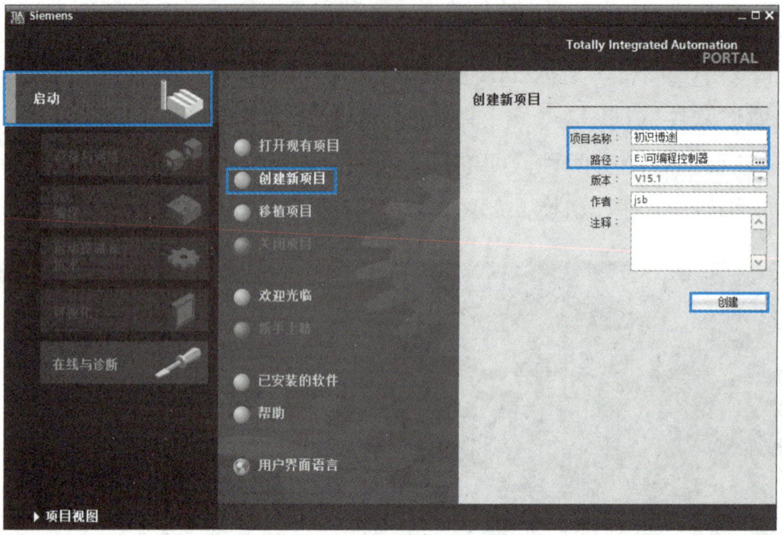

图 1-29　创建新项目

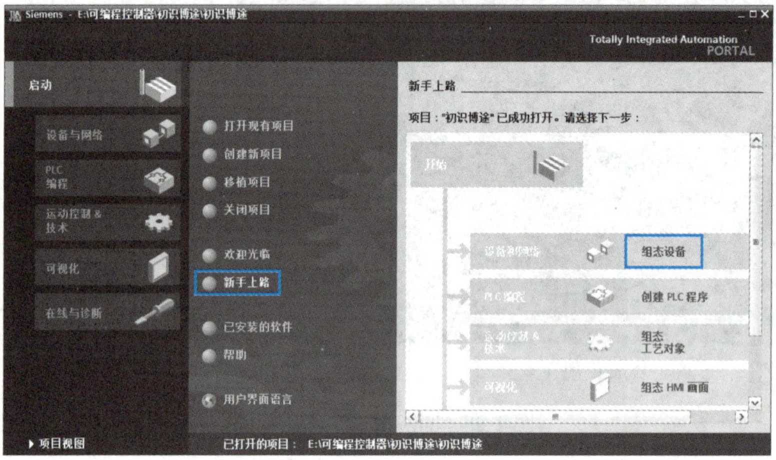

图 1-30　新手上路界面

3）硬件组态

创建新项目后，需要对各硬件进行组态、参数配置和通信互连。项目中的组态要与实际系统一致。系统启动时，CPU 会自动检测软件的预设组态与系统的实际组态是否一致，不一致则会报错。下面介绍在 Portal 视图中进行项目硬件组态的步骤。

步骤 1▶ 在新手上路界面的右侧选择“组态设备”选项（见图 1-30），进入添加新设备界面。选择“添加新设备”选项，然后单击“控制器”图标，在“控制器”列表框中选择“SIMATIC S7-1200”→“CPU”→“CPU 1214C DC/DC/DC”→“6ES7 214-1AG40-0XB0”选项，并勾选“打开设备视图”复选框，单击“添加”按钮，如图 1-31 所示。

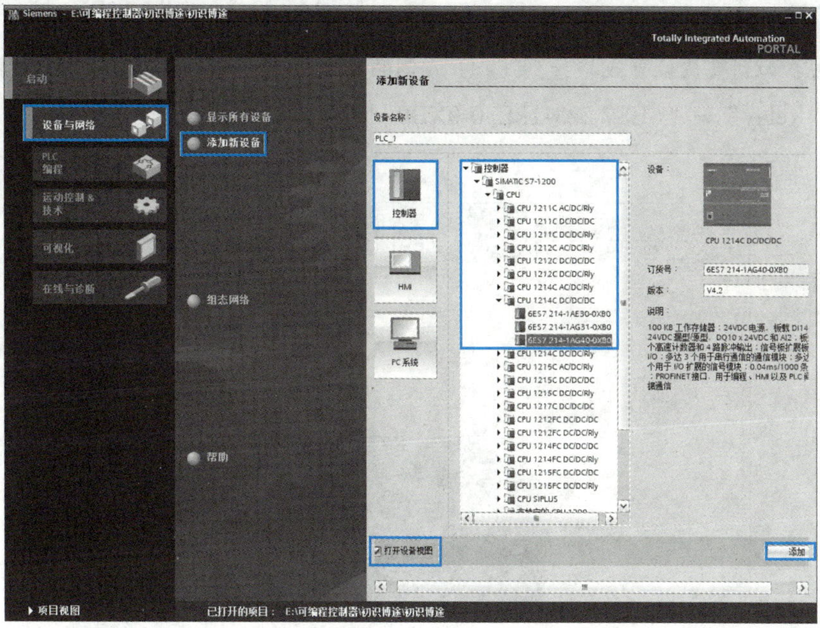

图 1-31　添加新设备

提　示

若已连接实际设备，软件会自动检查模块的正确性。

步骤 2▶　此时会打开项目视图，选择“属性”窗口中的“IO 变量”选项卡，设置 I/O 变量名称，如图 1-32 所示。

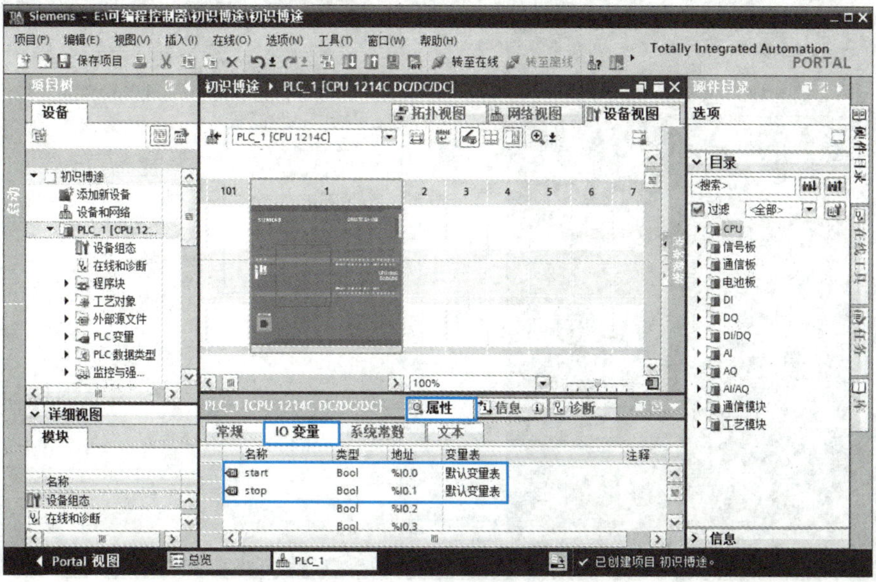

图 1-32　设置 I/O 变量名称

步骤 3▶ 选择“信号板”→“AI”→“AI 1×1 2BIT”→“6ES7 231-4HA30-0XB0”选项，双击添加到默认位置或拖拽到 CPU 右侧的指定位置；选择“DI/DQ”→“DI 16×24V DC/DQ 16×Relay”→“6ES7 223-1PL30-0XB0”选项，双击添加到合适的位置，如图 1-33 所示。

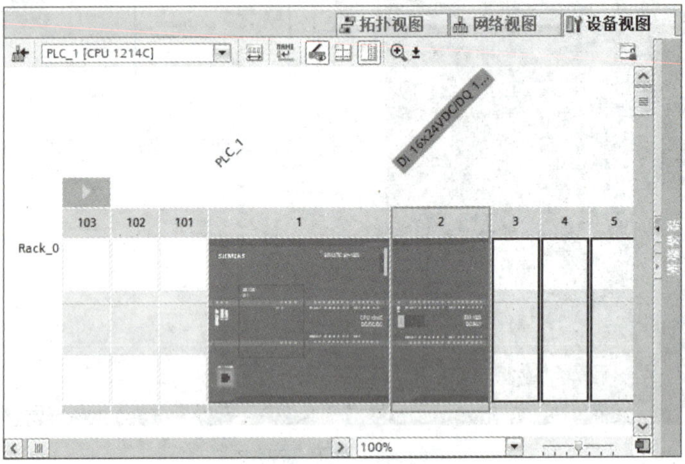

图 1-33 添加信号板和 DI/DQ

步骤 4▶ 在 Portal 视图中，选择“添加新设备”选项，然后单击“HMI”图标，在“HMI”列表框中选择“SIMATIC 精简系列面板”→“15″显示屏”→“TP1500 Basic”→“6AV6 647-0AG11-3AX0”选项，勾选“启动设备向导”复选框，单击“添加”按钮，如图 1-34 所示。

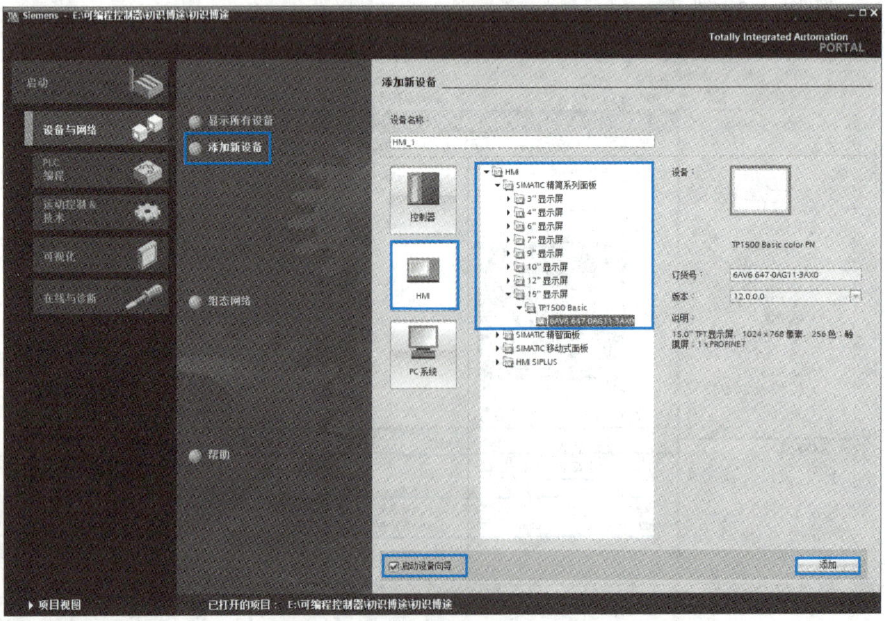

图 1-34 添加 HMI

步骤 5▶ 进入 HMI 设备向导界面，勾选“保存设置”复选框，单击“下一步”按钮，如图 1-35 所示，按照提示进行安装，安装完成后，单击“完成”按钮。

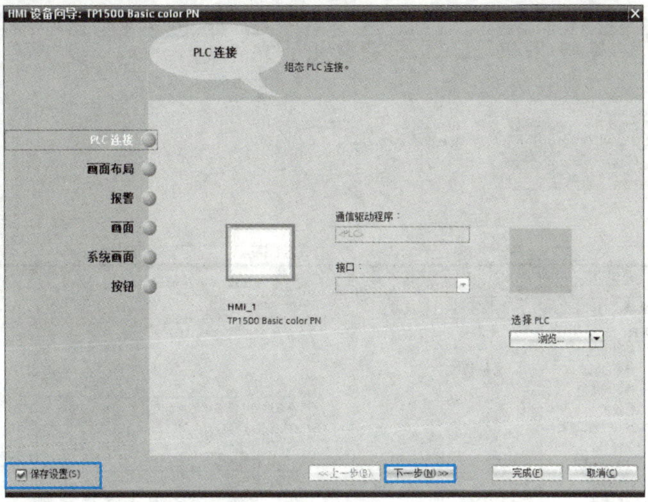

图 1-35 HMI 设备向导界面

步骤 6▶ 此时会进入项目视图，在项目树窗口中，双击“PLC_1[CPU 1214C DC/DC/DC]”下的“设备组态”选项。在设备和网络窗口中，选择“网络视图”选项并选中 CPU 模块，将光标放在 PLC 左下方的 PROFINET 接口处，按下鼠标左键时会出现连接线。将此连接线拖动到 HMI 下方的 PROFINET 接口位置，即可完成 PLC 与 HMI 的网络连接，如图 1-36 所示。

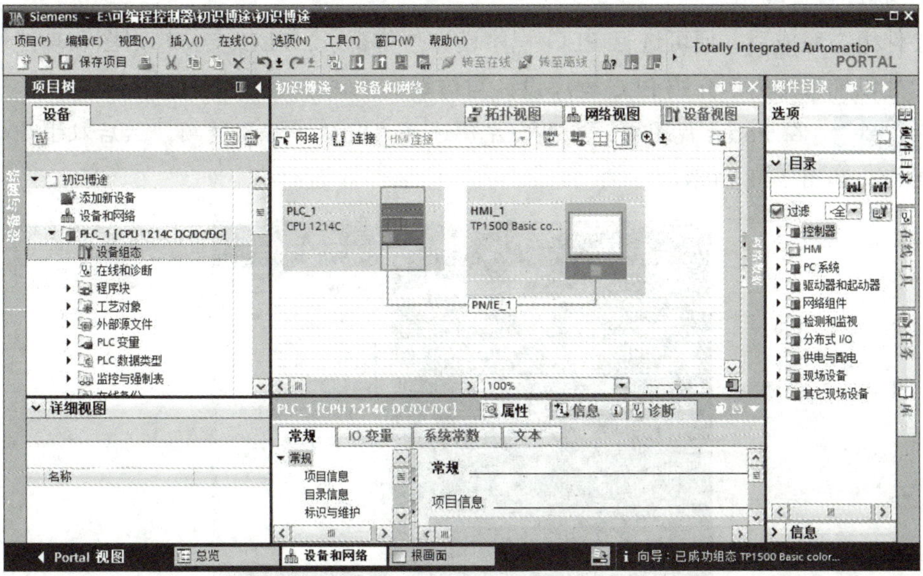

图 1-36 组态网络

步骤 7▶ 再次选中 CPU 模块，然后选择“属性”→“常规”→“PROFINET 接口[X1]”→“以太网地址”选项，设置 IP 地址，如图 1-37 所示。

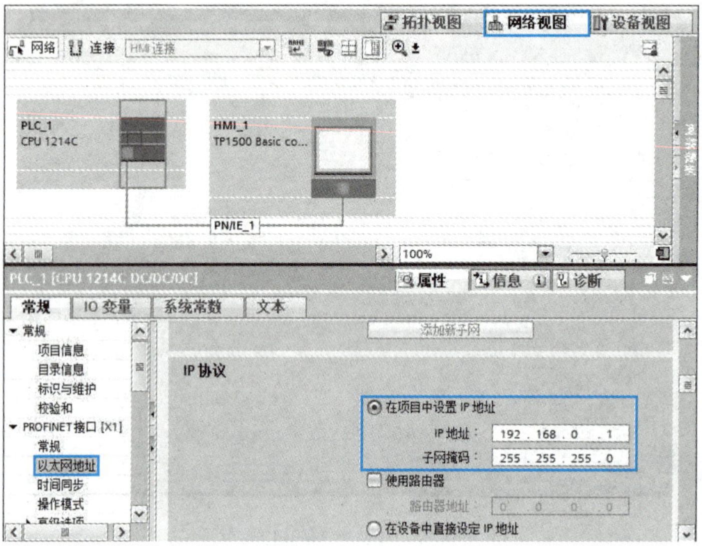

图 1-37 设置 IP 地址

经验传承

设置的 IP 地址要保证和本机 IP 地址属于同一网段。

4）程序设计与仿真

硬件组态完成后，便可进行 PLC 程序设计与仿真了。PLC 支持梯形图和功能块图语言，此处以梯形图为例介绍 PLC 程序设计与仿真的步骤。

步骤 1▶ 在 Portal 视图中，在界面左侧选择“PLC 编程”选项，然后双击缩略图中的 Main 图标，如图 1-38 所示。

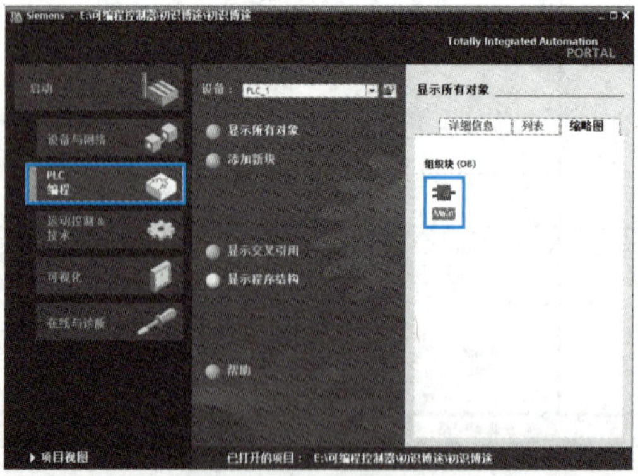

图 1-38 选择“PLC 编程”选项

步骤 2▶ 进入主程序（Main）编辑界面，拖动程序编辑区上方的常开触点、常闭触点、线圈和向上连线到程序段 1 并输入相应的地址，如图 1-39 所示。

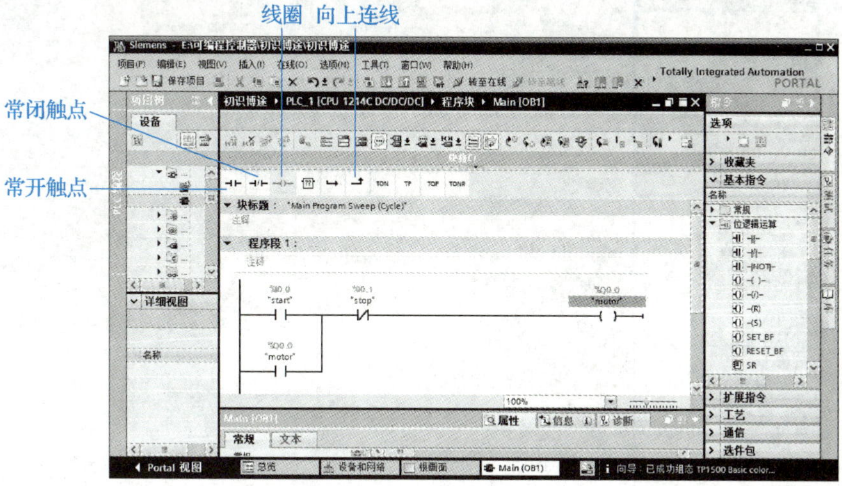

图 1-39　输入梯形图

提　示

PLC 变量可以通过双击“PLC 变量”→“显示所有变量”选项，然后在打开的“PLC 变量”窗口中添加，也可以通过双击程序段中的“<???>”直接添加。

经验传承

选中程序段，选择“属性”→“常规”→“常规”选项，在“语言”列表框中可以切换编程语言，如图 1-40 所示。

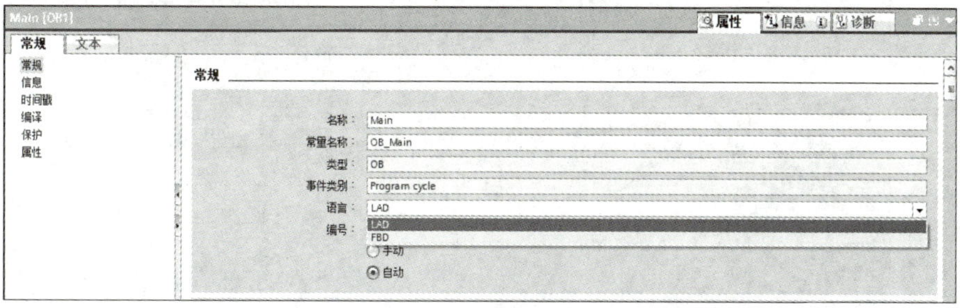

图 1-40　切换编程语言

步骤 3▶ 单击工具栏中的“编译”按钮，开始编译 PLC 程序。编译完成后，可在信息窗口中查看编译结果，编译通过后，单击工具栏中的“启动仿真”按钮，弹出仿真界面和扩展下载到设备界面，如图 1-41 所示。

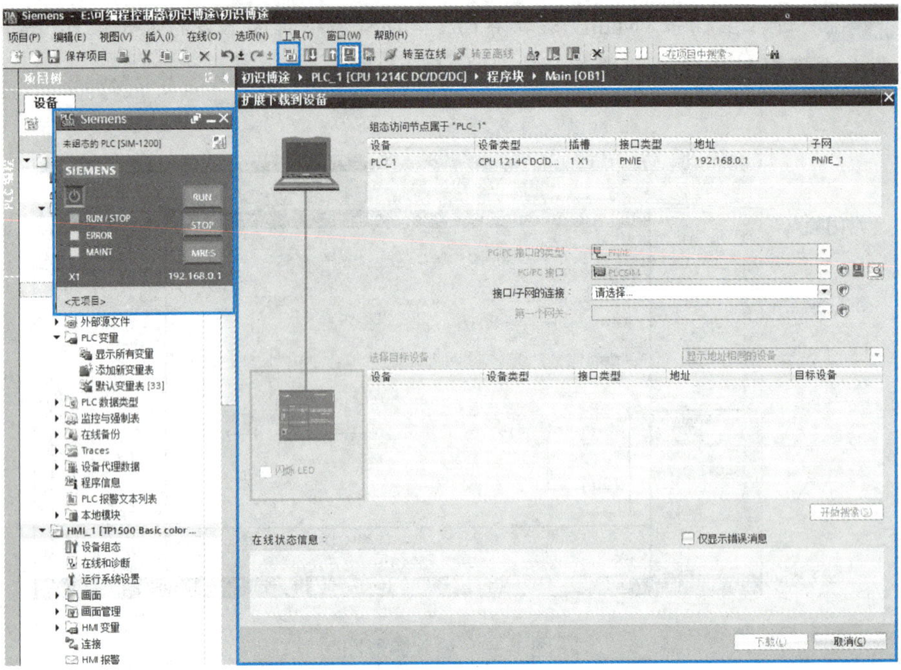

图 1-41　仿真界面和扩展下载到设备界面

步骤 4▶ 在扩展下载到设备界面，在“接口/子网的连接”列表框中选择“插槽‘1 X1’处的方向”选项，单击“开始搜索”按钮，搜索完成后单击“下载”按钮，如图 1-42 所示。

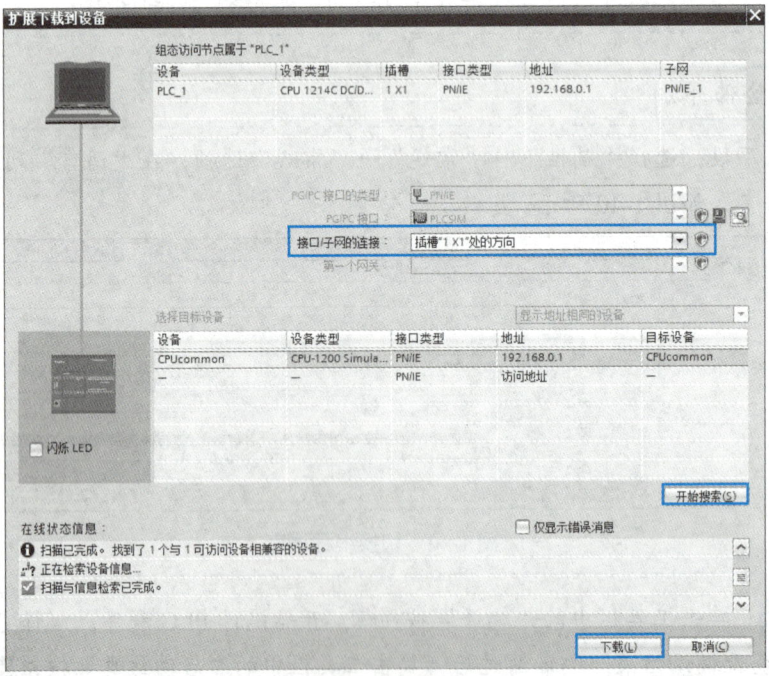

图 1-42　扩展下载到设备界面

步骤 5▶ 进入下载前检查界面，单击“装载”按钮，如图 1-43 所示。

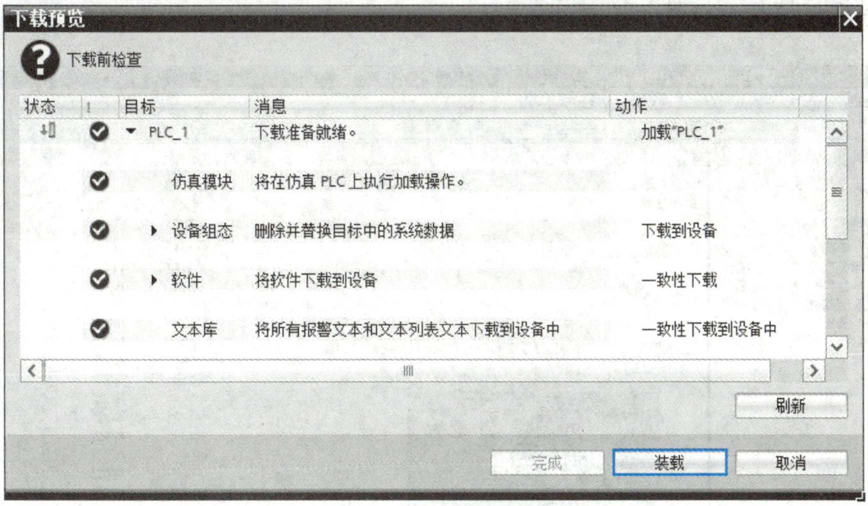

图 1-43 下载前检查界面

步骤 6▶ 装载完成后，修改启动模块的“无动作”为“启动模块”，单击“完成”按钮，如图 1-44 所示。

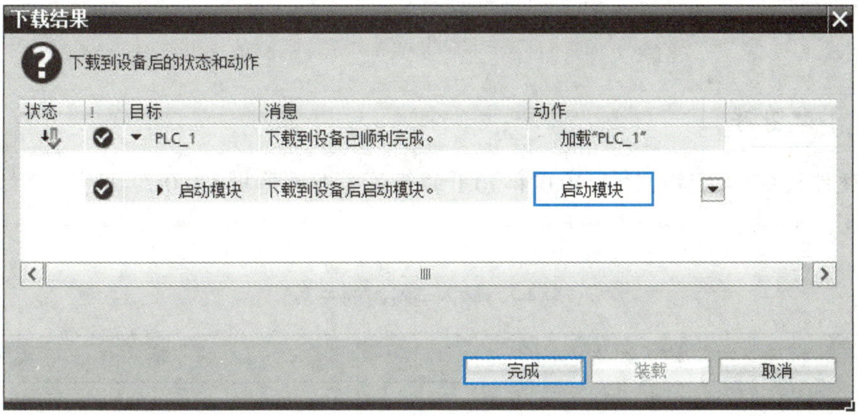

图 1-44 修改启动模块的“无动作”为“启动模块”

步骤 7▶ 单击工具栏中的“转至在线”按钮和“启用/禁用监视”按钮，如图 1-45 所示，即可运行程序并监视变量的状态。

图 1-45 运行程序

步骤 8▶ 单击仿真界面中的“切换到项目视图”按钮，在打开的界面中，选择“项目”→“新建”选项，可创建一个新项目。在项目树窗口中，双击“设备组态”选项，可对该项目进行仿真，如图 1-46 所示。

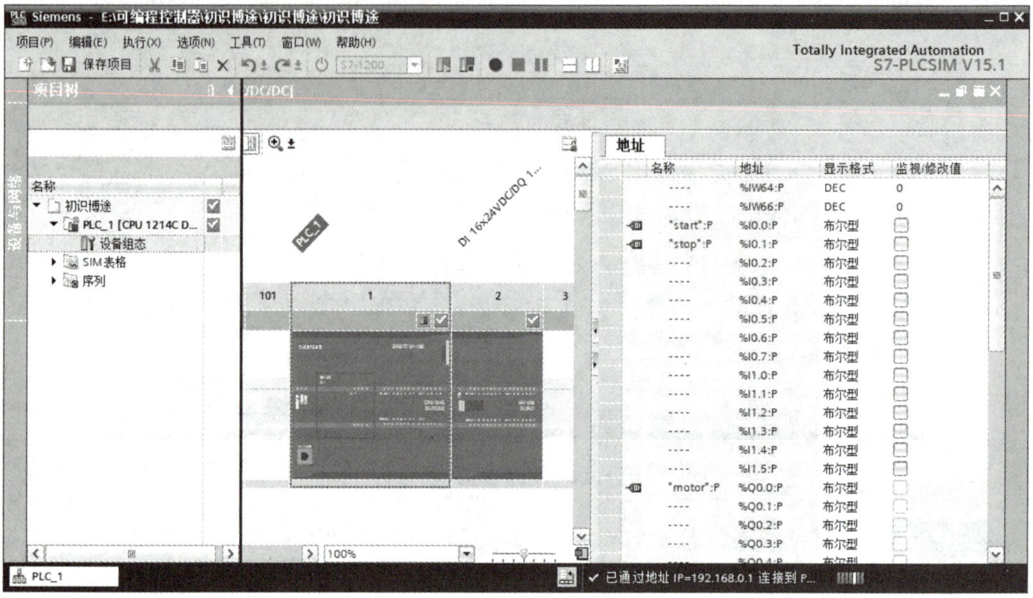

图 1-46　仿真项目

小试身手

在硬件设备中，拨动输入 I0.0 和 I0.1 的开关，查看输出 Q0.0 的状态，将结果填入表 1-6 中。

表 1-6　输入与输出的关系

输　入		输　出
I0.0	I0.1	Q0.0
0	0	
0	1	
1	0	
1	1	

注：“1”表示开关闭合；“0”表示开关断开。

学习成果检验

一、填空题

（1）PLC 的硬件系统主要由________________、________________、输入/输出接口、和电源等组成。

（2）PLC 的软件系统主要由________________和________________组成。

（3）按照结构形式的不同，PLC 可分为________________和________________两类。

（4）CPU1214C 最多可以扩展_________个信号模块、_________个通信模块。

（5）西门子 S7-1200 PLC 的 CPU 有 3 种工作模式，即_____________、_____________和_____________。

（6）CPU1214C 的信号模块安装在 CPU 的_________侧，通信模块安装在 CPU 的_________侧。

二、简答题

（1）什么是 PLC？

（2）简述西门子 S7-1200 PLC 的工作原理。

三、设计题

已知某西门子 S7-1200 PLC 控制系统，数字量输入点数为 32，数字量输出点数为 16，试选择合适的 CPU 和信号模块。

学习成果评价

指导教师根据学生的实际学习成果对其进行评价，学生配合指导教师共同完成学习成果评价表，如表 1-7 所示。

表 1-7　学习成果评价表

班级		组号		日期	
姓名		学号		指导教师	
评价项目	评价内容			满分/分	评分/分
知识	PLC 的产生和定义			5	
	PLC 的组成和工作原理			5	
	PLC 的特点和性能指标			5	
	PLC 的分类和应用			5	
	S7-1200 PLC 概述			5	
	S7-1200 PLC 的硬件系统			5	
	S7-1200 PLC 的开发软件			5	
技能	能够完成西门子 S7-1200 PLC 的安装和接线			20	
	能够正确安装和使用 TIA 博途软件			20	
素养	积极参加教学活动，主动学习、思考、讨论			5	
	认真负责，按时完成学习、训练任务			5	
	团结协作，与组员之间密切配合			5	
	服从指挥，遵守课堂和实训室纪律			5	
	有竞争意识、勇于克服困难			5	
合计				100	
自我评价					
教师评价					

项目二

位逻辑指令的应用

项目导读

S7-1200 PLC 通过指令控制继电器、接触器、电机等低压电器，在工业生产中有着广泛的应用。从本项目开始，将重点介绍 PLC 的编程指令。本项目主要介绍位逻辑指令，位逻辑指令属于基本逻辑控制指令，是专门针对位逻辑量进行处理的指令，它包括触点指令、输出指令、置复位指令和边沿检测指令等。

知识目标

- 掌握触点指令和输出指令的基本用法。
- 掌握置复位指令的基本用法。
- 掌握边沿检测指令的基本用法。

技能目标

- 掌握故障报警指示灯控制系统的设计方法。
- 掌握四组抢答器控制系统的设计方法。
- 掌握电机正反转控制系统的设计方法。
- 能够应用位逻辑指令设计简单的 PLC 控制程序。

素质目标

- 具备勇于探索的创新精神。
- 增强遵守规章制度和安全生产的责任意识。
- 领略工匠风采，养成攻坚克难、兢兢业业的工匠精神。

任务一 应用触点指令和输出指令

任务引入

故障报警指示灯，顾名思义，起着警示提醒的作用，它能有效减少安全事故的发生，保证生产和人员的安全，因此广泛应用于工业生产、交通运输、建筑安全、消防安全、航空航天等领域。

请应用触点指令和输出指令，设计一个故障报警指示灯控制系统，控制要求如下。

（1）当系统无故障时，绿灯常亮。

（2）当系统出现 1 处故障时，黄灯常亮。

（3）当系统出现 2 处故障时，红灯常亮。

（4）当系统出现 3 处故障时，红灯闪烁。

（5）按下复位按钮后，所有灯灭。

任务工单

请扫描下方的二维码，获取任务工单，根据任务工单，学生可以课前预习相关知识，课后按步骤进行任务实施，提高操作技能。

扫一扫

在位逻辑中，指令的基础主要是触点和线圈，触点读取位的状态，线圈将状态写入位中。S7-1200 PLC 大部分位逻辑指令结构如图 2-1 所示。当输入信号的状态为“1”时，该指令被激活。

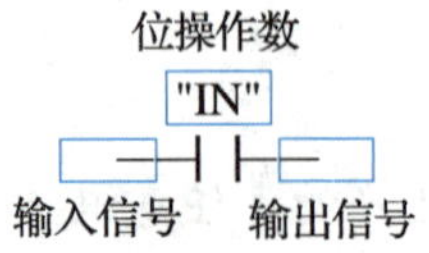

图 2-1　位逻辑指令结构

一、触点指令

触点指令包括常开触点指令、常闭触点指令和取反指令 3 类。

1. 常开触点指令

常开触点指令的指令符号如图 2-2 所示。当操作数的状态为“1”时，常开触点将接通，输出状态为“1”；当操作数的状态为“0”时，常开触点将断开，输出状态为“0”。

2. 常闭触点指令

常闭触点指令的指令符号如图 2-3 所示。当操作数的状态为“1”时，常闭触点将断开，输出状态为“0”；当操作数的状态为“0”时，常闭触点将接通，输出状态为“1”。

3. 取反指令

取反指令的指令符号如图 2-4 所示。当触点左边输入的状态为“1”时，右边输出的状态为“0”；当触点左边输入的状态为“0”时，右边输出的状态为“1”。

图 2-2 常开触点指令的指令符号

图 2-3 常闭触点指令的指令符号

图 2-4 取反指令的指令符号

提 示

取反指令没有操作数。

二、输出指令

输出指令包括线圈指令和取反线圈指令两类。

1. 线圈指令

线圈指令的指令符号如图 2-5 所示。当线圈的输入状态为“1”时，操作数的状态为“1”；当线圈的输入状态为“0”时，操作数的状态为“0”。

2. 取反线圈指令

取反线圈指令的指令符号如图 2-6 所示。当线圈的输入状态为“1”时，操作数的状态为“0”；当线圈的输入状态为“0”时，操作数的状态为“1”。

图 2-5 线圈指令的指令符号

图 2-6 取反线圈指令的指令符号

【例 2-1】请分析图 2-7 所示梯形图程序中 Q0.0～Q0.3 的状态。

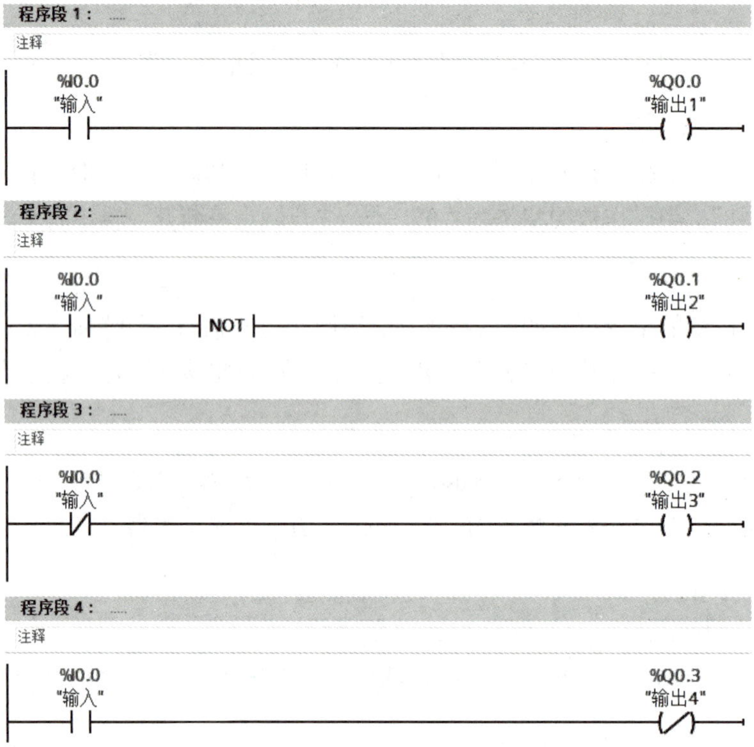

图 2-7　梯形图程序

分析：若输入 I0.0 的状态为“0”，程序段 1 中，Q0.0 的输入端（即 I0.0 的输出端）断开，其状态为“0”；程序段 2 中，取反指令的输入端断开，输出端接通，Q0.1 的状态为“1”；程序段 3 中，Q0.2 的输入端接通，其状态为“1”；程序段 4 中，Q0.3 的输入端断开，其输出状态为“1”。

若输入 I0.0 的状态为“1”，程序段 1 中，Q0.0 的输入端接通，其状态为“1”；程序段 2 中，取反指令的输入端接通，输出端断开，Q0.1 的状态为“0”；程序段 3 中，Q0.2 的输入端断开，其状态为“0”；程序段 4 中，Q0.3 的输入端接通，其输出状态为“0”。

故 Q0.0～Q0.3 的状态如表 2-1 所示。

表 2-1　Q0.0～Q0.3 的状态

输　入	输 出			
I0.0	Q0.0	Q0.1	Q0.2	Q0.3
0	0	1	1	1
1	1	0	0	0

【例 2-2】现有一台水泵，请用梯形图设计该水泵的控制程序，控制要求：开关按下后，水泵工作；开关抬起后，水泵停止工作。

分析：在传统控制电路中，控制水泵的方法有很多，最简单的是在水泵与供电电源之间接一只断路器，通过断路器的通断来控制电机的运行和停止。因此，本例在设计梯形图程序时，可采用断路器作为开关。

设断路器与 PLC 的接口为 I0.0，水泵的接触器与 PLC 的接口为 Q0.0，将 I0.0 的输出送至输出线圈 Q0.0，即可得到控制水泵的梯形图程序，如图 2-8 所示。

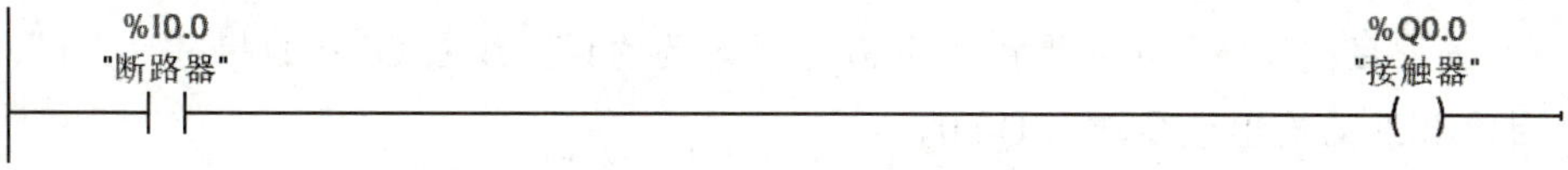

图 2-8　控制水泵的梯形图程序

知识链接

位逻辑指令按照控制要求进行逻辑组合，便可构成基本的逻辑控制，即“与”“或”及其组合。位逻辑指令使用“0”和“1”两个布尔操作数对信号的状态进行逻辑操作，并将逻辑操作结果（RLO）送入存储器的状态位中。常用逻辑控制指令的符号及功能如表 2-2 所示。

表 2-2　常用逻辑控制指令的符号及功能

名　称	指令符号	功　能
与指令	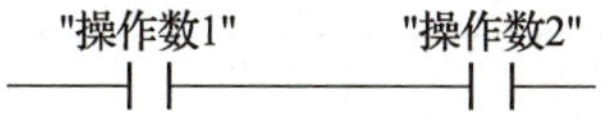	操作数 1 和操作数 2 同时接通时，输出端接通
或指令	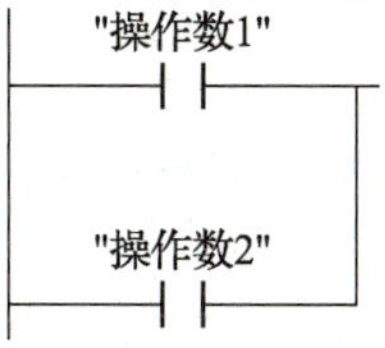	操作数 1 或操作数 2 接通时，输出端接通

【例 2-3】将例 2-2 中的主控元件断路器改为按钮，设计一个电机控制系统，控制要求：按下启动按钮，电机开始运转，启动按钮弹起后，电机持续运转；按下停止按钮，电机停止运转。

分析：设启动按钮与 PLC 的接口为 I0.0，停止按钮与 PLC 的接口为 I0.1，电机的接触器与 PLC 的接口为 Q0.0。

由控制要求可知，电机控制系统的时序图如图 2-9 所示。

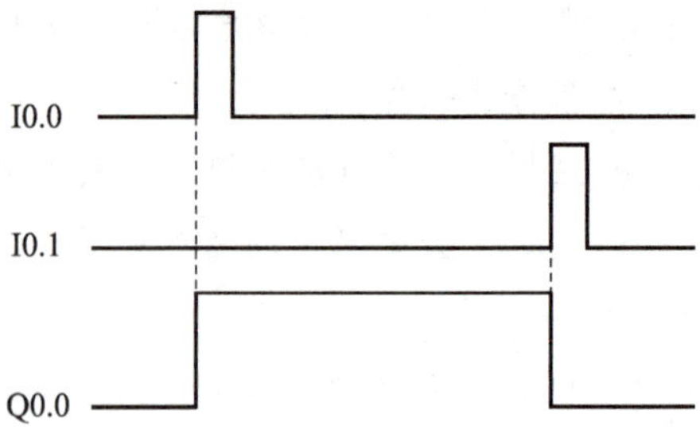

图 2-9　电机控制系统的时序图

（1）按下启动按钮后，常开触点 I0.0 的状态为“1”，线圈 Q0.0 的状态为“1”，电机启动，因此 I0.0 的输出最终送至 Q0.0。

（2）启动按钮弹起后，I0.0 的状态变为“0”，Q0.0 的状态仍为“1”，电机保持运转，因此需要将 Q0.0 的常开触点与 I0.0 并联，即 Q0.0 实现自锁功能，保证此时电机仍运转。

（3）按下停止按钮 I0.1，I0.1 的状态变为“1”，Q0.0 的状态变为“0”，电机停止运转，因此需要将常闭触点 I0.1 的输出送至 Q0.0。

由以上分析可知，I0.0 由“0”变为“1”时，Q0.0 的状态为“1”；I0.0 由“1”变为“0”时，Q0.0 的状态保持为“1”（自锁）；I0.1 由“0”变为“1”时，Q0.0 的状态为“0”（停止）。故电机控制系统的逻辑表达式为

$$Q0.0 = (I0.0 + Q0.0) \cdot \overline{I0.1}$$

由电机控制系统的时序图和逻辑表达式可知，其梯形图程序如图 2-10 所示。

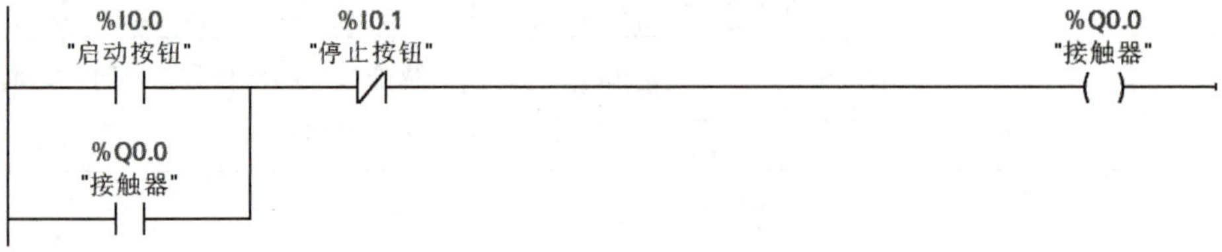

图 2-10　电机控制系统的梯形图程序

任务分析

本任务需要先学习触点指令和输出指令的相关知识，在此基础上，才能完成故障报警指示灯控制系统的设计。

由控制要求可知，此故障报警指示灯控制系统有 4 个输入和 4 个输出，设输入为 SB0（复位按钮）、SB1（故障 1）、SB2（故障 2）和 SB3（故障 3），输出为 Q1（绿灯常亮）、Q2（黄灯常亮）、Q3（红灯常亮）和 Q4（红灯闪烁）。

设系统无故障为“0”，有故障为“1”，则故障报警指示灯控制系统的工作过程：当系统无故障时，Q1 输出为“1”；当有 1 个故障时，Q2 输出为“1”；当有 2 个故障时，

Q3 输出为“1”；当有 3 个故障时，Q4 输出为“1”；当按下 SB0（复位按钮）时，输出均为“0”。

故障报警指示灯控制系统输入与输出之间的逻辑关系如表 2-3 所示。

表 2-3 故障报警指示灯控制系统输入与输出之间的逻辑关系

输入				输出			
SB0	SB1	SB2	SB3	Q1	Q2	Q3	Q4
0	0	0	0	1	0	0	0
0	0	0	1	0	1	0	0
0	0	1	0	0	1	0	0
0	1	0	0	0	1	0	0
0	0	1	1	0	0	1	0
0	1	0	1	0	0	1	0
0	1	1	0	0	0	1	0
0	1	1	1	0	0	0	1
1	×	×	×	0	0	0	0

输入与输出之间的逻辑表达式为

$$Q1=\overline{SB0}\cdot\overline{SB1}\cdot\overline{SB2}\cdot\overline{SB3}$$

$$Q2=\overline{SB0}\cdot(\overline{SB1}\cdot\overline{SB2}\cdot SB3+\overline{SB1}\cdot SB2\cdot\overline{SB3}+SB1\cdot\overline{SB2}\cdot\overline{SB3})$$

$$Q3=\overline{SB0}\cdot(\overline{SB1}\cdot SB2\cdot SB3+SB1\cdot\overline{SB2}\cdot SB3+SB1\cdot SB2\cdot\overline{SB3})$$

$$Q4=\overline{SB0}\cdot SB1\cdot SB2\cdot SB3$$

完成该任务的主要步骤如下。

（1）根据故障报警指示灯控制系统的工作过程，填写 I/O 地址分配表。

（2）根据 I/O 地址分配表，绘制 PLC 的硬件接线图，并完成接线。

（3）根据故障报警指示灯控制系统的工作过程和 I/O 地址分配表，设计梯形图程序。

（4）将梯形图程序下载到 PLC 中，按照表 2-3 改变 SB0、SB1、SB2 和 SB3 的状态，观察指示灯的工作状态。

任务实施——设计故障报警指示灯控制系统

1. I/O 地址分配

根据工作过程分析，故障报警指示灯控制系统有 4 个输入信号，即复位按钮、故障 1、故障 2 和故障 3，3 个输出信号，即绿灯、黄灯和红灯（常亮+闪烁），故其 I/O 地址分配表如表 2-4 所示。

扫一扫

设计故障报警指示灯控制系统

表 2-4　故障报警指示灯控制系统的 I/O 地址分配表

输　入			输　出		
元　件	I/O 地址	备　注	元　件	I/O 地址	备　注
SB0	I0.0	复位按钮	L1	Q0.0	绿灯
SB1	I0.1	故障 1	L2	Q0.1	黄灯
SB2	I0.2	故障 2	L3	Q0.2	红灯
SB3	I0.3	故障 3			

2．硬件接线

根据表 2-4 绘制 PLC 的硬件接线图（见图 2-11），并根据接线图完成接线。

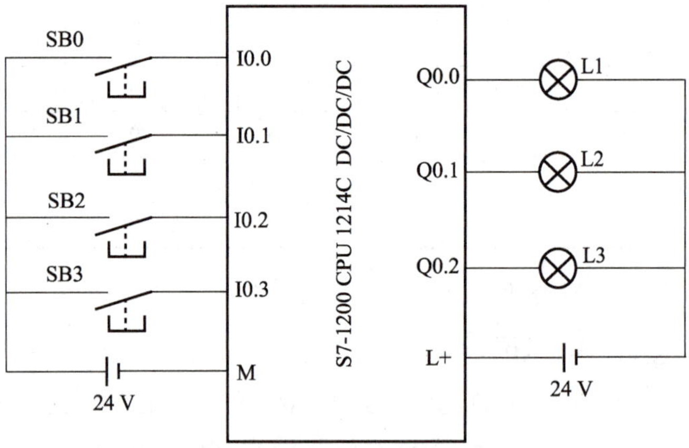

图 2-11　PLC 的硬件接线图

3．程序设计与仿真

根据工作过程和 I/O 地址分配表，将逻辑表达式（见任务分析）转换成梯形图程序，如图 2-12 所示。

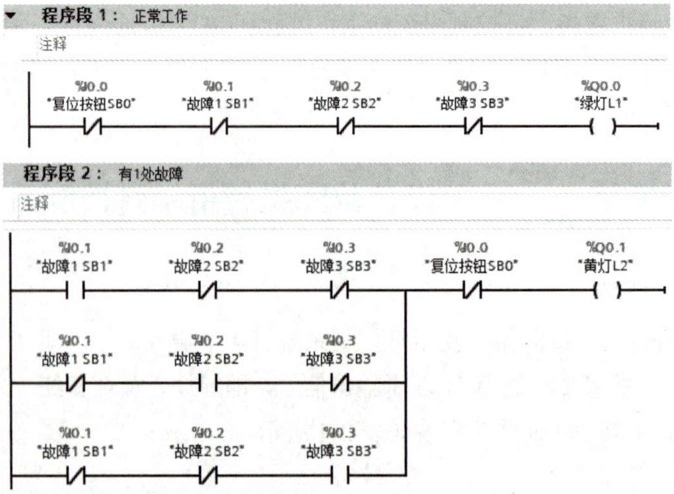

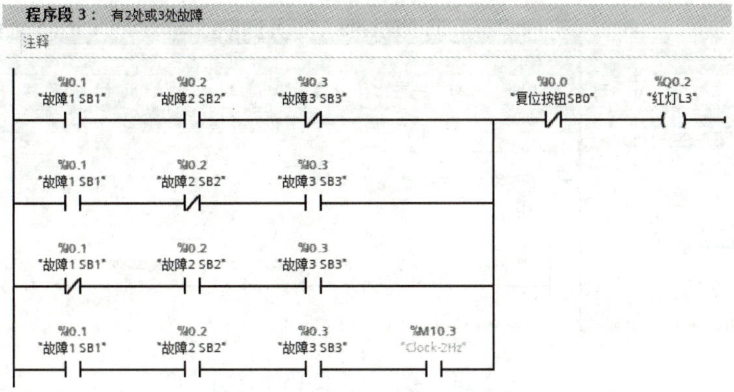

图 2-12　故障报警指示灯控制系统的梯形图程序

故障报警指示灯控制系统的程序设计与仿真步骤如下。

步骤 1▶ 按照项目一中的方法，完成项目创建，将项目命名为“故障报警指示灯控制系统”。

步骤 2▶ 按照项目一中的方法选择组态设备。根据 PLC 的订单号选择对应的控制器，本项目选择的控制器为“CPU 1214C DC/DC/DC”→“6ES7 214-1AG40-0XB0”。

步骤 3▶ 设置 PLC 的变量。在项目树窗口中，选择“PLC_1[CPU 1214C DC/DC/DC]”→“PLC 变量”→“显示所有变量”选项，双击打开“PLC 变量”窗口，在此窗口中设置 PLC 的变量，如图 2-13 所示。

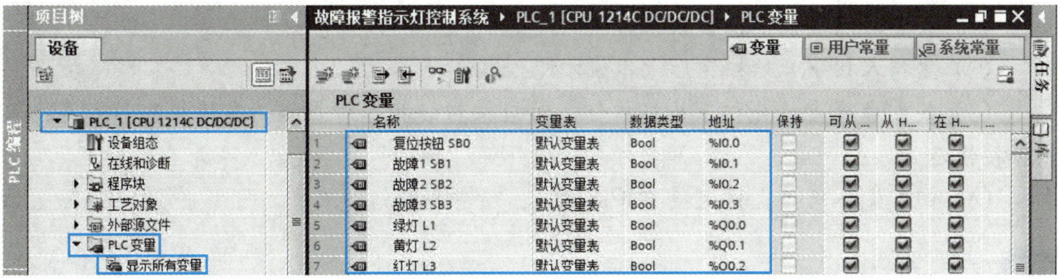

图 2-13　设置 PLC 的变量

步骤 4▶ 输入梯形图程序。如图 2-14 所示，在项目树窗口中，选择“PLC_1[CPU 1214C DC/DC/DC]”→“程序块”→“Main[OB1]”选项，双击打开“Main[OB1]”窗口，在此窗口中输入图 2-12 所示的梯形图程序。

步骤 5▶ 编译程序并启动仿真。

步骤 6▶ 改变 SB0（I0.0）、SB1（I0.1）、SB2（I0.2）和 SB3（I0.3）的状态，观察 3 个指示灯的工作状态，并对照表 2-3，查看是否满足控制要求。

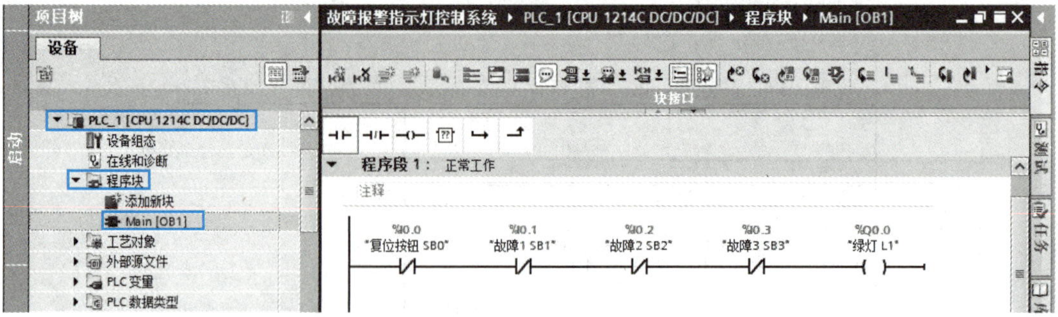

图 2-14　输入梯形图程序界面

任务二　应用置复位指令

任务引入

抢答器是一种应用非常广泛的电子设备，在各种抢答活动、知识竞赛中，它能迅速客观地分辨出最先获得发言权的选手，为竞赛增添了刺激性、娱乐性。

请应用置复位指令，设计一个四组抢答器控制系统，控制要求如下。

（1）参赛者通过按下抢答按钮回答问题。

（2）主持人按下开始按钮后，各组才能抢答。

（3）某组参赛者抢先按下抢答按钮，对应按钮的指示灯点亮，其他组参赛者再按下抢答按钮无效。

（4）回答完毕后，主持人按下复位按钮，所有指示灯熄灭。

任务工单

请扫描下方的二维码，获取任务工单，根据任务工单，学生可以课前预习相关知识，课后按步骤进行任务实施，提高操作技能。

扫一扫

置复位指令包括置位指令、复位指令、置位位域指令、复位位域指令、置位/复位触发器指令和复位/置位触发器指令等。

一、置位指令和复位指令

1. 置位指令

置位指令的功能是使操作数的状态置为“1”，其指令符号为—(S)—。置位指令的梯形图程序如图 2-15 所示。

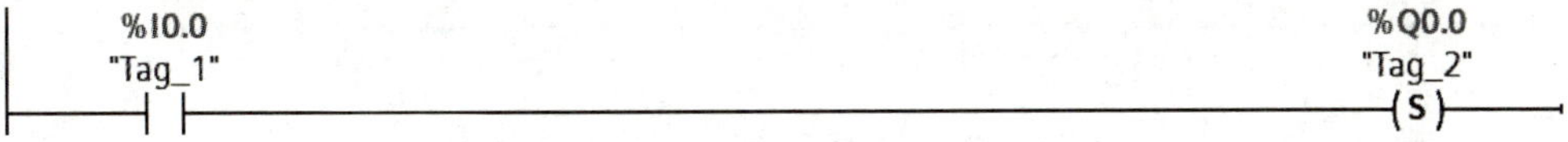

图 2-15　置位指令的梯形图程序

当按下按钮 I0.0 时，Q0.0 的状态置为“1”；按钮弹起后，I0.0 断开，Q0.0 的状态仍为“1”，从而实现了自锁功能。

2. 复位指令

复位指令的功能是使操作数的状态置为“0”，其指令符号为—(R)—。复位指令的梯形图程序如图 2-16 所示。

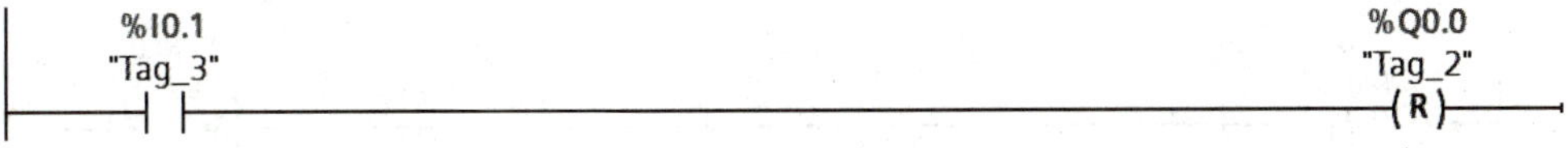

图 2-16　复位指令的梯形图程序

当按下按钮 I0.1 时，Q0.0 的状态置为“0”；按钮弹起后，I0.1 断开，Q0.0 的状态仍为“0”，直到有置位信号（使 Q0.0 置为“1”）出现。

置位指令和复位指令的主要特点是具有记忆保持功能，被置位或复位的操作数只能通过复位指令或置位指令还原。因此，置位指令和复位指令在大多数情况下都是成对出现的，在程序的一个地方使用了置位指令，在另一个地方就会使用复位指令。置位指令和复位指令的操作数可以多次使用。置位指令和复位指令的时序图如图 2-17 所示。

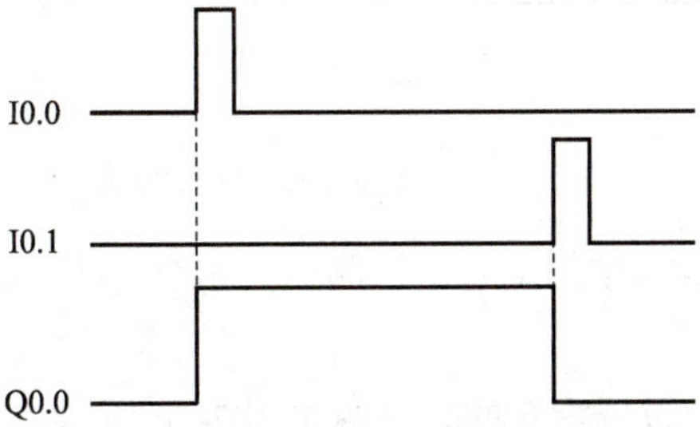

图 2-17　置位指令和复位指令的时序图

对比图 2-17 和图 2-9（电机控制系统的时序图）可知，当输入条件相同时，其输出状态完全一致，即图 2-17 对应的梯形图程序也能够实现电机的连续控制。

知类通达

在梯形图编程中，可以用基本触点指令，也可以用置位指令、复位指令实现电机的启停控制。在学习和工作中，在遇到问题时，要坚信办法总比困难多，一条道路走不通时，换个思路，变个想法，或许能柳暗花明。

二、置位位域指令和复位位域指令

单独置位或复位一个位地址的变量时，通常使用置位指令或复位指令，而置位或复位多个位地址变量时，通常会使用置位位域指令或复位位域指令。

1. 置位位域指令

置位位域指令的主要功能是为从地址“OUT”处开始的“n”位地址置位（变为“1”并保持），其指令符号为—(SET_BF)—。置位位域指令的梯形图程序如图 2-18 所示。

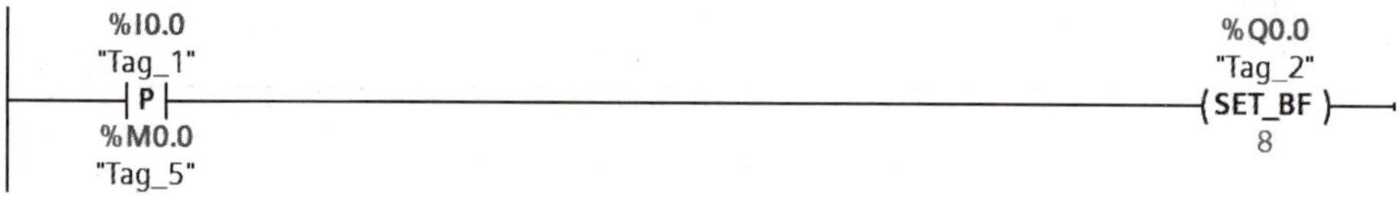

图 2-18　置位位域指令的梯形图程序

2. 复位位域指令

复位位域指令的主要功能是为从地址“OUT”处开始的“n”位地址复位（变为“0”并保持），其指令符号为—(RESET_BF)—。复位位域指令的梯形图程序如图 2-19 所示。

图 2-19　复位位域指令的梯形图程序

说明：图 2-18 和图 2-19 中的上升沿检测触点指令(—|P|—)、下降沿检测触点指令(—|N|—)将在任务三中详细介绍。

置位位域指令和复位位域指令的时序图如图 2-20 所示，在 I0.0 的上升沿（从“0”变为“1”）时，从 Q0.0 开始的连续 8 位数据，即 Q0.0～Q0.7（QB0），全部置为“1”，即 QB0＝FFH；在 I0.0 的下降沿（从“1”变为“0”）时，QB0 复位，即 QB0＝00H。

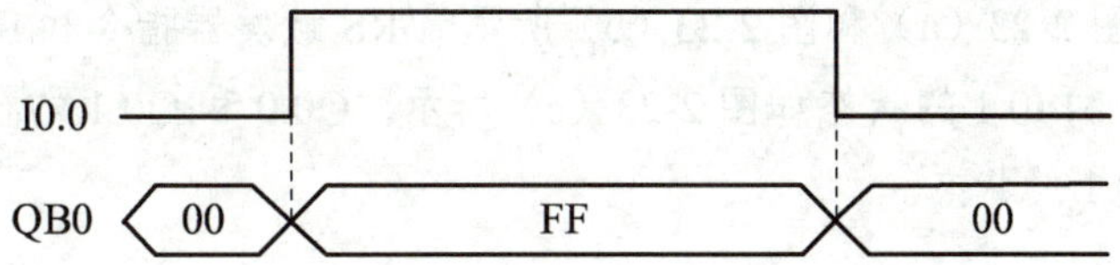

图 2-20　置位位域指令和复位位域指令的时序图

三、置位/复位触发器指令和复位/置位触发器指令

1. 置位/复位触发器指令

置位/复位（SR）触发器指令也称复位优先触发器指令，其指令符号如图 2-21 所示。如果 S 输入端的状态为“1”，R1 输入端的状态为“0”，则置位触发器；如果 S 输入端的状态为“0”，R1 输入端的状态为“1”，则复位触发器；如果两个输入端的状态均为“1”，则复位触发器；如果两个输入端的状态均为“0”，则保持触发器之前的状态。SR 触发器指令输入与输出状态的对应关系如表 2-5 所示。

2. 复位/置位触发器指令

复位/置位（RS）触发器指令也称置位优先触发器指令，其指令符号如图 2-22 所示。如果 R 输入端的状态为“1”，S1 输入端的状态为“0”，则复位触发器；如果 R 输入端的状态为“0”，S1 输入端的状态为“1”，则置位触发器；如果两个输入端的状态均为“1”，则置位触发器；如果两个输入端的状态均为“0”，则保持触发器之前的状态。RS 触发器指令输入与输出状态的对应关系如表 2-5 所示。

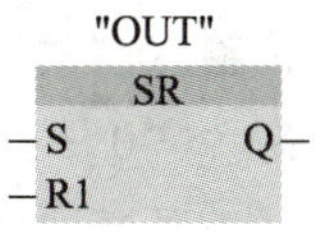

图 2-21　SR 触发器指令的指令符号

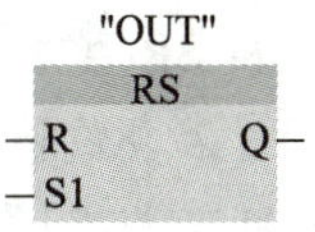

图 2-22　RS 触发器指令的指令符号

表 2-5　SR 触发器指令和 RS 触发器指令输入与输出状态的对应关系

SR 触发器指令			RS 触发器指令		
输入状态		输出状态	输入状态		输出状态
S	R1		R	S1	
0	0	保持之前的状态	0	0	保持之前的状态
0	1	0	0	1	1
1	0	1	1	0	0
1	1	0	1	1	1

【例 2-4】如图 2-23（a）和图 2-23（b）所示为 RS 触发器指令和 SR 触发器指令的梯形图程序，设 I0.0 和 I0.1 的状态如图 2-23（c）所示，Q0.0 和 Q0.1 的初始状态均为“0”，试分析 Q0.0 和 Q0.1 的状态。

（a）RS 触发器指令的梯形图程序

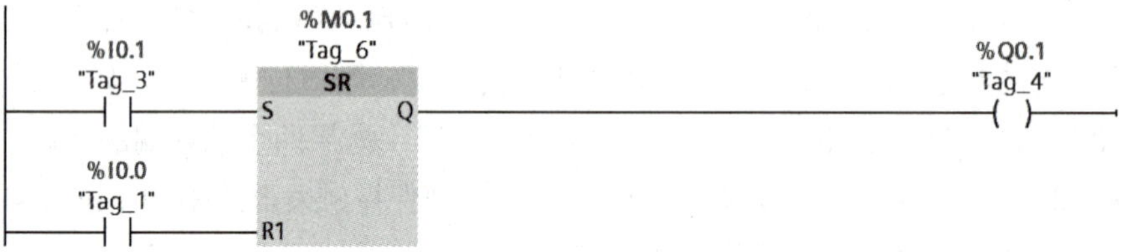

（b）SR 触发器指令的梯形图程序

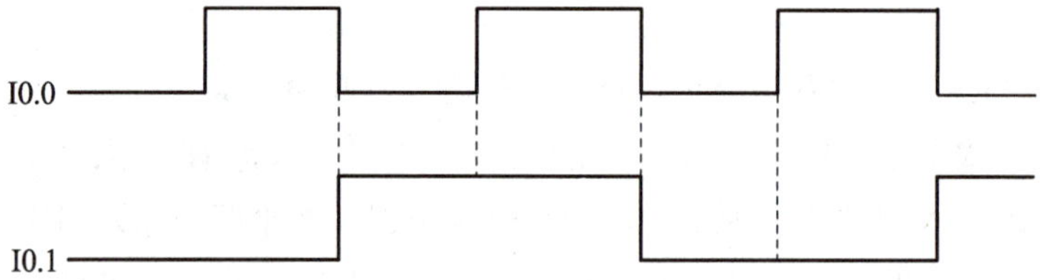

（c）I0.0 和 I0.1 的状态

图 2-23　RS 和 SR 触发器指令的梯形图程序及 I0.0 和 I0.1 的状态

分析：在 RS 和 SR 触发器指令中，若置位输入端和复位输入端的状态均为“0”，则输出状态保持不变；若复位输入端的状态为“1”，则输出状态为“0”；若置位输入端的状态为“1”，则输出状态为“1”；若两个输入端的状态均为“1”，将按照优先级顺序执行置位或复位指令，即 RS 触发器的输出状态为“1”，SR 触发器的输出状态为“0”，故图 2-23 中 Q0.0 和 Q0.1 的状态如图 2-24 所示。

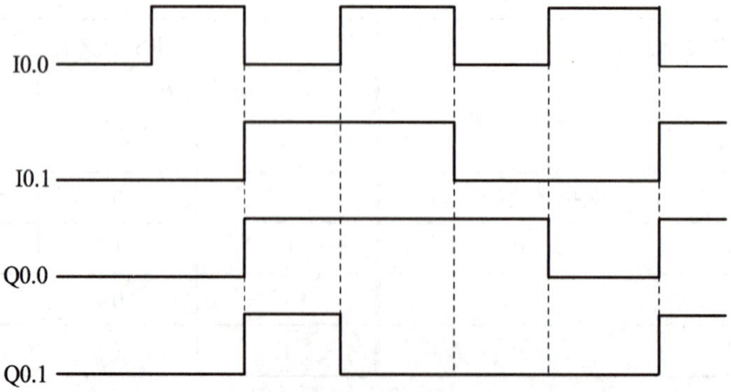

图 2-24　RS 和 SR 触发器指令的时序图

任务分析

本任务需要先学习置复位指令的相关知识，在此基础上，才能完成四组抢答器控制系统的设计。

四组抢答器控制系统的工作过程：按下开始按钮（SB0）后，四组参赛者按下各自的抢答按钮（SB1～SB4），抢先按下者，其对应指示灯点亮（L1～L4），即指示灯的状态变为“1”；按下复位按钮（SB5）后，指示灯熄灭（状态变为“0”）。

完成该任务的主要步骤如下。

（1）根据四组抢答器控制系统的工作过程，填写 I/O 地址分配表。

（2）根据 I/O 地址分配表，绘制 PLC 的硬件接线图，并完成接线。

（3）根据四组抢答器控制系统的工作过程和 I/O 地址分配表，设计梯形图程序。

（4）将梯形图程序下载到 PLC 中，根据控制要求改变 SB0～SB5 的状态，观察 L1～L4 的工作状态。

在设计时要注意：四组参赛队伍的指示灯不能同时点亮，即它们之间必须进行互锁。

任务实施——设计四组抢答器控制系统

1. I/O 地址分配

扫一扫

设计四组抢答器控制系统

根据工作过程分析，四组抢答器控制系统有 6 个输入信号，即开始按钮、抢答按钮（4 组）和复位按钮，有 4 个输出信号，即每组抢答按钮对应的指示灯，故其 I/O 地址分配表如表 2-6 所示。

表 2-6　四组抢答器控制系统的 I/O 地址分配表

输　入			输　出		
元　件	I/O 地址	备　注	元　件	I/O 地址	备　注
SB0	I0.0	开始按钮	L1	Q0.1	第一组的指示灯
SB1	I0.1	第一组抢答按钮	L2	Q0.2	第二组的指示灯
SB2	I0.2	第二组抢答按钮	L3	Q0.3	第三组的指示灯
SB3	I0.3	第三组抢答按钮	L4	Q0.4	第四组的指示灯
SB4	I0.4	第四组抢答按钮			
SB5	I0.5	复位按钮			

2. 硬件接线

根据表 2-6 绘制 PLC 的硬件接线图（见图 2-25），并根据接线图完成接线。

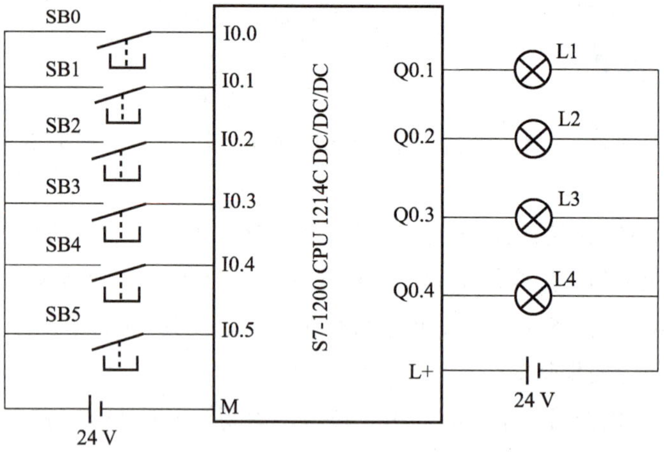

图 2-25　PLC 的硬件接线图

3．程序设计与仿真

根据工作过程和 I/O 地址分配表，四组抢答器控制系统的梯形图程序设计思路如下。

（1）按下 SB0（I0.0）后，抢答器进入答题状态；按下按钮 SB5（I0.5）后，答题状态结束。因此，用 SR 触发器指令控制 M0.0（答题状态）。

（2）M0.0 为“1”时，用置位指令和复位位域指令控制指示灯的状态，且指示灯之间必须互锁。

四组抢答器控制系统的梯形图程序如图 2-26 所示。

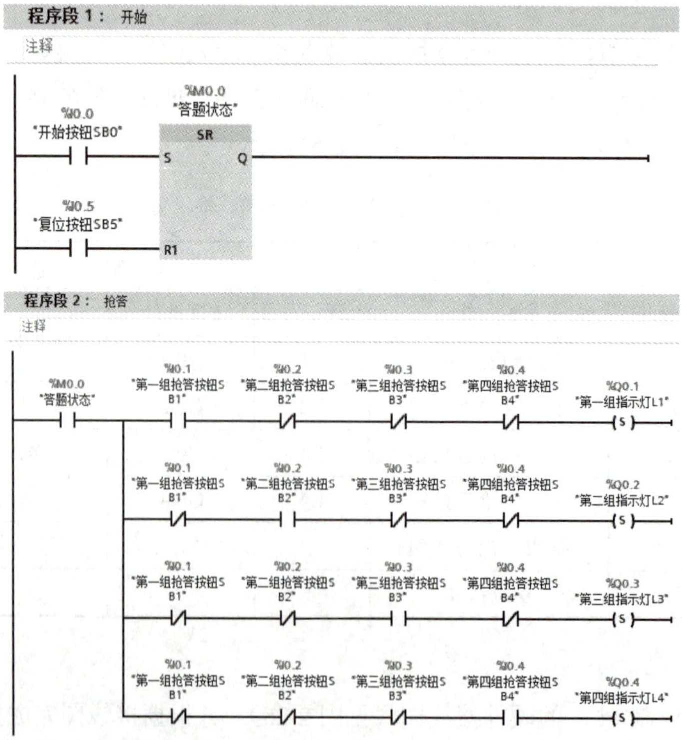

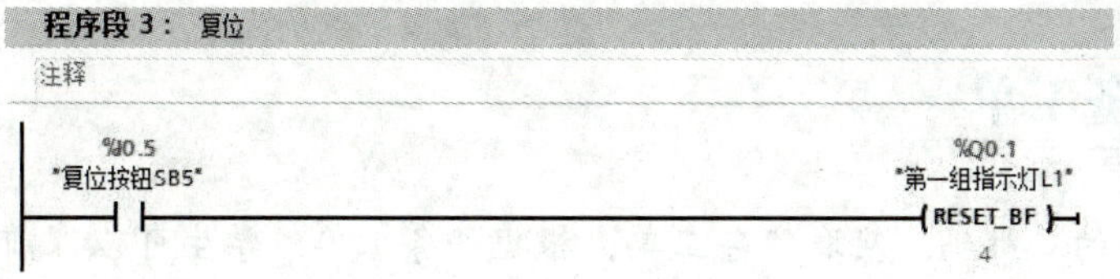

图 2-26　四组抢答器控制系统的梯形图程序

四组抢答器控制系统的程序设计与仿真步骤如下。

步骤 1▶　完成项目创建和组态设备选择，将项目命名为“四组抢答器控制系统”。

步骤 2▶　按照图 2-27 所示，设置 PLC 的变量。

PLC 变量

	名称	变量表	数据类型	地址	保持	可从 ...	从 H...	在 H...	注释
1	开始按钮SB0	默认变量表	Bool	%I0.0	☐	☑	☑	☑	
2	第一组抢答按钮SB1	默认变量表	Bool	%I0.1	☐	☑	☑	☑	
3	第二组抢答按钮SB2	默认变量表	Bool	%I0.2	☐	☑	☑	☑	
4	第三组抢答按钮SB3	默认变量表	Bool	%I0.3	☐	☑	☑	☑	
5	第四组抢答按钮SB4	默认变量表	Bool	%I0.4	☐	☑	☑	☑	
6	第一组指示灯L1	默认变量表	Bool	%Q0.1	☐	☑	☑	☑	
7	第二组指示灯L2	默认变量表	Bool	%Q0.2	☐	☑	☑	☑	
8	第三组指示灯L3	默认变量表	Bool	%Q0.3	☐	☑	☑	☑	
9	第四组指示灯L4	默认变量表	Bool	%Q0.4	☐	☑	☑	☑	
10	复位按钮SB5	默认变量表	Bool	%I0.5	☐	☑	☑	☑	
11	答题状态	默认变量表	Bool	%M0.0	☐	☑	☑	☑	
12	<新增>				☐	☑	☑	☑	

图 2-27　设置 PLC 的变量

步骤 3▶　输入图 2-26 所示的梯形图程序。

步骤 4▶　编译程序并启动仿真。

步骤 5▶　按下 SB0（I0.0）后，再按下 SB1（I0.1），观察指示灯 L1 的状态；然后按下 SB2～SB4（I0.2～I0.4）中的任意一个，观察该按钮对应指示灯的状态；最后按下 SB5（I0.5），再观察指示灯的状态。

任务三　应用边沿检测指令

任务引入

请应用边沿检测指令，设计一个电机正反转控制系统。控制要求：电机在正转运行时，按反转按钮，电机不能反转；只有按停止按钮后，再按反转按钮，电机才能反转运行。同理，在电机反转运行时，按正转按钮，电机不能正转；只有按停止按钮后，再按正转按钮，电机才能正转运行。

任务工单

请扫描下方的二维码，获取任务工单，根据任务工单，学生可以课前预习相关知识，课后按步骤进行任务实施，提高操作技能。

扫一扫

边沿检测指令包括边沿检测触点指令、边沿检测线圈指令和 TRIG 边沿检测指令等。

一、边沿检测触点指令

边沿检测触点指令用来判断所指定操作数的状态变化，可分为上升沿检测触点指令和下降沿检测触点指令。

1. 上升沿检测触点指令

上升沿检测触点指令的指令符号如图 2-28 所示，当检测到“IN”为正跳变（由“0”到“1”）时，输出状态为“1”。“M_BIT”为上升沿存储位，用来存储上一个扫描周期中“IN”位的状态。上升沿检测触点指令可以放置在程序段中除分支结尾外的任何位置。

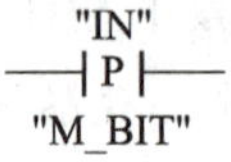

图 2-28　上升沿检测触点指令的指令符号

2. 下降沿检测触点指令

下降沿检测触点指令的指令符号如图 2-29 所示，当检测到“IN”为负跳变（由“1”到“0”）时，输出状态为“1”。“M_BIT”为下降沿存储位，用来存储上一个扫描周期中“IN”位的状态。下降沿检测触点指令可以放置在程序段中除分支结尾外的任何位置。

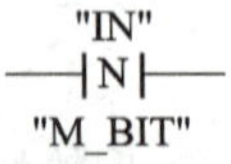

图 2-29　下降沿检测触点指令的指令符号

【例 2-5】如图 2-30 所示为边沿检测触点指令的梯形图程序，试分析当 I0.0 接通和断开时 Q0.0 和 Q0.1 的状态。

图 2-30　边沿检测触点指令的梯形图程序

分析：在图 2-30 中，当 I0.0 由断开到接通时，触发 Q0.0 维持一个扫描周期的高电平；当 I0.0 由接通到断开时，触发 Q0.1 维持一个扫描周期的高电平，故其时序图如图 2-31 所示。

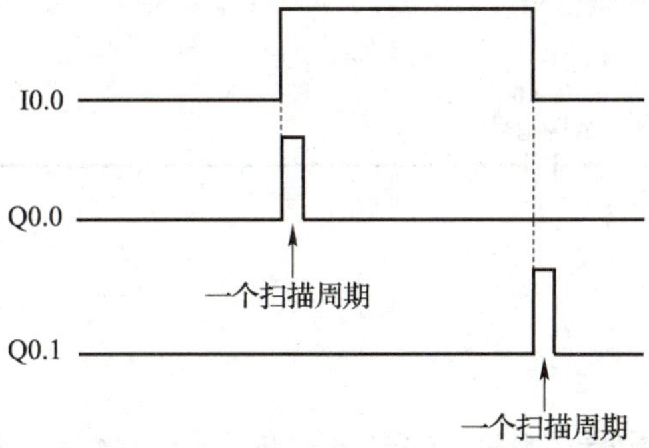

图 2-31　边沿检测触点指令的时序图

【例 2-6】请设计一个故障信息显示控制系统，控制要求：从故障信号 I0.0 的上升沿开始，Q0.0 控制的指示灯以 2 Hz 的频率闪烁；操作员按下复位按钮 I0.1 后，如果故障消失，则指示灯灭，如果故障没有消失，则指示灯转为常亮，直到故障消失。

分析：I0.0 由“0”变为“1”时，Q0.0 开始闪烁（2 Hz）。I0.1 输入一个脉冲后，Q0.0 停止闪烁。此时，若 I0.0 为“0”，则 Q0.0 为“0”；若 I0.0 为“1”，则 Q0.0 为“1”，故其时序图如图 2-32 所示。

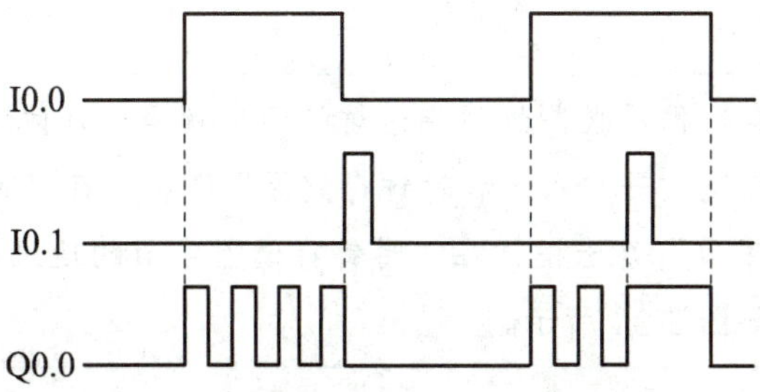

图 2-32　故障信息显示控制系统的时序图

根据图 2-32 所示，故障信息显示控制系统的设计思路：用上升沿检测触点指令检测 I0.0 的上升沿，并设置时钟存储器字节（方法见以下知识链接），利用 M10.3 提供的 2 Hz 脉冲信号控制 Q0.0 的闪烁频率，故其梯形图程序如图 2-33 所示。

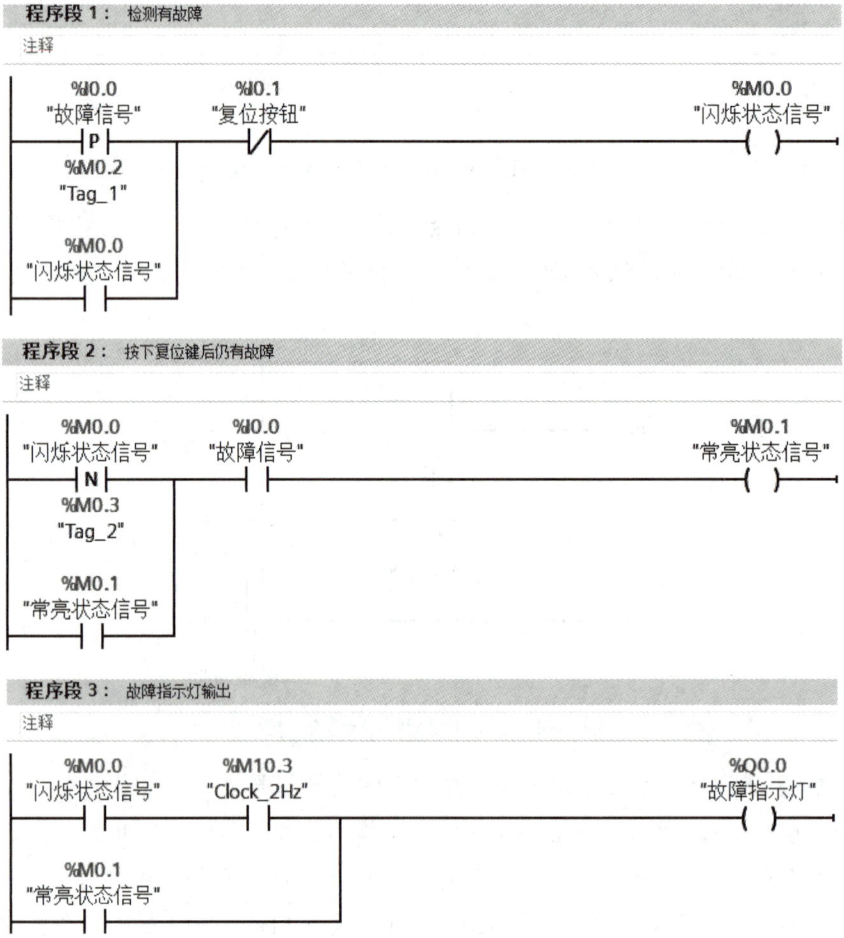

图 2-33　故障信息显示控制系统的梯形图程序

知识链接

时钟存储器输出脉冲信号控制故障指示灯的闪烁频率，具体方法：在 CPU 的“属性”窗口中，选择“常规”→“系统和时钟存储器”选项，在“时钟存储器位”组中勾选“启用时钟存储器字节”复选框，在“时钟存储器字节的地址（MBx）”编辑框中输入时钟的字节地址，如图 2-34 所示。

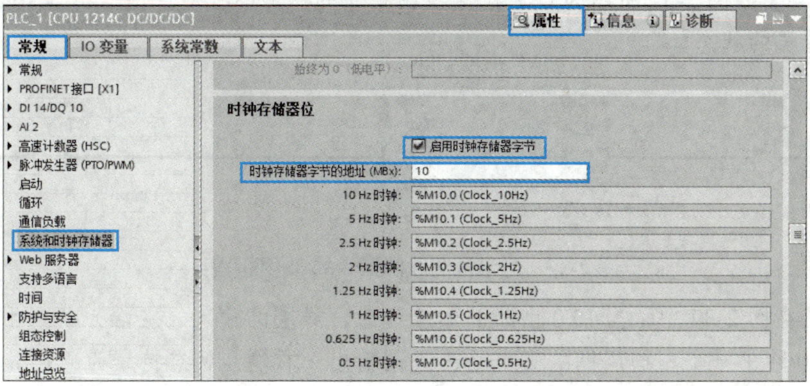

图 2-34　设置时钟存储器字节

二、边沿检测线圈指令

边沿检测线圈指令可分为上升沿检测线圈指令和下降沿检测线圈指令。

1. 上升沿检测线圈指令

上升沿检测线圈指令的指令符号如图 2-35 所示，当检测到进入线圈的信号为正跳变（由“0”到“1”）时，“OUT”输出一个扫描周期的高电平，“M_BIT”用来保存上一个扫描周期线圈输入端的状态。上升沿检测线圈指令可以放置在程序段中的任何位置。

"OUT"
—(P)—
"M_BIT"

图 2-35　上升沿检测线圈指令的指令符号

2. 下降沿检测线圈指令

下降沿检测线圈指令的指令符号如图 2-36 所示，当检测到进入线圈的信号为负跳变（由“1”到“0”）时，“OUT”输出一个扫描周期的高电平，“M_BIT”用来保存上一个扫描周期线圈输入端的状态。下降沿检测线圈指令可以放置在程序段中的任何位置。

"OUT"
—(N)—
"M_BIT"

图 2-36　下降沿检测线圈指令的指令符号

提　示

边沿检测线圈指令不会影响逻辑运算结果，其输入的逻辑运算结果会被立即送到线圈的输出端。

【例 2-7】如图 2-37 所示为边沿检测线圈指令的梯形图程序，试分析当 I0.0 接通和断开时各存储器的状态。

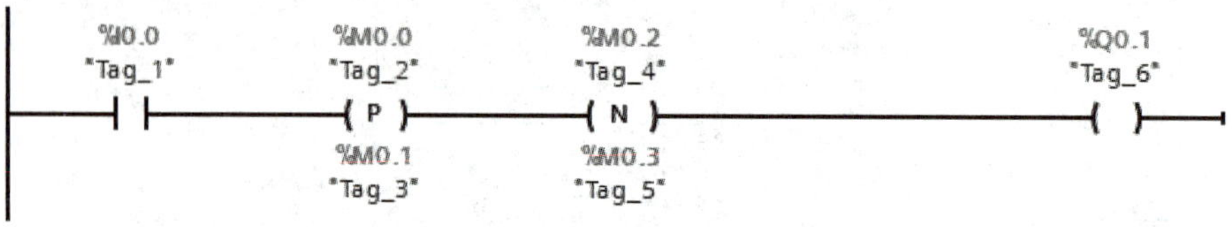

图 2-37 边沿检测线圈指令的梯形图程序

分析：在图 2-37 中，当 I0.0 由断开到接通时，线圈的输入（左端）状态由“0”变为“1”，M0.0 输出一个扫描周期的高电平，线圈输出（右端）状态持续为“1”，即 Q0.1 的状态为“1”；当 I0.0 由接通到断开时，线圈的输入（左端）状态由“1”变为“0”，M0.2 输出一个扫描周期的高电平，线圈输出（右端）状态变为“0”，即 Q0.1 的状态为“0”，故其时序图如图 2-38 所示。

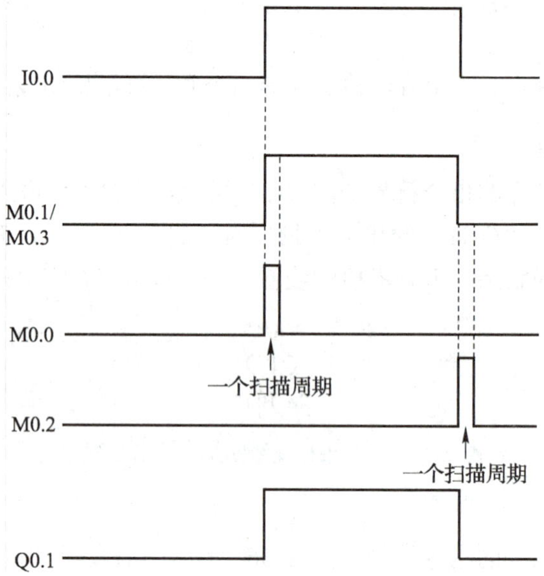

图 2-38 边沿检测线圈指令的时序图

三、TRIG 边沿检测指令

TRIG 边沿检测指令主要用来检测输入端状态的变化，可分为上升沿边沿检测指令（P_TRIG）和下降沿边沿检测指令（N_TRIG）。

1. 上升沿边沿检测指令

上升沿边沿检测指令的指令符号如图 2-39 所示，当检测到输入端 CLK 的信号为正跳变（由“0”到“1”）时，输出端 Q 输出一个扫描周期的高电平。上升沿边沿检测指令不能放置在程序段的开头或结尾。

图 2-39 上升沿边沿检测指令的指令符号

2. 下降沿边沿检测指令

下降沿边沿检测指令的指令符号如图 2-40 所示，当检测到输入端 CLK 的信号为负跳变（由“1”到“0”）时，输出端 Q 输出一个扫描周期的高电平。下降沿边沿检测指令不能放置在程序段的开头或结尾。

图 2-40 下降沿边沿检测指令的指令符号

【例 2-8】如图 2-41 所示为 TRIG 边沿检测指令的梯形图程序，试分析当 I0.0 接通和断开时各存储器的状态。

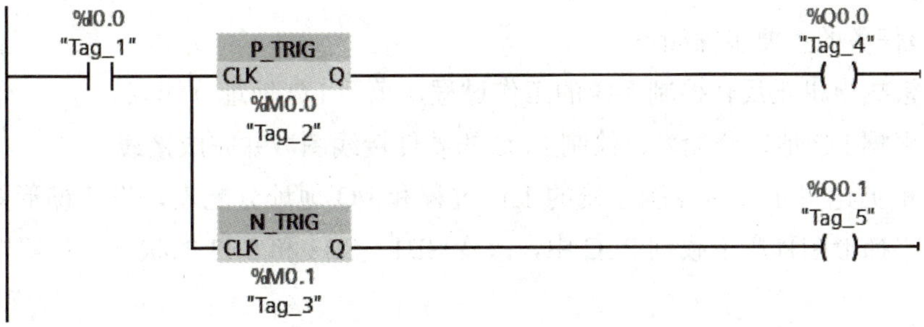

图 2-41 TRIG 边沿检测指令的梯形图程序

分析：在图 2-41 中，当 I0.0 由断开到接通时，P_TRIG 指令的输入端 CLK 接收到一个上升沿信号，其输出端 Q 输出一个扫描周期的高电平，Q0.0 输出一个扫描周期的高电平；当 I0.0 由接通到断开时，N_TRIG 指令的输入端 CLK 接收到一个下降沿信号，其输出端 Q 输出一个扫描周期的高电平，Q0.1 输出一个扫描周期的高电平，故其时序图如图 2-42 所示。

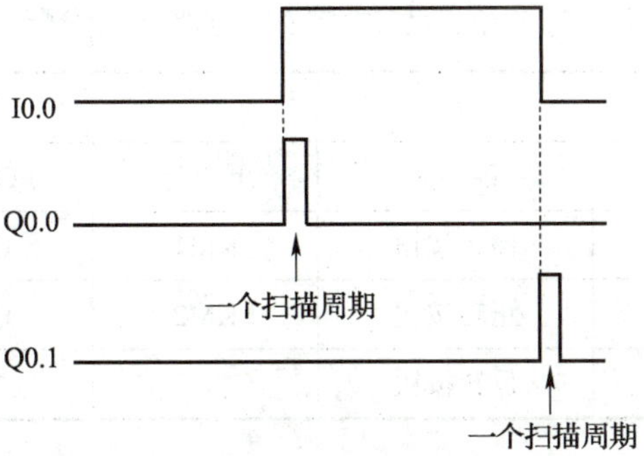

图 2-42 TRIG 边沿检测指令的时序图

各抒己见

以小组为单位讨论，当输入条件相同时，边沿检测线圈指令和 TRIG 边沿检测指令的输出结果是否一样？为什么？

任务分析

本任务需要先学习边沿检测指令的相关知识，在此基础上，才能完成电机正反转控制系统的设计。

电机正反转控制系统的工作过程：电机正转运行时，按下反转按钮（SB3），电机仍正转，按下停止按钮（SB1）后，再按下反转按钮（SB3），电机才反转；电机反转运行时，按下正转按钮（SB2），电机仍反转，按下停止按钮（SB1）后，再按下正转按钮（SB2），电机才正转。

完成该任务的主要步骤如下。

（1）根据电机正反转控制系统的工作过程，填写 I/O 地址分配表。

（2）根据 I/O 地址分配表，绘制 PLC 的硬件接线图，并完成接线。

（3）根据电机正反转控制系统的工作过程和 I/O 地址分配表，设计梯形图程序。

（4）将梯形图程序下载到 PLC 中，改变 SB1、SB2 和 SB3 的状态，观察电机的工作状态。

任务实施——设计电机正反转控制系统

扫一扫

设计电机正反转控制系统

1. I/O 地址分配

根据工作过程分析，电机正反转控制系统的 I/O 地址分配表如表 2-7 所示。

表 2-7 电机正反转控制系统的 I/O 地址分配表

输入			输出		
元件	I/O 地址	备注	元件	I/O 地址	备注
SB1	I0.0	停止按钮	KM1	Q0.0	正转接触器
SB2	I0.1	正转按钮	KM2	Q0.1	反转接触器
SB3	I0.2	反转按钮			

2. 硬件连接

根据表 2-7 绘制 PLC 的硬件接线图（见图 2-43），并根据接线图完成接线。

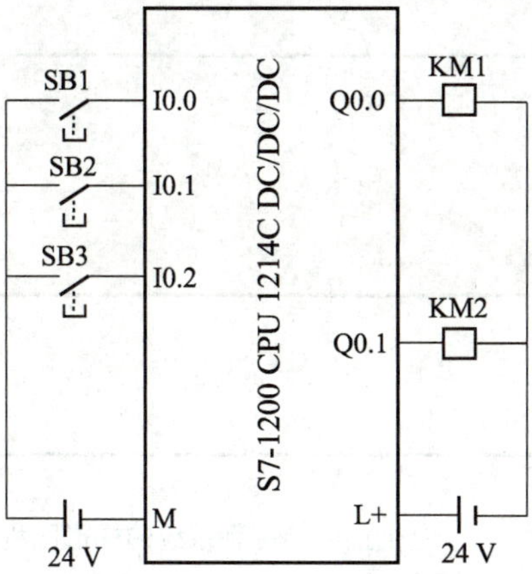

图 2-43　PLC 的硬件接线图

3. 程序设计与仿真

根据工作过程和 I/O 地址分配表，电机正反转控制系统的梯形图程序如图 2-44 所示。

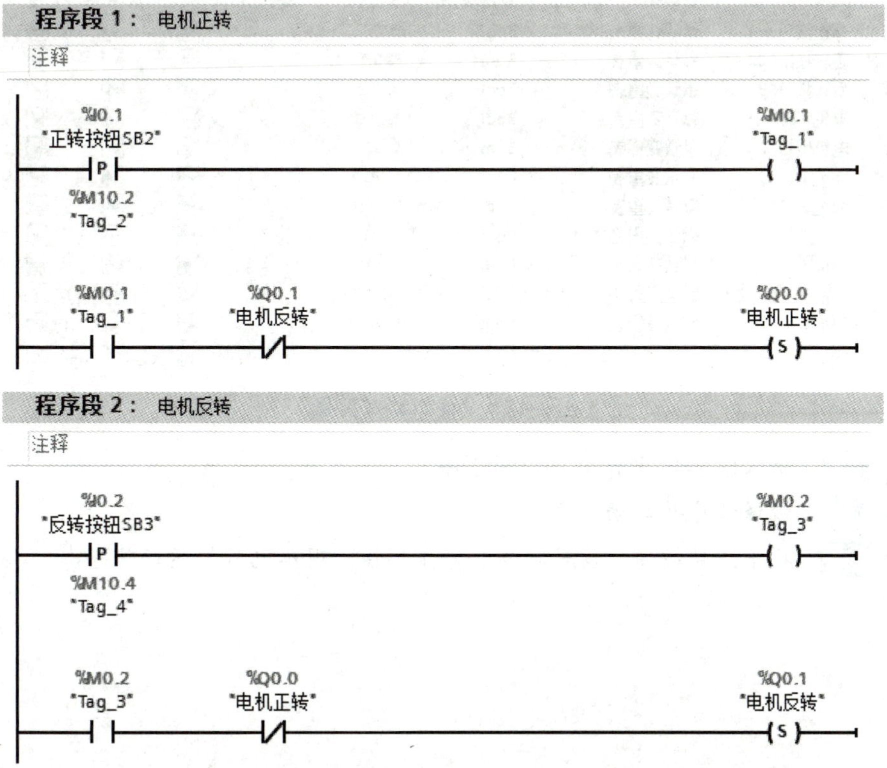

图 2-44　电机正反转控制系统的梯形图程序

电机正反转控制系统的程序设计与仿真步骤如下。

步骤 1▶ 完成项目创建和组态设备选择，将项目命名为“电机正反转控制系统”。

步骤 2▶ 按照图 2-45 所示，设置 PLC 的变量。

PLC 变量

		名称	变量表	数据类型	地址	保持	可从 ...	从 H...	在 H...	注释
1		停止按钮SB1	默认变量表	Bool	%I0.0	☐	☑	☑	☑	
2		正转按钮SB2	默认变量表	Bool	%I0.1	☐	☑	☑	☑	
3		反转按钮SB3	默认变量表	Bool	%I0.2	☐	☑	☑	☑	
4		电机正转	默认变量表	Bool	%Q0.0	☐	☑	☑	☑	
5		电机反转	默认变量表	Bool	%Q0.1	☐	☑	☑	☑	
6		Tag_1	默认变量表	Bool	%M0.1	☐	☑	☑	☑	
7		Tag_2	默认变量表	Bool	%M10.2	☐	☑	☑	☑	
8		Tag_3	默认变量表	Bool	%M0.2	☐	☑	☑	☑	
9		Tag_4	默认变量表	Bool	%M10.4	☐	☑	☑	☑	
10		Tag_5	默认变量表	Bool	%M10.6	☐	☑	☑	☑	
11		Tag_6	默认变量表	Bool	%M0.0	☐	☑	☑	☑	
12		<新增>				☐	☑	☑	☑	

图 2-45　设置 PLC 的变量

步骤 3▶ 输入图 2-44 所示的梯形图程序。

步骤 4▶ 编译程序并启动仿真。

步骤 5▶ 按下正转按钮、反转按钮和停止按钮，观察电机的运行状态。

学习成果检验

一、填空题

（1）取反指令没有______________。

（2）置位指令的梯形图程序如图 2-46 所示。当按下按钮 I0.0 时，Q0.0 的状态置为______________；按钮弹起时，I0.0 断开，Q0.0 的状态为______________，从而实现了______________。

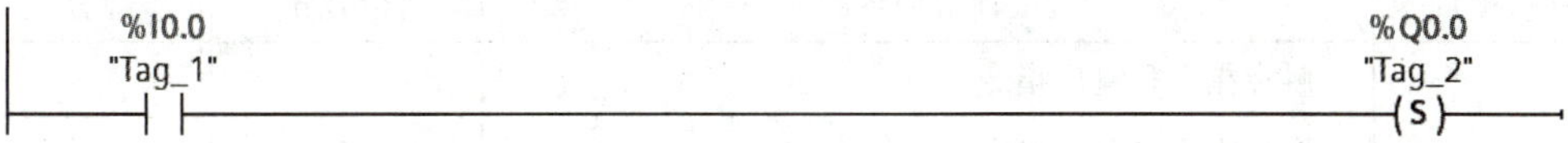

图 2-46　置位指令的梯形图程序

（3）单独置位或复位一个位地址的变量时，通常使用置位指令或复位指令，而置位或复位多个位地址变量时，通常会使用______________或______________指令。

（4）置位/复位（SR）触发器指令，如果 S 输入端和 R1 输入端的状态均为“1”，则______________。复位/置位（RS）触发器指令，如果 R 输入端和 S1 输入端的状态均为“1”，则______________。

（5）______________不会影响逻辑运算结果，其输入的逻辑运算结果会被立即送入线圈的输出端。

二、简答题

（1）简述置位/复位（SR）触发器指令和复位/置位（RS）触发器指令输入与输出状态的对应关系。

（2）边沿检测指令有几种？各有什么特点？

三、设计题

设计一个三相异步电机正反转控制系统。控制要求：在停止状态下，按下正转按钮，电机正转，电机正转时，按下反转按钮，电机停止；在停止状态下，按下反转按钮，电机反转，电机反转时，按下正转按钮，电机停止；在任何时候按下停止按钮，电机立即停止。

学习成果评价

指导教师根据学生的实际学习成果对其进行评价，学生配合指导教师共同完成学习成果评价表，如表 2-8 所示。

表 2-8　学习成果评价表

班级		组号		日期	
姓名		学号		指导教师	
评价项目	评价内容			满分/分	评分/分
知识	触点指令和输出指令			5	
	置位指令和复位指令			5	
	置位位域指令和复位位域指令			5	
	置位/复位触发器指令和复位/置位触发器指令			5	
	边沿检测触点指令			5	
	边沿检测线圈指令			5	
	TRIG 边沿检测指令			5	
技能	掌握故障报警指示灯控制系统的设计方法			10	
	掌握四组抢答器控制系统的设计方法			10	
	掌握电机正反转控制系统的设计方法			10	
	能够应用位逻辑指令设计简单的 PLC 控制程序			10	
素养	积极参加教学活动，主动学习、思考、讨论			5	
	认真负责，按时完成学习、训练任务			5	
	团结协作，与组员之间密切配合			5	
	服从指挥，遵守课堂和实训室纪律			5	
	有竞争意识、勇于克服困难			5	
合计				100	
自我评价					
教师评价					

项目三

定时器指令和计数器指令的应用

项目导读

定时器指令具有延时的功能，计数器指令具有对事件进行计数的功能。它们在PLC 控制中有着非常重要的应用，可应用在如指示灯循环点亮控制、抢答器的定时控制、生产线产品数量检测、景区人流量检测等系统中。本项目将介绍定时器指令和计数器指令的相关知识，以及应用这两类指令设计控制系统的方法。

知识目标

≙ 掌握各种定时器指令的基本用法。

≙ 掌握各种计数器指令的基本用法。

技能目标

≙ 掌握指示灯循环点亮系统的设计方法。

≙ 掌握景区人流量检测系统的设计方法。

≙ 能够应用定时器指令和计数器指令设计简单的 PLC 控制程序。

素质目标

≙ 理解时间的意义，学会珍惜时间。

≙ 理解积少成多的含义，理解学习要从一点一滴积累。

≙ 关注行业资讯，提高工作热情和职业素养。

任务一 应用定时器指令

任务引入

在指示灯循环点亮系统中，指示灯在控制系统的作用下按照设定的顺序和时间来点亮和熄灭。指示灯循环点亮系统主要用于夜间装饰。例如，在建筑物的棱角上装上指示灯并让其循环点亮，灯光变换闪烁，美不胜收。

请应用定时器指令，设计一个指示灯循环点亮系统，控制要求：按下启动按钮后，3 个指示灯循环点亮，每个灯的点亮时间为 10 s，如此往复。直到按下停止按钮，指示灯全部熄灭。

任务工单

请扫描下方的二维码，获取任务工单，根据任务工单，学生可以课前预习相关知识，课后按步骤进行任务实施，提高操作技能。

扫一扫

定时器是控制系统实现自动运行功能的基本元件之一。灵活、合理地使用定时器，能够实现较复杂的控制任务。使用前，首先要设定一个预设值，用以确定定时时间。在输入端满足一定条件后，当前值以 ms 为单位增加，当其增加到预设值时，定时器发生动作，此时定时器对应的常开触点闭合，常闭触点断开。

S7-1200 PLC 的定时器指令包括接通延时定时器（TON）指令、关断延时定时器（TOF）指令、脉冲定时器（TP）指令和保持型接通延时定时器（TONR）指令 4 种类型。

一、接通延时定时器指令

接通延时定时器指令主要用于单一时间间隔的定时，其指令符号如图 3-1 所示。

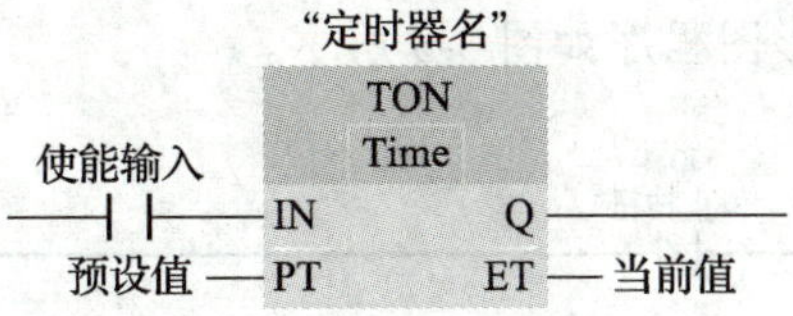

图 3-1　接通延时定时器指令的指令符号

其中，IN 引脚（使能输入端）用于启动定时器，PT 引脚用于存储定时器的预设值，Q 引脚用于连接定时器的状态输出，ET 引脚用于存储定时器的当前值。

接通延时定时器指令的时序图如图 3-2 所示。当使能输入端 IN 的状态由"0"变为"1"时，接通延时定时器的当前值 ET 从 0 开始增加；当增加到预设值 PT 时，当前值 ET 保持不变，输出端 Q 的状态由"0"变为"1"；当使能输入端 IN 的状态由"1"变为"0"时，当前值 ET 清零，输出端 Q 的状态由"1"变为"0"。

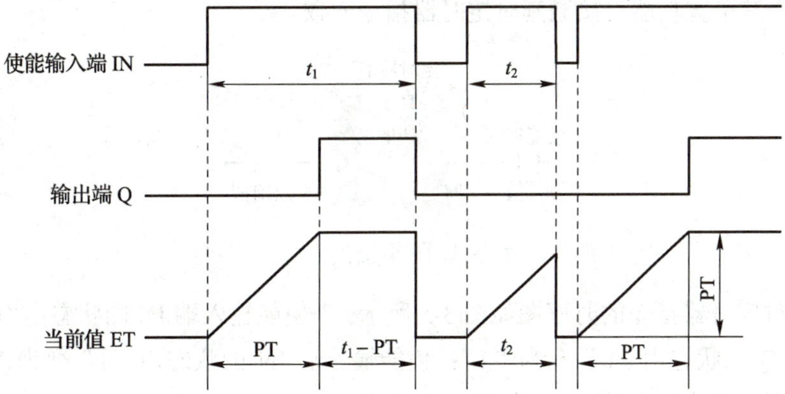

图 3-2　接通延时定时器指令的时序图

小试身手

请分析图 3-2 中 t_2 及以后时段内接通延时定时器的工作过程。

提　示

定时器的预设值 PT 可以是常数，也可以是时间类型数据块（time）。

【例 3-1】若生产线中有两台电机，按下启动按钮，第一台电机开始运行，30 s 后第二台电机开始运行；按下停止按钮，两台电机同时停止运行。请编程实现这两台电机的启停控制。

分析：设启动按钮为 I0.0，停止按钮为 I0.1，第一台电机为 Q0.0，第二台电机为 Q0.1。由于 Q0.0 工作 30 s 后 Q0.1 开始工作，因此需要使用接通延时定时器指令进行定时，且设定预设值 PT 为 30 s。其梯形图程序如图 3-3 所示。

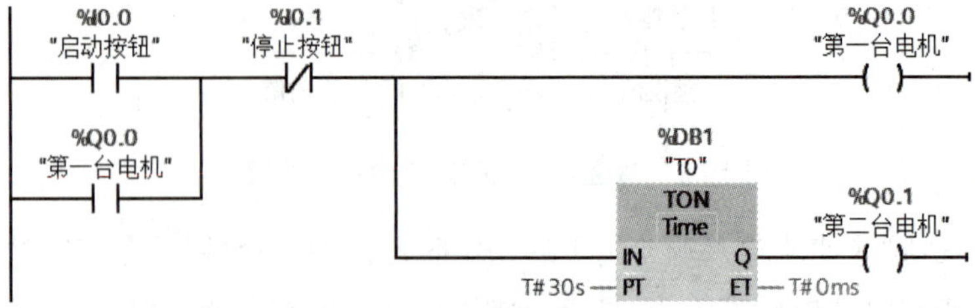

图 3-3　两台电机顺序启动同时停止的梯形图程序

二、关断延时定时器指令

关断延时定时器指令主要用于输入端断开后的单一时间间隔定时，其指令符号如图 3-4 所示，其引脚功能与接通延时定时器指令一致。

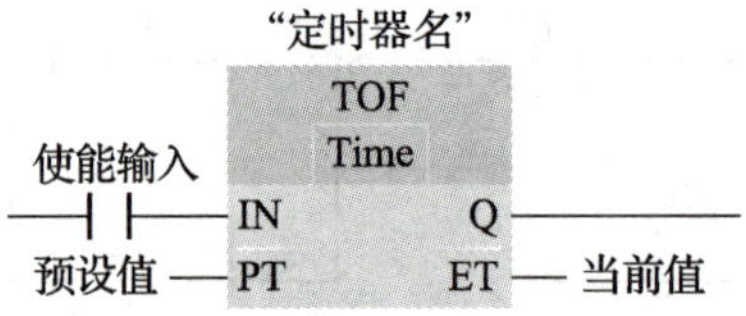

图 3-4　关断延时定时器指令的指令符号

关断延时定时器指令的时序图如图 3-5 所示。当使能输入端 IN 的状态由“0”变为“1”时，输出端 Q 的状态由“0”变为“1”；使能输入端 IN 的状态由“1”变为“0”后，关断延时定时器的输出端 Q 的状态保持“1”不变，当前值 ET 从 0 开始增加，当增加到预设值 PT 时，输出端 Q 的状态由“1”变为“0”，当前值 ET 保持不变，直到使能输入端 IN 的状态变为“1”。

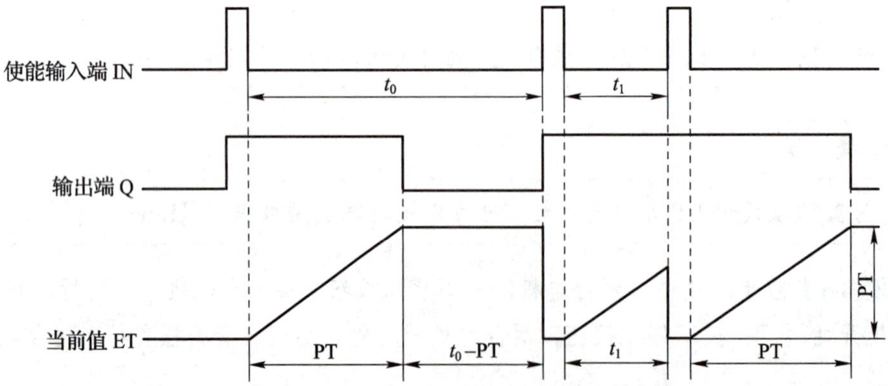

图 3-5　关断延时定时器指令的时序图

各抒己见

怎样用关断延时定时器指令实现声控灯自动熄灭？

【例 3-2】若生产线中有两台电机，按下启动按钮后，第一台电机开始运行；30 s 后，第二台电机开始运行；按下停止按钮后，第二台电机立即停止，30 s 后，第一台电机停止。请编程实现这两台电机的启停控制。

分析：设启动按钮为 I0.0，停止按钮为 I0.1，第一台电机为 Q0.0，第二台电机为 Q0.1，M0.0 用来存储电机的工作状态。按下 I0.0，Q0.0 立即运行，Q0.1 在 30 s 后开始运行，故使用接通延时定时器指令；按下 I0.1，Q0.1 立即停止，Q0.0 运行 30 s 后停止，故使用关断延时定时器指令。其梯形图程序如图 3-6 所示。

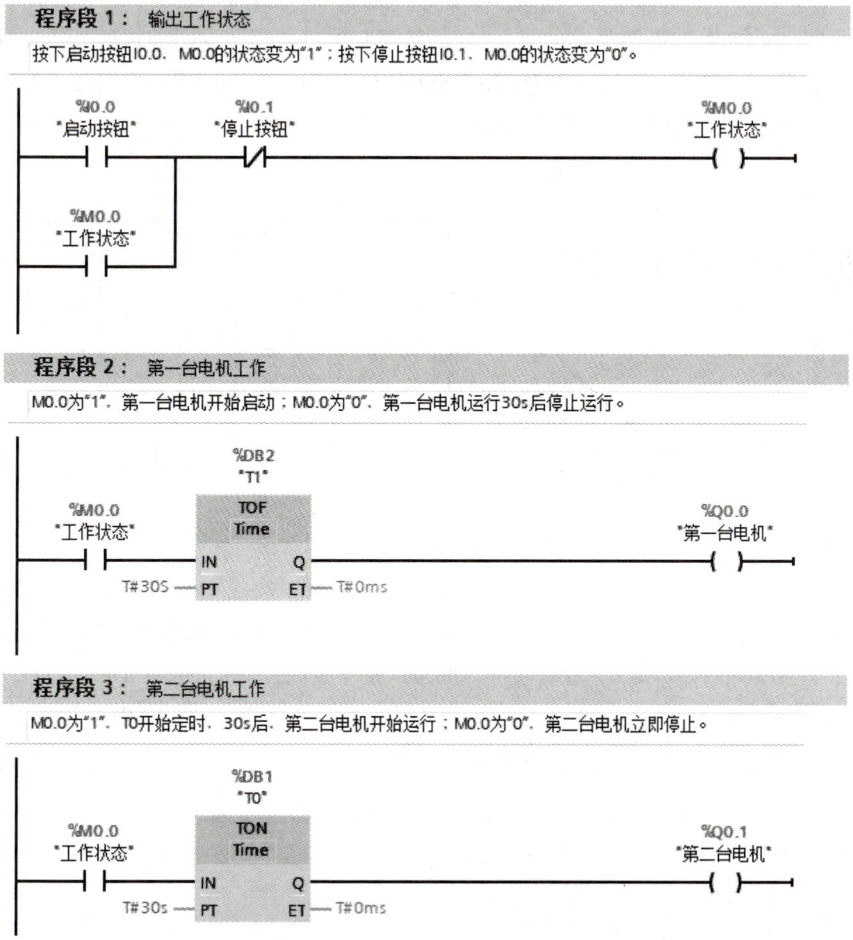

图 3-6　两台电机顺序启动逆序停止的梯形图程序

三、脉冲定时器指令

脉冲定时器指令主要用于一段时间的定时，其指令符号如图 3-7 所示，其引脚功能与接通延时定时器指令一致。

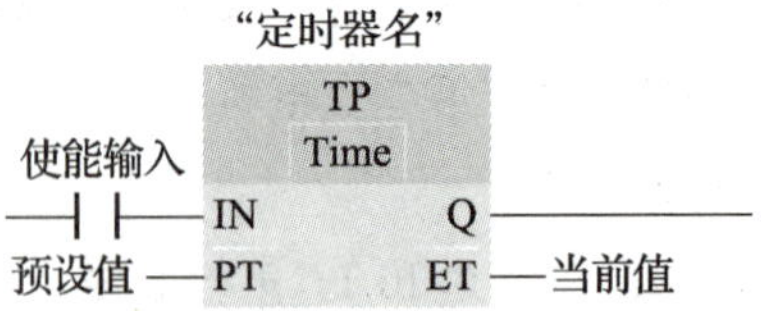

图 3-7　脉冲定时器指令的指令符号

脉冲定时器指令的时序图如图 3-8 所示。当使能输入端 IN 的状态由“0”变为“1”时，脉冲定时器的输出端 Q 的状态由“0”变为“1”，脉冲定时器开始定时，当前值 ET 开始增加，当增加到预设值 PT 时，定时结束，输出端 Q 的状态由“1”变为“0”。若此时使能输入端 IN 的状态仍然为“1”，则当前值 ET 保持不变；若此时使能输入端 IN 的状态为“0”，则当前值 ET 清零。在输出端 Q 的状态为“1”期间，即便使能输入端 IN 有脉冲信号输入，脉冲定时器也不会重新定时。

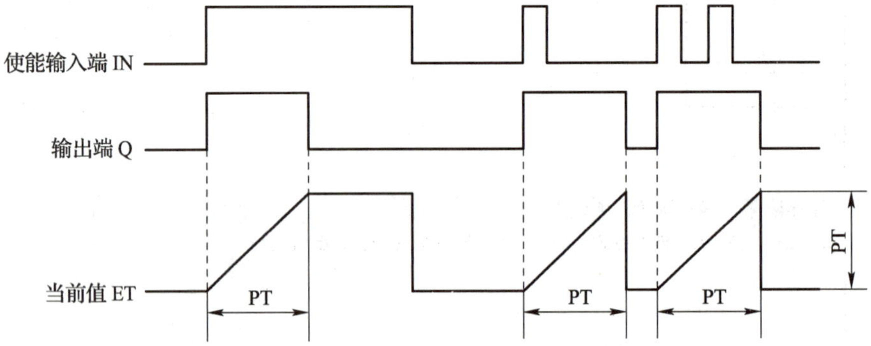

图 3-8　脉冲定时器指令的时序图

【例 3-3】试帮助某餐厅设计一个定时时长为 10 min 的控制程序。控制要求：按下启动按钮后，指示灯点亮，开始定时；10 min 后，指示灯熄灭。定时期间按启动按钮无效。

分析：设启动按钮为 I0.0，指示灯为 Q0.0。按下 I0.0，输入脉冲信号，Q0.0 的状态为“1”；10 min 后，Q0.0 的状态由“1”变为“0”；在定时期间，按 I0.0 无效。因此，可以采用脉冲定时器指令。其梯形图程序如图 3-9 所示。

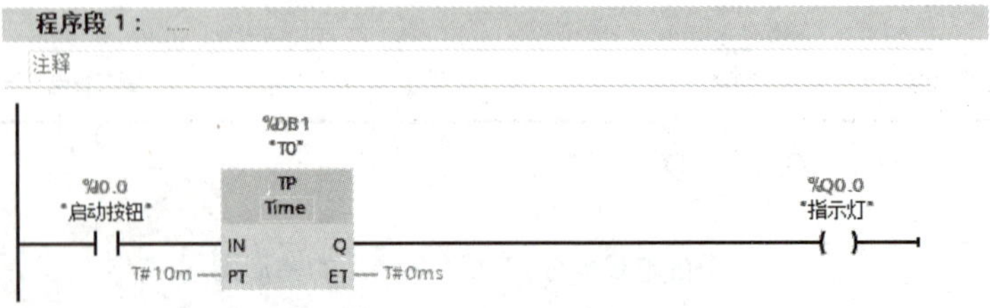

图 3-9　某餐厅定时控制的梯形图程序

小试身手

试用脉冲定时器指令和关断延时定时器指令设计一个定时程序。控制要求：按下启动按钮后，定时器指示灯点亮，开始定时；定时结束后，蜂鸣器报警（以 2 Hz 的频率报警 5 s）；定时期间启动按钮无效。

四、保持型接通延时定时器指令

保持型接通延时定时器指令的指令符号如图 3-10 所示。其 R 引脚为复位输入，用于将定时器的当前值清零，其余引脚的定义与接通延时定时器指令一致。

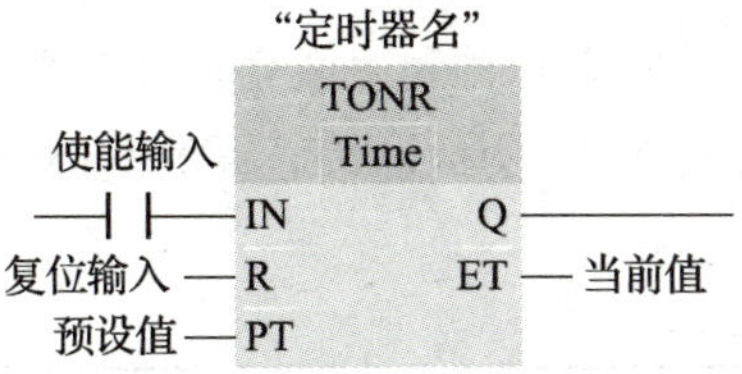

图 3-10　保持型接通延时定时器指令的指令符号

保持型接通延时定时器指令的时序图如图 3-11 所示。保持型接通延时定时器与接通延时定时器类似，不同的是，当保持型接通延时定时器的使能输入端 IN 的状态由“1”转为“0”时，当前值 ET 保持不变（记忆值）；使能输入端 IN 再次接通时，若当前值 ET 小于设定值 PT，当前值 ET 会在原记忆值的基础上递增。保持型接通延时定时器必须用复位输入端 R 将当前值清零，输出端 Q 的状态置为“0”。

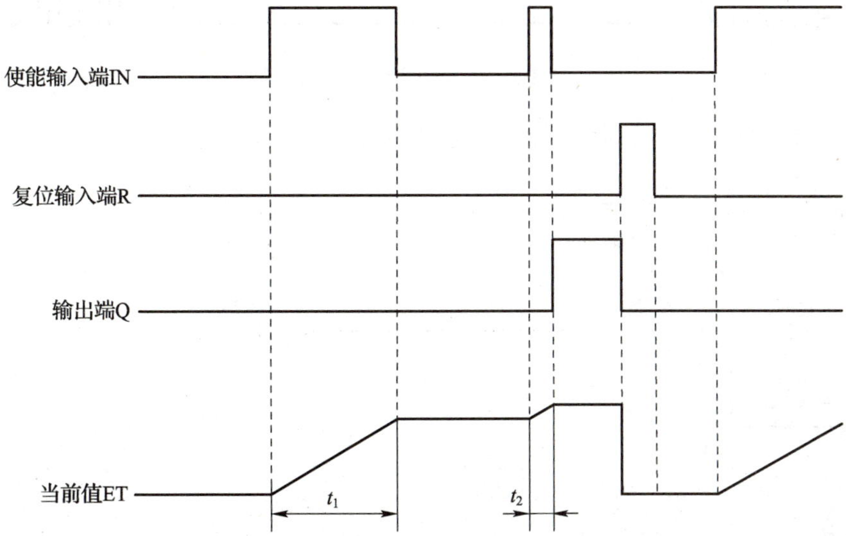

图 3-11　保持型接通延时定时器指令的时序图

【例 3-4】请设计一个跑步机的跑步时间检测程序，控制要求：按下启动按钮后，若检测到跑步机上有人（称重传感器有信号输出），则定时器开始进行定时，定时时长为 1 h；在此期间若人离开跑步机（称重传感器信号输出中断），定时器暂停定时但不清零；人再次回到跑步机上后，定时器继续定时，定时 1 h 后，报警指示灯闪烁，3 s 后熄灭。按下停止按钮，跑步机可随时停止。

分析：设启动按钮为 I0.0，称重传感器为 I0.1，报警指示灯为 Q0.0，中间继电器为 M0.0。由题意可知，该跑步机的跑步时间检测过程包括以下几个阶段。

（1）按下 I0.0，且 I0.1 的状态为“1”时，定时器 T0 开始定时。

（2）I0.1 的状态为“0”时，T0 暂停输出，并保持当前值。

（3）I0.1 的状态重新变为“1”时，T0 继续定时，定时 1 h 后，Q0.0 闪烁 3 s。

（4）按下 I0.2，跑步机停止。

因此，可使用保持型接通延时定时器和关断延时定时器实现定时，设闪烁频率为 2 Hz（设置系统时钟存储器字节以提供 2 Hz 的脉冲信号），其时序图如图 3-12 所示。

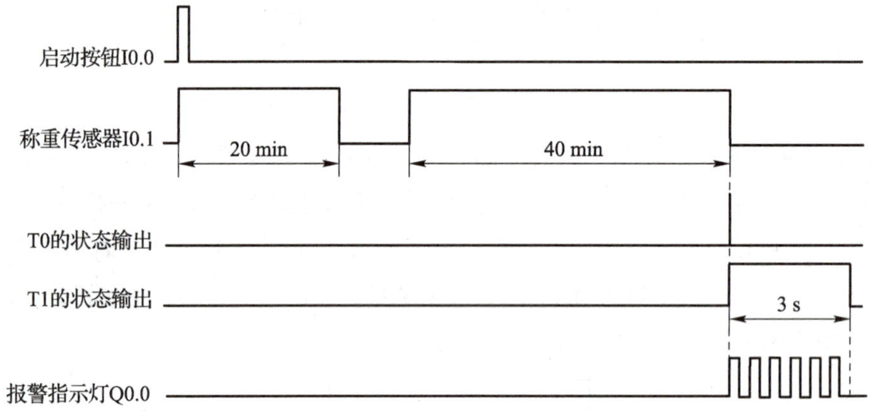

图 3-12　跑步时间检测的时序图

因此，该跑步机跑步时间检测的梯形图程序如图 3-13 所示。

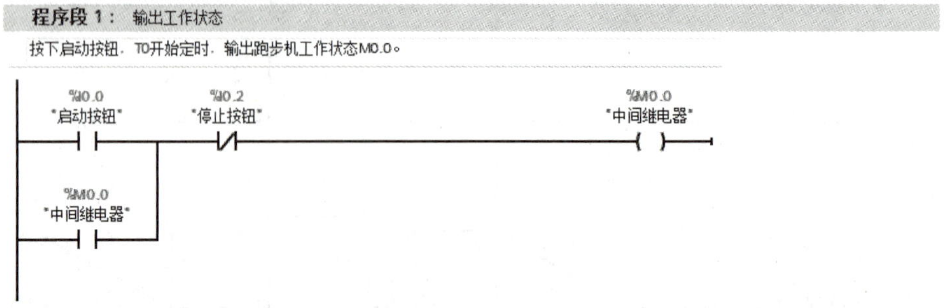

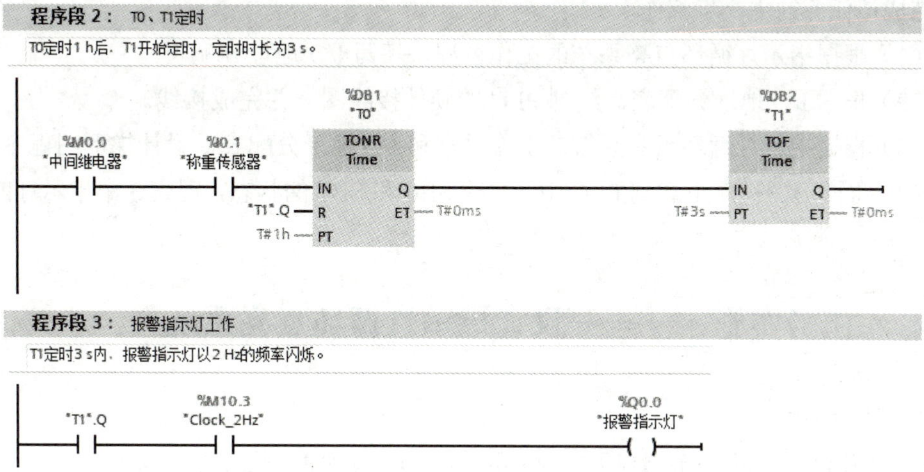

图 3-13　跑步时间检测的梯形图程序

任务分析

本任务需要先学习定时器指令的相关知识，在此基础上，才能完成指示灯循环点亮系统的设计。

指示灯循环点亮系统的时序图如图 3-14 所示，SB0 为启动按钮，SB1 为停止按钮，L0 为第一个指示灯，L1 为第二个指示灯，L2 为第三个指示灯。指示灯循环点亮系统的工作过程：按下 SB0 或 L2 点亮 10 s 后，L0 立即点亮；10 s 后，L1 点亮，L0 熄灭；再经过 10 s，L2 点亮，L1 熄灭；再经过 10 s，重复点亮过程，直至按下 SB1，所有指示灯熄灭。

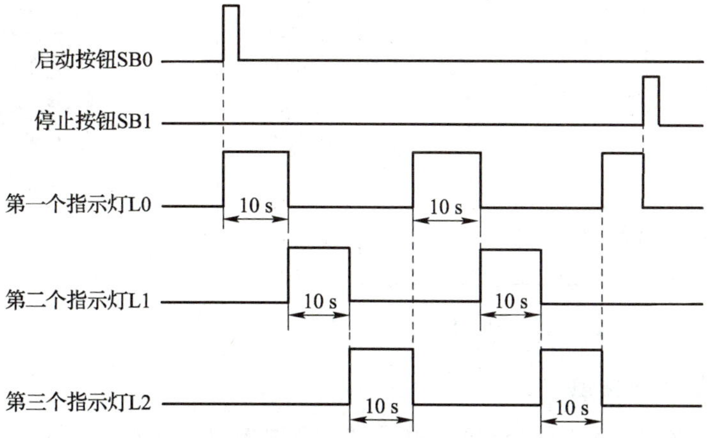

图 3-14　指示灯循环点亮系统的时序图

完成该任务的主要步骤如下。

（1）根据指示灯循环点亮系统的工作过程，填写 I/O 地址分配表。

（2）根据 I/O 地址分配表，绘制 PLC 的硬件接线图，并完成接线。

（3）根据指示灯循环点亮系统的工作过程和 I/O 地址分配表，设计梯形图程序。

（4）将梯形图程序下载到 PLC 中，更改 SB0 和 SB1 的状态，观察 3 个指示灯的工作状态。

任务实施——设计指示灯循环点亮系统

1. I/O 地址分配

根据工作过程分析，指示灯循环点亮系统的 I/O 地址分配表如表 3-1 所示。

表 3-1　指示灯循环点亮系统的 I/O 地址分配表

输　入			输　出		
元　件	I/O 地址	备　注	元　件	I/O 地址	备　注
SB0	I0.0	启动按钮	L0	Q0.0	第一个指示灯
SB1	I0.1	停止按钮	L1	Q0.1	第二个指示灯
			L2	Q0.2	第三个指示灯

2. 硬件接线

根据表 3-1 绘制 PLC 的硬件接线图（见图 3-15），并根据接线图完成接线。

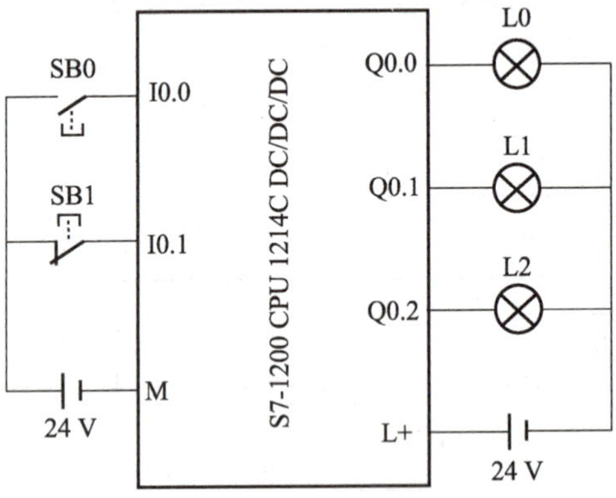

扫一扫

设计指示灯循环点亮系统

图 3-15　PLC 的硬件接线图

3. 程序设计与仿真

根据工作过程和 I/O 地址分配表，可用接通延时定时器 T0、T1 和 T2 分别控制 L0、L1 和 L2 的点亮时间，指示灯循环点亮系统的梯形图程序设计思路如下。

（1）按下 SB0，T0 开始定时，T0 定时结束后 T1 开始定时，T1 定时结束后 T2 开始定时，定时时长均为 10 s。

（2）L0 点亮的条件是按下 SB0 或 L2 点亮 10 s 后（T2 定时结束）。

（3）L1 点亮的条件是 L0 点亮 10 s 后（T0 定时结束）。

（4）L2 点亮的条件是 L1 点亮 10 s 后（T1 定时结束）。

指示灯循环点亮系统的梯形图程序如图 3-16 所示。

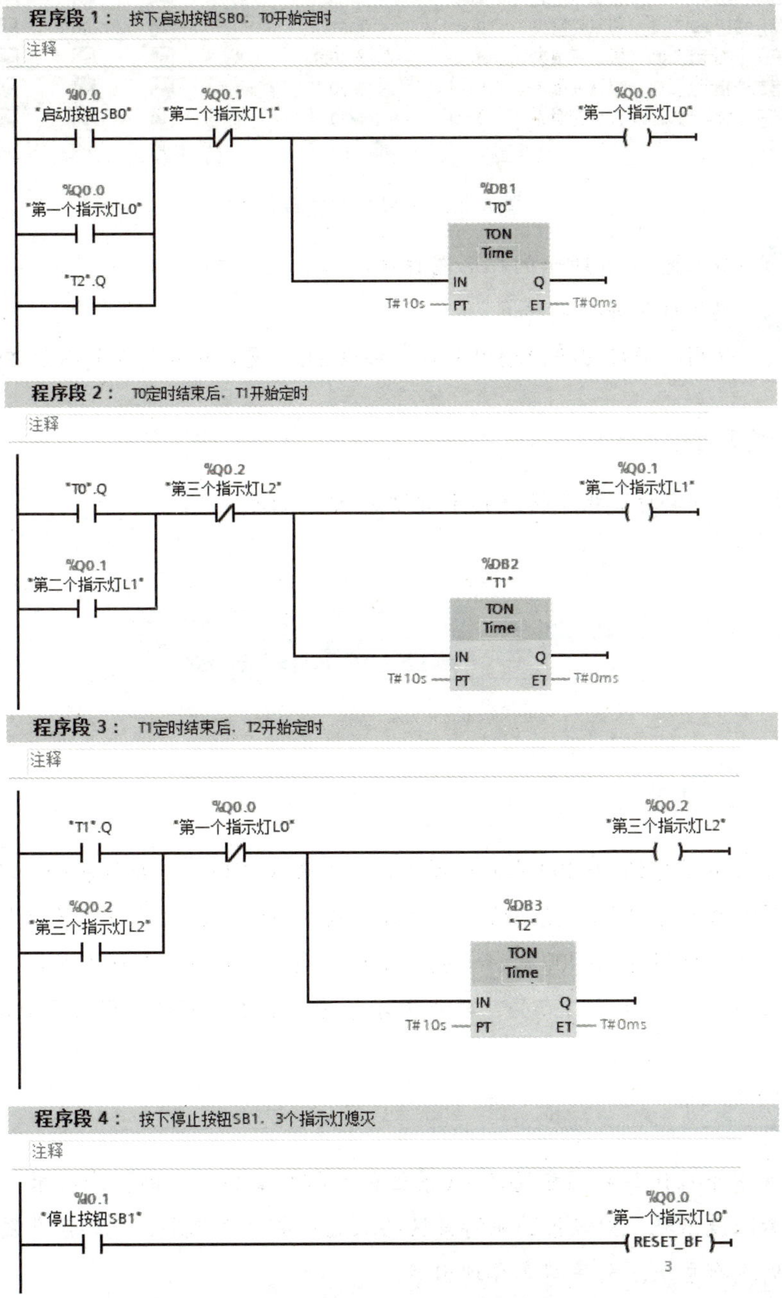

图 3-16　指示灯循环点亮系统的梯形图程序

指示灯循环点亮系统的程序设计与仿真步骤如下。

步骤 1▶ 完成项目创建和组态设备选择，将项目命名为“指示灯循环点亮系统”。

步骤 2▶ 按照图 3-17 所示，设置 PLC 的变量。

PLC 变量

	名称	变量表	数据类型	地址	保持	可从 ...	从 H...	在 H...	注释
1	启动按钮SB0	默认变量表	Bool	%I0.0	☐	☑	☑	☑	
2	停止按钮SB1	默认变量表	Bool	%I0.1	☐	☑	☑	☑	
3	第一个指示灯L0	默认变量表	Bool	%Q0.0	☐	☑	☑	☑	
4	第二个指示灯L1	默认变量表	Bool	%Q0.1	☐	☑	☑	☑	
5	第三个指示灯L2	默认变量表	Bool	%Q0.2	☐	☑	☑	☑	
6	<新增>				☐	☑	☑	☑	

图 3-17　设置 PLC 的变量

步骤 3▶ 输入图 3-16 所示的梯形图程序。

步骤 4▶ 编译程序并启动仿真。

步骤 5▶ 分别按下启动按钮 SB0 和停止按钮 SB1，观察和分析 3 个指示灯的工作状态。

小试身手

试用关断延时定时器指令设计指示灯循环点亮系统。

任务二　应用计数器指令

任务引入

现有一景区最多容纳 30 000 人同时游览。在景区入口和出口处各装一个传感器，实时检测进入景区和离开景区的人数。请应用计数器指令为该景区设计人流量检测系统，并编程实现：当景区人数超过 20 000 时，黄色指示灯点亮，提醒游客景区人员密集；当景区人数超过 30 000 时，红色指示灯点亮，禁止游客入内；景区关闭时，现有人数清零。

旗帜引领

根据《中华人民共和国旅游法》《景区最大承载量核定导则》的要求，目前各景区纷纷出台限流措施，积极推进旅游景区的人流量实时检测工作，加紧开发旅游景区人流量实时发布系统，引导游客合理出游。

任务工单

请扫描下方的二维码，获取任务工单，根据任务工单，学生可以课前预习相关知识，课后按步骤进行任务实施，提高操作技能。

扫一扫

计数器的结构及工作原理与定时器类似，但计数器的输入为脉冲信号。S7-1200 系列 PLC 的计数器指令包括加计数器（CTU）指令、减计数器（CTD）指令和加减计数器（CTUD）指令 3 种类型。

一、加计数器指令

加计数器指令的指令符号如图 3-18 所示。其中，CU 引脚为使能输入，用于检测输入脉冲；PV 引脚用于设定计数器的预设值；Q 引脚用于连接计数器的状态输出；R 引脚为复位输入，用于清零计数器的当前值；CV 引脚用于输出计数器的当前值。

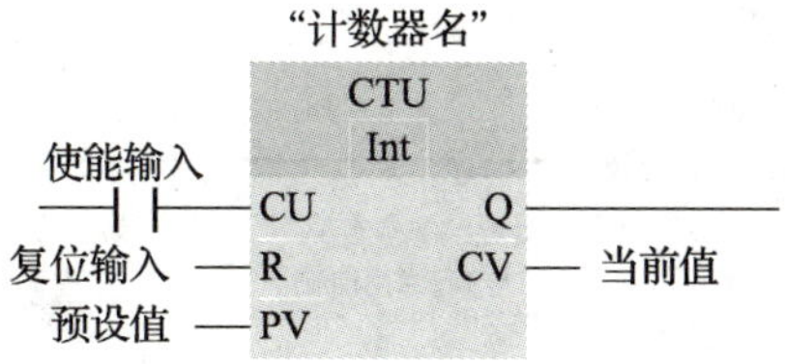

图 3-18　加计数器指令的指令符号

设 PV = 3，加计数器指令的时序图如图 3-19 所示。当复位输入端 R 的状态为“0”，接在使能输入端 CU 的脉冲输入电路由断开变为接通（CU 信号的上升沿）时，计数器的当前值 CV 就会加 1，直到达到指定数据类型的上限值（如 Int 类型为 32 767），当前值 CV 不再发生变化。

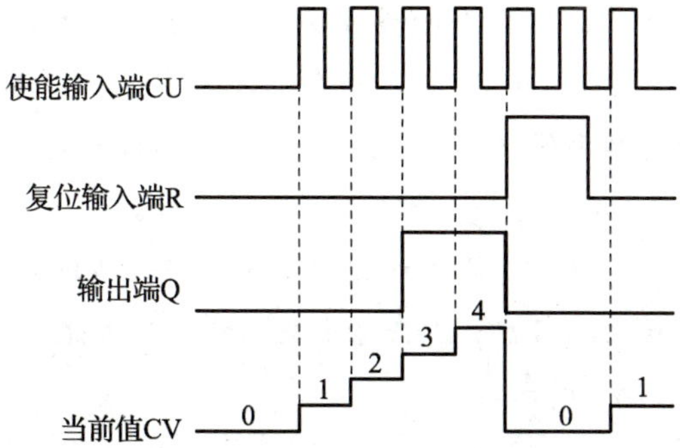

图 3-19　加计数器指令的时序图

当当前值 CV 大于或等于预设值 PV 时，输出端 Q 的状态为“1”；否则，其状态为“0”。当复位输入端 R 的状态变为“1”时，当前值 CV 被清零。

【例 3-5】试编程实现统计某停车场每天进场的车辆数。

分析：在车辆入口处，设置一个红外传感器 I0.0，用于检测进场的车辆，I0.1 用于对当前值清零。当车辆通过时，I0.0 会产生一个脉冲信号并送入 PLC 的输入接口，此时，车辆数加 1。因此，可以使用加计数器指令记录进场的车辆数，使用移动值（MOVE）指令将计数器的当前值送到 QW0，用以显示当前车辆数，其梯形图程序如图 3-20 所示。

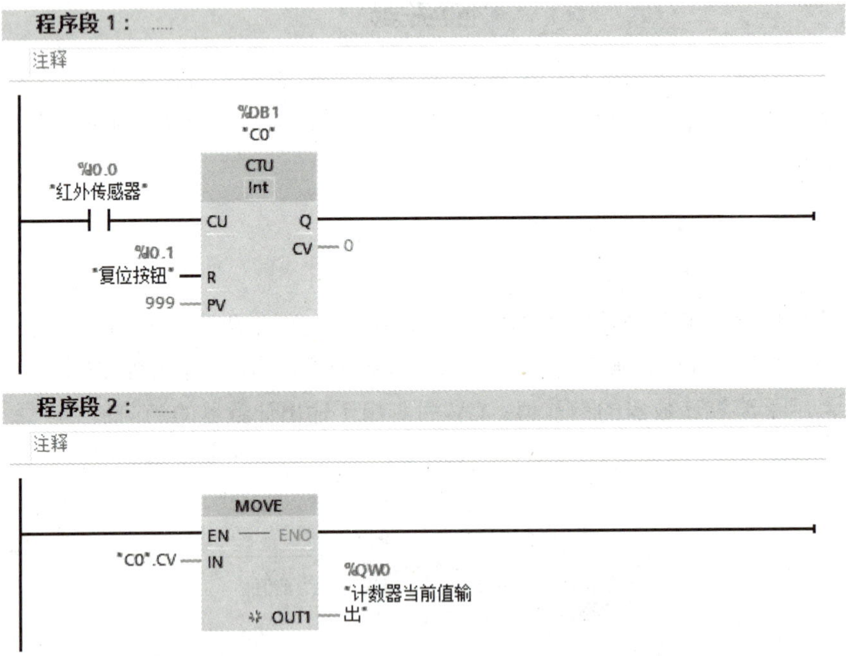

图 3-20　统计某停车场每天进场车辆数的梯形图程序

知识链接

图 3-20 中移动值（MOVE）指令的操作功能：当使能输入端 EN 有效时，将输入 IN 的源数据"C0".CV 的值传送到 OUT1 指定的存储器单元 QW0，并转换为 QW0（OUT1）允许的数据类型，源数据类型保持不变。IN 和 OUT1 的数据类型可以是位字符串、浮点数、日期时间、CHAR、WCHAR 等，IN 还可以是常数。

移动值指令允许有多个输出，添加和删除输出参数的步骤：单击“OUT1”前面的 ✲ 按钮，将会增加一个输出“OUT2”；右击输出的短线，在快捷菜单中单击“删除”选项，即可删除该输出，如图 3-21 所示。

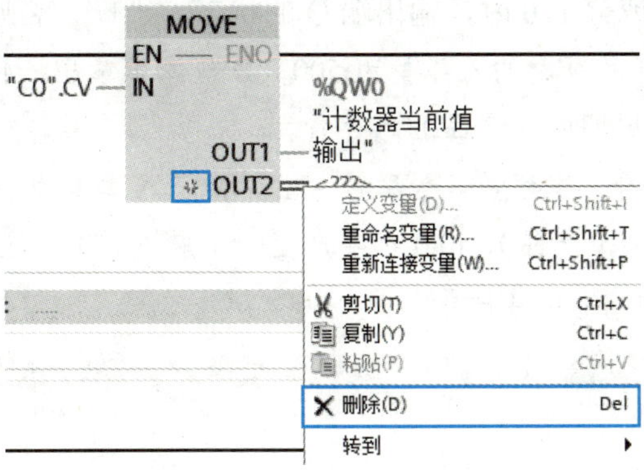

图 3-21　移动值指令添加和删除输出参数

二、减计数器指令

减计数器指令的指令符号如图 3-22 所示，其引脚 PV、CV 和 Q 的功能与加计数器指令相同，CD 引脚为使能输入端，LD 引脚为装载输入端。

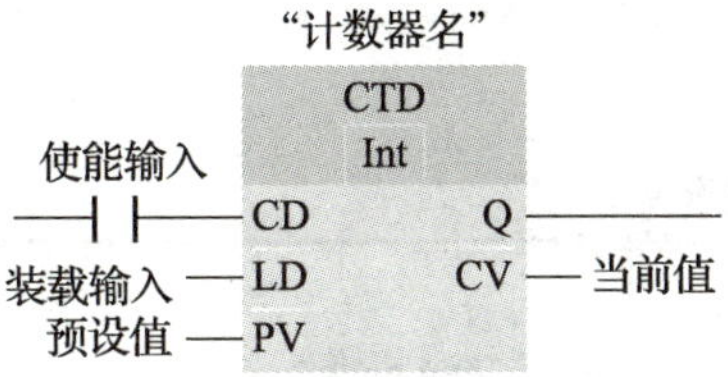

图 3-22　减计数器指令的指令符号

设 PV＝3，则减计数器指令的时序图如图 3-23 所示。当装载输入端 LD 的状态为“1”时，会将预设值 PV 的值装载到当前值 CV 中。当 LD 引脚的状态为“0”，接在使能输入端 CD 的脉冲输入电路由断开变为接通（CD 信号的上升沿）时，减计数器的当前值 CV 减 1，直到达到指定数据类型的下限值（如 Int 类型为−32 768），当前值 CV 不再发生变化。

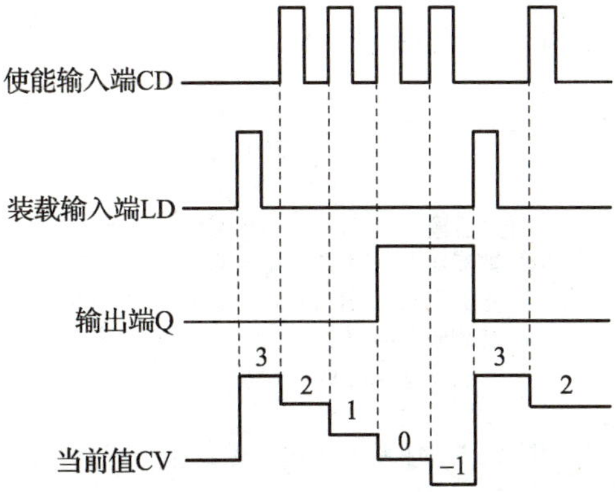

图 3-23　减计数器指令的时序图

当当前值 CV 小于或等于 0 时，输出端 Q 的状态为“1”，否则，状态为“0”。

【例 3-6】已知某产品每次的入库量为 500，每从库中拿出一件产品，库存量减 1，试编程实现统计一个入库周期内该产品的库存量。

分析：在入库周期内，库存量 = 入库量 − 出库量。入库量为 500（即预设值为 500），且每次产品出库（每次 1 个产品），I0.0 都会产生一个脉冲信号，因此可以用减计数器记录库存量，其梯形图程序如图 3-24 所示。

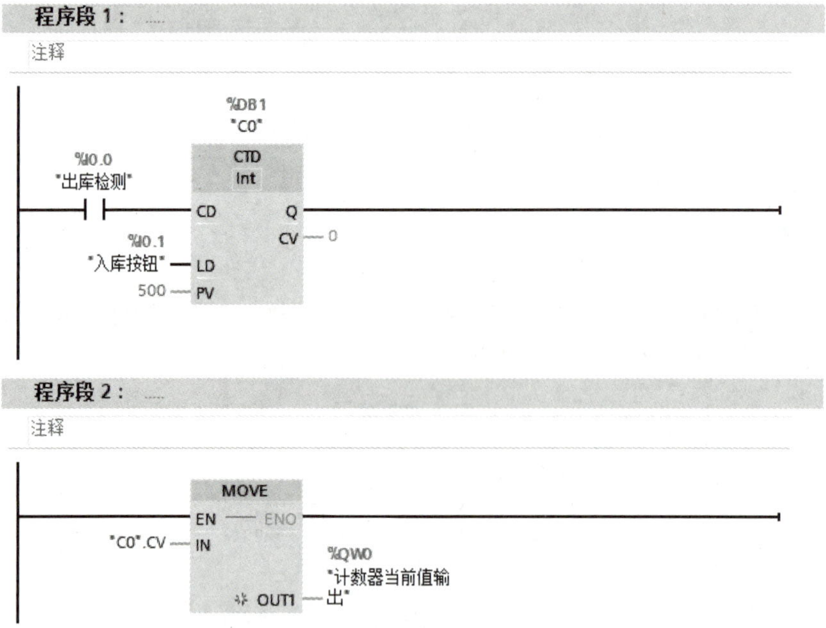

图 3-24　某产品库存量统计的梯形图程序

三、加减计数器指令

使用加减计数器指令，可以将当前值 CV 递增或递减，其指令符号如图 3-25 所示，其引脚功能与加计数器指令和减计数器指令一致。

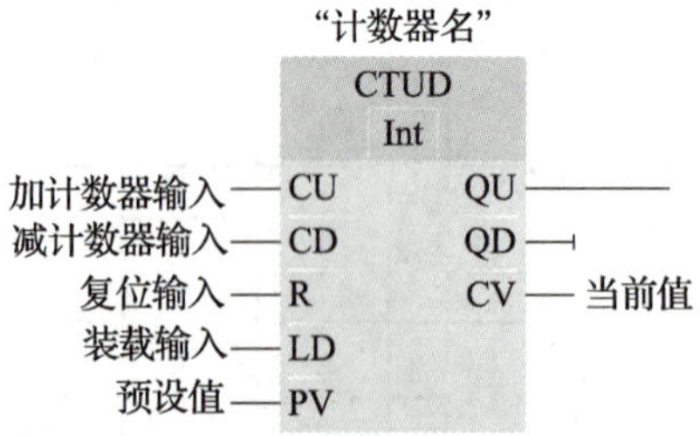

图 3-25　加减计数器指令的指令符号

设预设值 PV = 3，则加减计数器指令的时序图如图 3-26 所示。当加计数器输入端 CU

的状态从“0”变为“1”时，当前值 CV 加 1；当减计数器输入端 CD 的状态从“0”变为“1”时，当前值 CV 减 1；当计数器的当前值 CV 达到上限值后，即使加计数器输入端 CU 出现上升沿信号，当前值 CV 也不再递增；当计数器的当前值 CV 达到下限值后，同样，即使减计数器输入端 CD 出现上升沿信号，当前值 CV 也不再递减。若在一个程序周期内，加计数器输入端 CU 和减计数器输入端 CD 都出现上升沿信号，则当前值 CV 保持不变。

当当前值 CV 大于或等于预设值 PV 时，加计数器输出端 QU 的状态为“1”，否则，QU 的状态为“0”；当当前值小于或等于 0 时，减计数器输出端 QD 的状态为“1”，否则，QD 的状态为“0”。

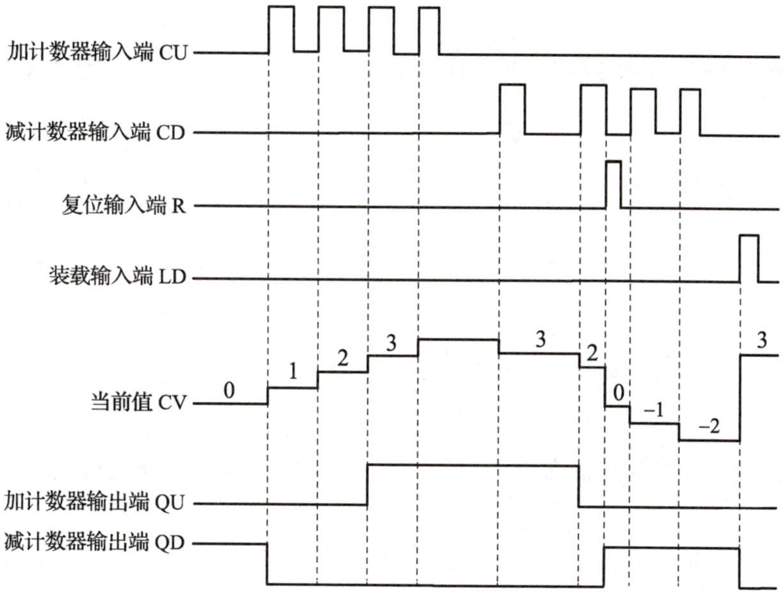

图 3-26　加减计数器指令的时序图

【例 3-7】某停车场共有 1 000 个车位，在停车场入口和出口处各装一个传感器，实时检测进入和离开停车场的车辆，当空车位数为 0 时，报警指示灯亮，试编程统计该停车场的空车位数。

分析：在车辆入口处，设置红外传感器 I0.0 用于检测入场的车辆；在车辆出口处，设置红外传感器 I0.1 用于检测出场的车辆。

可用加减计数器记录停车场的空车位数。PLC 开始工作时，装载空车位数（1 000）；当车辆进入停车场时，I0.0 输出一个脉冲信号，加减计数器减 1，即减少 1 个空车位；当车辆驶出停车场时，I0.1 输出一个脉冲信号，加减计数器加 1，即增加 1 个空车位；当加减计数器的当前值为 0 时，计数器线圈 Q0.0 接通，报警指示灯点亮。设置系统存储器字节的地址为 M1.0，用于在 PLC 首次扫描时装载数值。其梯形图程序如图 3-27 所示。

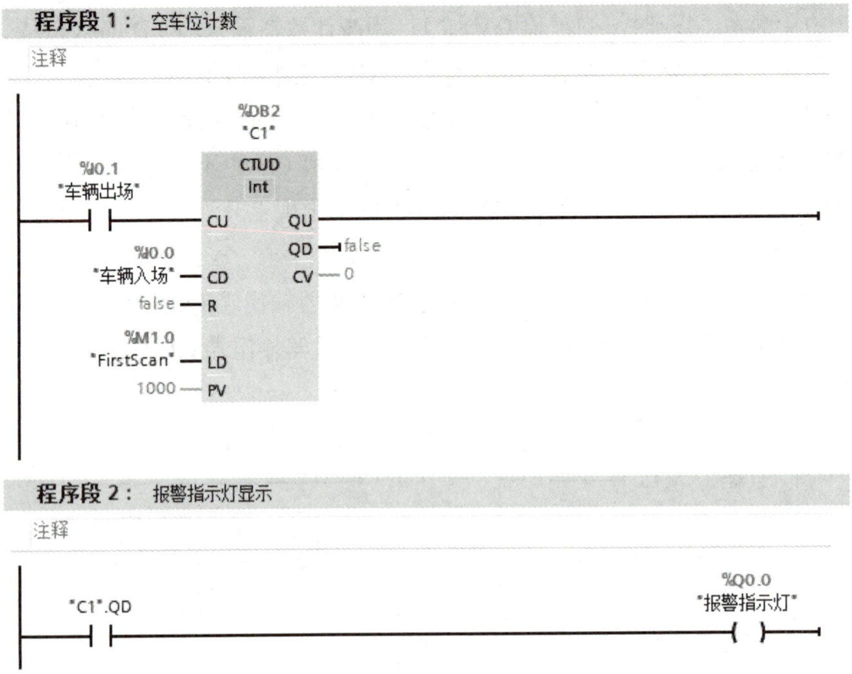

图 3-27 统计某停车场空车位数的梯形图程序

任务分析

本任务需要先学习计数器指令的相关知识，在此基础上，才能完成景区人流量检测系统的设计。

分析景区人流量检测系统的工作过程。设景区开启时，开关 SQ 的状态为“1”；景区关闭时，开关 SQ 的状态为“0”。景区入口处的传感器每接收到一个脉冲信号，景区人数加 1；景区出口处的传感器每接收到一个脉冲信号，景区人数减 1。景区人数 = 进入景区人数 - 离开景区人数，因此可以采用加减计数器指令。

完成该任务的主要步骤如下。

（1）根据景区人流量检测系统的工作过程，填写 I/O 地址分配表。

（2）根据 I/O 地址分配表，绘制 PLC 的硬件接线图，并完成接线。

（3）根据景区人流量检测系统的工作过程和 I/O 地址分配表，设计梯形图程序。

（4）将梯形图程序下载到 PLC 中，改变开关 SQ 和红外传感器的状态，观察景区内人数的变化和指示灯的工作状态。

任务实施——设计景区人流量检测系统

1. I/O 地址分配

根据工作过程分析，景区人流量检测系统的 I/O 地址分配表如表 3-2 所示。

表 3-2　景区人流量检测系统的 I/O 地址分配表

输　入			输　出		
元　件	I/O 地址	备　注	元　件	I/O 地址	备　注
SB0	I0.0	入口处传感器	L1	Q0.0	黄灯
SB1	I0.1	出口处传感器	L2	Q0.1	红灯
SQ	I0.2	开关			

2. 硬件接线

根据表 3-2 绘制 PLC 的硬件接线图（见图 3-28），并根据接线图完成接线。

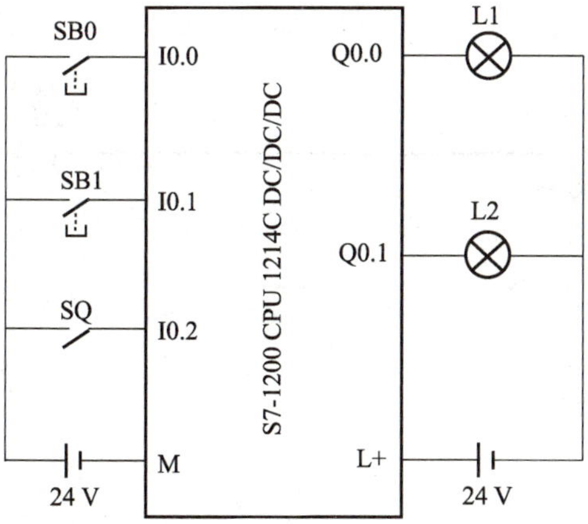

图 3-28　PLC 的硬件接线图

扫一扫

设计景区人流量检测系统

3. 程序设计与仿真

根据工作过程和 I/O 地址分配表，景区人流量检测系统的梯形图程序设计思路如下。

（1）用加减计数器完成景区人数的检测，其中入口处传感器 I0.0 作为 C0 的加计数器输入端；出口处传感器 I0.1 作为 C0 的减计数器输入端；C0 的预设值 PV 设置为 20 000。

（2）"C0".CU 作为 C1 的加计数器输入端，"C0".CD 作为 C1 的减计数器输入端，C1 的预设值 PV 设置为 30 000。

景区人流量检测系统的梯形图程序如图 3-29 所示。

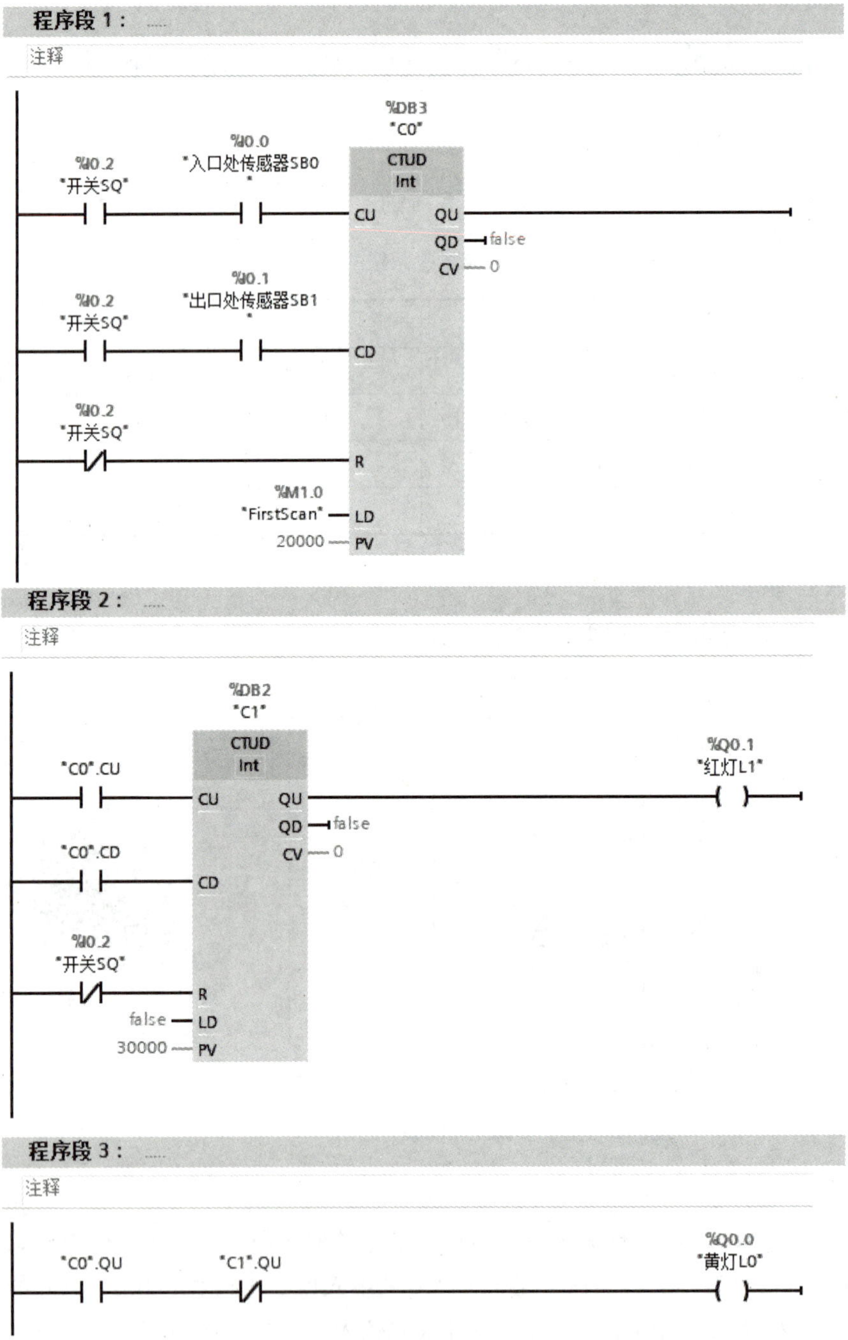

图 3-29　景区人流量检测系统的梯形图程序

景区人流量检测系统的程序设计与仿真步骤如下。

步骤 1▶　完成项目创建和组态设备选择，将项目名命名为“景区人流量检测系统”。

步骤 2▶　按照图 3-30 所示，设置 PLC 的变量。

PLC 变量

		名称	变量表	数据类型	地址	保持	可从 ...	从 H...	在 H...	注释
1		入口处传感器SB0	默认变量表	Bool	%I0.0	☐	☑	☑	☑	
2		出口处传感器SB1	默认变量表	Bool	%I0.1	☐	☑	☑	☑	
3		开关SQ	默认变量表	Bool	%I0.2	☐	☑	☑	☑	
4		黄灯L0	默认变量表	Bool	%Q0.0	☐	☑	☑	☑	
5		红灯L1	默认变量表	Bool	%Q0.1	☐	☑	☑	☑	
6		FirstScan	默认变量表	Bool	%M1.0	☐	☑	☑	☑	
7		<新增>				☐	☑	☑	☑	

图 3-30 设置 PLC 的变量

步骤 3▶ 输入图 3-29 所示的梯形图程序。

步骤 4▶ 编译程序并启动仿真。

步骤 5▶ 接通 SQ，多次按下 SB0（模拟入口处传感器）和 SB1（模拟出口处传感器），监控 C0 当前值 CV 的变化。

步骤 6▶ 修改 C0 中 PV 的值为 3，C1 中 PV 的值为 5，分别按 3 次、4 次、5 次和 6 次 SB0，观察 L0 和 L1 的状态。

步骤 7▶ 断开 SQ，观察 C0、C1、L0 和 L1 的状态。

小试身手

设计搅拌电动机控制系统

应用定时器指令和计数器指令设计搅拌电动机控制系统，其具体控制要求如下。

（1）按下启动按钮 SB1，搅拌电动机正转，15 s 后，停止。

（2）停止 5 s 后，搅拌电动机反转，15 s 后，停止。

（3）停止 5 s 后，重复步骤（1）（2）。

（4）循环 10 次后，搅拌电动机停止，此时有一指示灯以秒级周期闪烁。

完成搅拌电动机控制系统的 I/O 地址分配、硬件接线和梯形图程序设计与仿真。

学习成果检验

一、填空题

（1）S7-1200 PLC 提供了__________、__________、__________和__________ 4 种类型的定时器。

（2）接通延时定时器（TON）指令主要用于__________的定时。

（3）__________的当前值 CV 大于或等于预设值 PV 时，输出端 Q 的状态为“1”；否则，其状态为“0”。

（4）______________的当前值 CV 小于或等于 0 时，输出端 Q 的状态为“1”，否则，状态为“0”。

（5）当前值既可以增加又可以减少的计数器是______________。

二、简答题

（1）简述接通延时定时器各引脚的作用。

（2）简述加计数器各引脚的作用。

三、分析题

（1）画出如图 3-31 所示的梯形图程序对应的 Q0.0 的时序图。

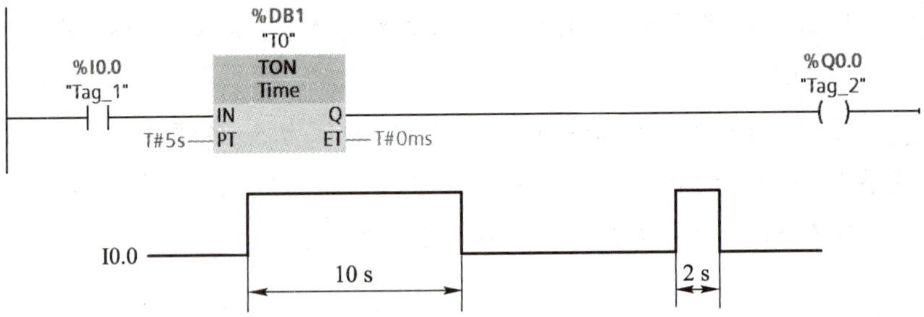

图 3-31　题三（1）的梯形图程序

（2）画出如图 3-32 所示的梯形图程序对应的时序图并分析其功能。

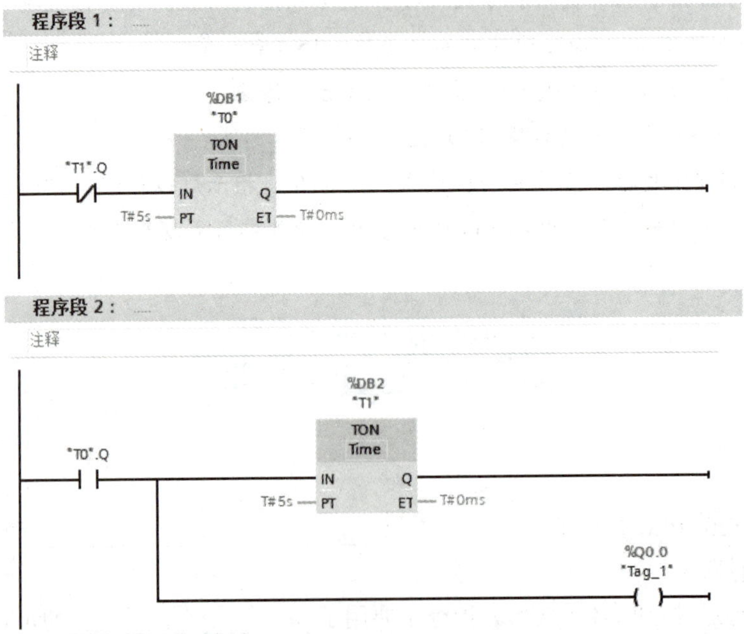

图 3-32　题三（2）的梯形图程序

四、设计题

（1）试设计满足如图 3-33 所示时序图的梯形图程序。

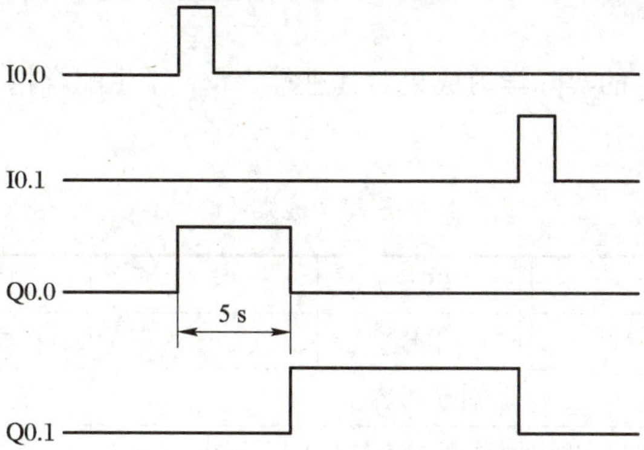

图 3-33　题四（1）的时序图

（2）在自动化生产系统中，有一个由 3 条传送带组成的传送系统，启动顺序为 M3→M2→M1，时间间隔为 5 s；停止时，停止顺序为 M1→M2→M3，时间间隔为 5 s。试编程实现该传送系统。

学习成果评价

指导教师根据学生的实际学习成果对其进行评价，学生配合指导教师共同完成学习成果评价表，如表 3-3 所示。

表 3-3　学习成果评价表

班级		组号		日期	
姓名		学号		指导教师	
评价项目	评价内容			满分/分	评分/分
知识	接通延时定时器指令的指令符号和时序图			5	
	关断延时定时器指令的指令符号和时序图			5	
	脉冲定时器指令的指令符号和时序图			5	
	保持型接通延时定时器指令的指令符号和时序图			5	
	加计数器指令的指令符号和时序图			5	
	减计数器指令的指令符号和时序图			5	
	加减计数器指令的指令符号和时序图			5	
技能	掌握指示灯循环点亮系统的设计方法			15	
	掌握景区人流量检测系统的设计方法			15	
	能够应用定时器指令和计数器指令设计简单的 PLC 控制程序			10	
素养	积极参加教学活动，主动学习、思考、讨论			5	
	认真负责，按时完成学习、训练任务			5	
	团结协作，与组员之间密切配合			5	
	服从指挥，遵守课堂和实训室纪律			5	
	有竞争意识、勇于克服困难			5	
合计				100	
自我评价					
教师评价					

项目四

功能指令的应用

项目导读

在 S7-1200 PLC 中，除位逻辑指令、定时器指令、计数器指令外，还可以使用功能指令，如比较指令、数学运算指令、移位指令和循环移位指令等。本项目将重点介绍功能指令的使用方法和技巧，并介绍如何用 PLC 设计自动售货机模拟系统、天塔之光控制系统。

知识目标

- 掌握比较指令和数学运算指令的基本用法。
- 掌握移位指令和循环移位指令的基本用法。
- 掌握移动指令和转换指令的基本用法。

技能目标

- 掌握自动售货机模拟系统的设计方法。
- 掌握天塔之光控制系统的设计方法。
- 能够应用功能指令设计简单的 PLC 控制程序。

素质目标

- 树立正确的职业观，努力提高自己的职业素养。
- 加强实践练习，掌握一定的专业技能。
- 养成自主学习、协作学习、探究学习的意识。

任务一　应用比较指令和数学运算指令

任务引入

自动售货机是一种能根据投入的钱币自动付货的机器，它不受时间、地点的限制，能节省人力、方便交易。自动售货机又被称为 24 小时营业的微型超市，常见的自动售货机有饮料自动售货机、食品自动售货机等。

请设计一个 PLC 控制的自动售货机模拟系统。控制要求：自动售货机模拟系统中有汽水（3 元/瓶）和咖啡（8 元/瓶）两种饮料，投入 1 元、5 元或 10 元钱币后，寄存器存储已投入钱数；当投入的钱数大于或等于饮料的价格时，相应的可购指示灯点亮，表示可以购买该饮料；按下汽水按钮或咖啡按钮，购买指示灯点亮，表示购买该饮料；30 s 后，取货指示灯点亮 2 s，表示饮料已从自动售货机中取出；按下找零按钮，找零指示灯点亮；3 s 后找零指示灯熄灭，表示零钱已被取出。

任务工单

请扫描下方的二维码，获取任务工单，根据任务工单，学生可以课前预习相关知识，课后按步骤进行任务实施，提高操作技能。

扫一扫

一、比较指令

在自动售货机模拟系统中，需要将投入的实时金额与汽水和咖啡的价格做比较，当实时金额大于或等于这两种饮料的价格时，相应的指示灯点亮，因此需要使用比较指令。

S7-1200 PLC 采用 IEC 标准的比较指令，包括基本比较指令、值在范围内指令和值在范围外指令等。

1. 基本比较指令

基本比较指令主要用于比较数据类型相同的两个操作数 IN1 和 IN2 的大小，包括等于（==)、不等于（<>)、大于（>)、大于等于（>=)、小于（<）和小于等于（<=)，如表 4-1 所示。

表 4-1　基本比较指令

指令名称	等于	不等于	大于	大于等于	小于	小于等于
指令符号	IN1 == ??? IN2	IN1 <> ??? IN2	IN1 > ??? IN2	IN1 >= ??? IN2	IN1 < ??? IN2	IN1 <= ??? IN2

基本比较指令可视为一个等效的触点，IN1 和 IN2 分别位于触点的上方和下方，当 IN1 和 IN2 满足比较条件时，逻辑结果输出为“1”，否则输出为“0”。基本比较指令的梯形图程序如图 4-1 所示。

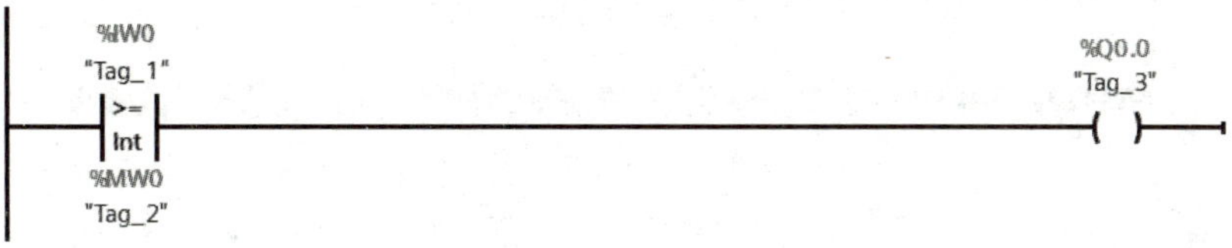

图 4-1　基本比较指令的梯形图程序

图 4-1 中，操作数 IW0 和 MW0 的数据类型为整型，若满足 IW0≥MW0，则 Q0.0 接通，否则 Q0.0 断开。

提　示

如果启用了 IEC 检查，则两个操作数的数据类型必须相同。如果未启用 IEC 检查，则两个操作数的宽度必须相同。

设置 IEC 检查的步骤：在程序块 Main[OB1]的“属性”窗口中，选择“常规”→“属性”选项，勾选“IEC 检查”复选框，如图 4-2 所示。

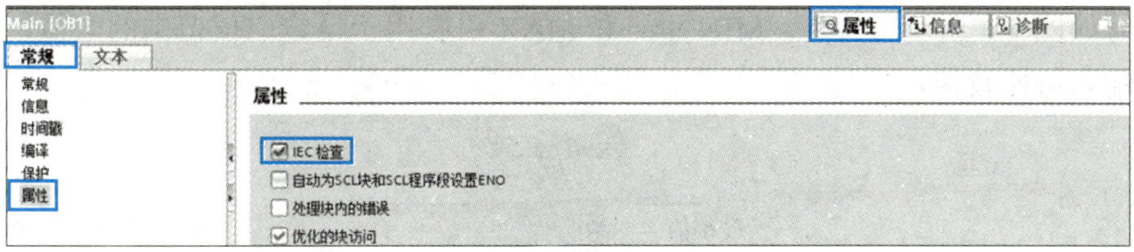

图 4-2　设置 IEC 检查

【例 4-1】试用基本比较指令设计指示灯循环点亮系统的梯形图程序，控制要求：按下启动按钮后，3 个指示灯循环点亮，每个灯的点亮时间为 10 s，如此往复，直到按下停止按钮。

分析：设该定时器为 T0，由控制要求可知，按下启动按钮（I0.0），当"T0".ET≤10 s 时，第一个指示灯 Q0.0 的状态为“1”；当 10 s＜"T0".ET≤20 s 时，第二个指示灯 Q0.1 的状态为“1”；当 20 s＜"T0".ET≤30 s 时，第三个指示灯 Q0.2 的状态为“1”；按下停止按钮（I0.1），Q0.0～Q0.2 的状态为“0”，故其梯形图程序如图 4-3 所示。

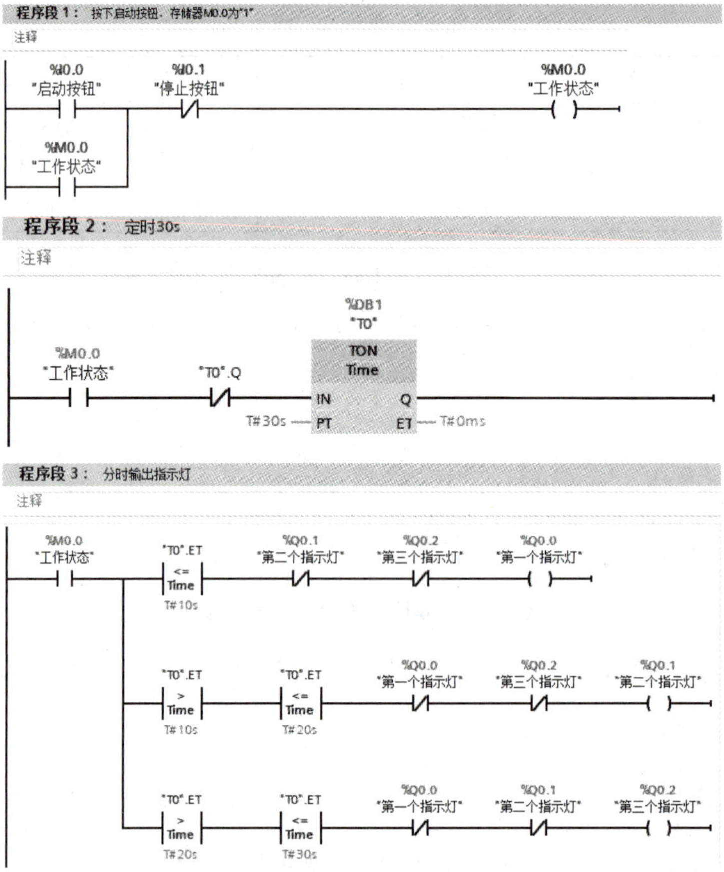

图 4-3　用基本比较指令设计指示灯循环点亮系统的梯形图程序

2. 值在范围内指令

值在范围内指令（IN_RANGE）主要用于查询输入的值是否在指定的取值范围内，其指令符号如图 4-4 所示。其中，MIN 引脚和 MAX 引脚用于设定取值范围的限值，VAL 引脚用于输入待比较值。

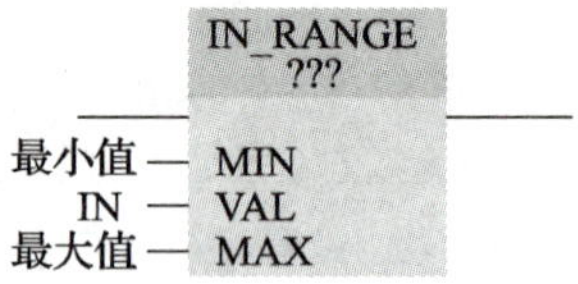

图 4-4　值在范围内指令的指令符号

执行该指令时，若满足 MIN≤IN≤MAX 的比较条件，则输出状态为“1”，否则输出状态为“0”。

提　示

当待比较值与限值的数据类型相同时，才能执行比较功能。

【例 4-2】某停车场共有 100 个车位，试设计该停车场报警系统，控制要求：当空车位数＞10 时，绿灯亮；当 2＜空车位数≤10 时，黄灯亮；当空车位数≤2 时，红灯亮。

分析：设车辆入场检测和出场检测信号分别为 I0.0 和 I0.1，绿灯输出为 Q0.0，黄灯输出为 Q0.1，红灯输出为 Q0.2，则设计思路如下。

（1）检测空车位，用加减计数器指令统计空车位。在 PLC 首次扫描时，将预设值 PV 装载到当前值 CV 中；车辆出场检测信号 I0.1 每接收一个脉冲信号，CV 加 1；车辆入场检测信号 I0.0 每接收一个脉冲信号，CV 减 1。

（2）用基本比较指令和值在范围内指令控制指示灯的亮灭。

停车场报警系统的梯形图程序如图 4-5 所示。

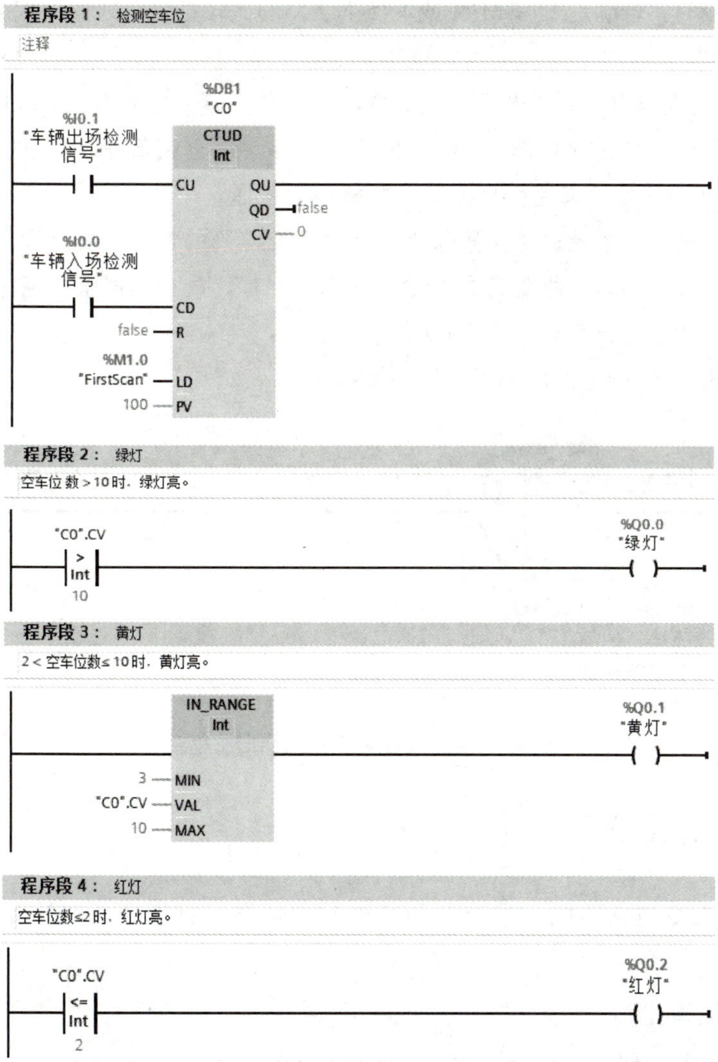

图 4-5　停车场报警系统的梯形图程序

3. 值在范围外指令

值在范围外指令（OUT_RANGE）主要用于查询输入的值是否超出了指定的取值范围，其指令符号如图 4-6 所示。值在范围外指令的引脚功能与值在范围内指令的引脚功能相同。

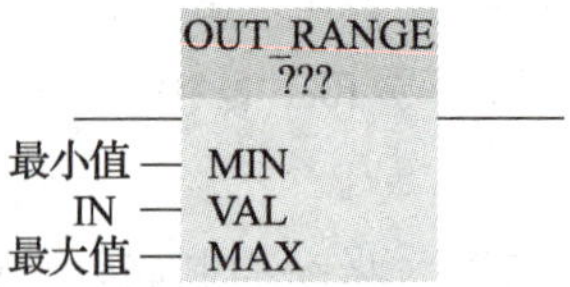

图 4-6　值在范围外指令的指令符号

执行该指令时，若满足 IN < MIN 或 IN > MAX 的比较条件，则输出状态为“1”，否则输出状态为“0”。

【例 4-3】现要设计一温度检测系统，将某温度传感器连接到 S7-1200 PLC，设该温度传感器能检测到的正常温度范围为 30～150℃，若温度超出此范围，则报警信号灯闪烁，闪烁频率为 2 Hz。试设计该温度检测系统的梯形图程序。

分析：该温度检测系统的重点是将温度传感器检测到的值与设定范围进行比较，当检测到的值超出设定范围时，报警信号灯输出状态为“1”，故应选用值在范围外指令。设置时钟存储器字节为系统提供频率为 2 Hz 的脉冲信号。

温度检测系统的梯形图程序如图 4-7 所示。

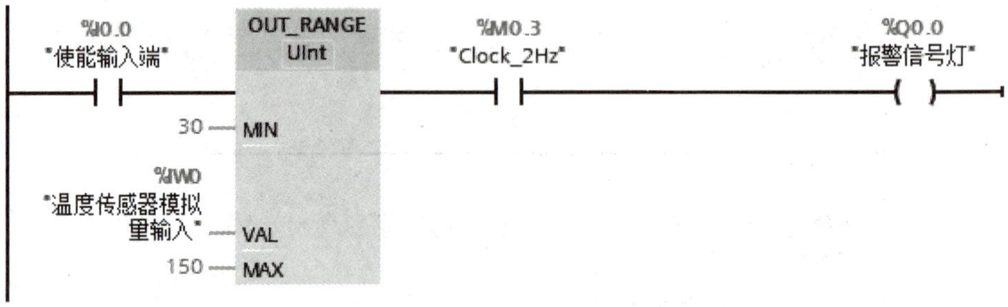

图 4-7　某温度检测系统的梯形图程序

二、数学运算指令

数学运算指令包括四则运算指令和其他常用数学运算指令（如计算、求余、取反等指令）。

1. 四则运算指令

四则运算指令包括加（ADD）指令、减（SUB）指令、乘（MUL）指令、除（DIV）指令，操作数可选整数和实数数据类型，其指令符号和功能如表 4-2 所示。

表 4-2　四则运算的指令符号和功能

指令名称	指令符号	指令功能
加指令	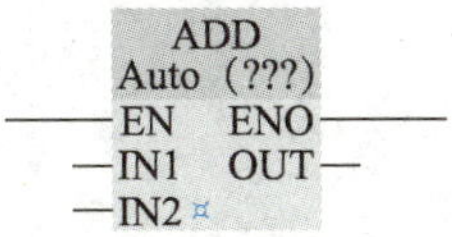	当 EN 引脚为高电平时，ADD 指令可以实现 IN1+IN2=OUT 的功能，并将计算结果送至 OUT 指定的地址中。可以通过单击 IN2 右侧的¤按钮来增加输入操作数的数量（IN3、IN4、IN5……）。 IN2 和 OUT 可以共用一个存储器，此时可实现 OUT（当前扫描周期）=IN1+OUT（前一个扫描周期）
减指令	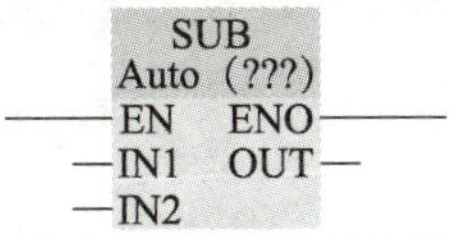	当 EN 引脚为高电平时，SUB 指令可以实现 IN1－IN2=OUT 的功能，并将计算结果送至 OUT 指定的地址中
乘指令	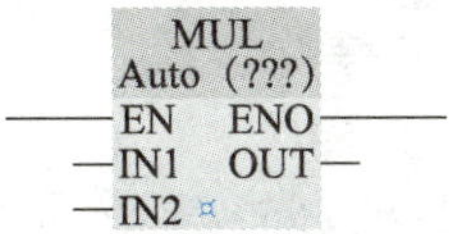	当 EN 引脚为高电平时，MUL 指令可以实现 IN1*IN2=OUT 的功能，并将计算结果送至 OUT 指定的地址中。同 ADD 指令相同，可以通过单击 IN2 右侧的¤按钮来增加输入操作数的数量
除指令	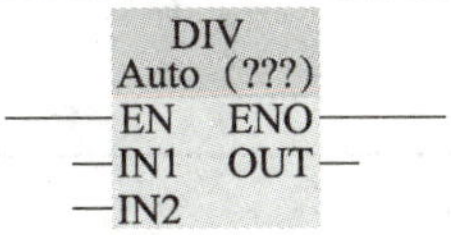	当 EN 引脚为高电平时，DIV 指令可以实现 IN1/IN2=OUT 的功能，并将计算结果送至 OUT 指定的地址中。整数除法采用截尾取整的方法处理商的值

知识链接

运算完成后，指令会将 ENO 的状态置为“1”，并输出计算结果，故 ENO 又称为使能输出端。

【例 4-4】 在地铁自动售票机中，货币识别传感器识别到投入的货币金额并送至 S7-1200 PLC 中，用户选择车站（票价）和张数后，按下购买按钮，地铁自动售票机自动完成售票并实现找零功能，试设计地铁自动售票机的梯形图程序。

分析： 设每次投入的金额送至 IW1 中，投入总金额存储在 MW0 中，单张票价存储在 MW2 中，购票张数存储在 MW4 中，应找零存储在 MW6 中，总票价存储在 MW8 中，存储器及 I/O 地址分配表如表 4-3 所示。

表 4-3　存储器及 I/O 地址分配表

存储器		输　入	
地　址	功　能	地　址	功　能
MW0	投入总金额	I0.0	货币位置按钮
MW2	单张票价	I0.1	车票选择按钮
MW4	购票张数	I0.2	购买按钮
MW6	应找零	I0.3	操作结束按钮
MW8	总票价	IW1	每次投入的金额

因应找零 = 投入总金额 − 单张票价 × 购票张数，故输入与输出之间包含数学运算关系，则设计思路如下。

（1）用 ADD 指令计算出投入总金额。

（2）用 MUL 指令计算出总票价。

（3）用 SUB 指令计算出应找零。

（4）用 MOVE 指令将存储器清零。

地铁自动售票机的梯形图程序如图 4-8 所示。

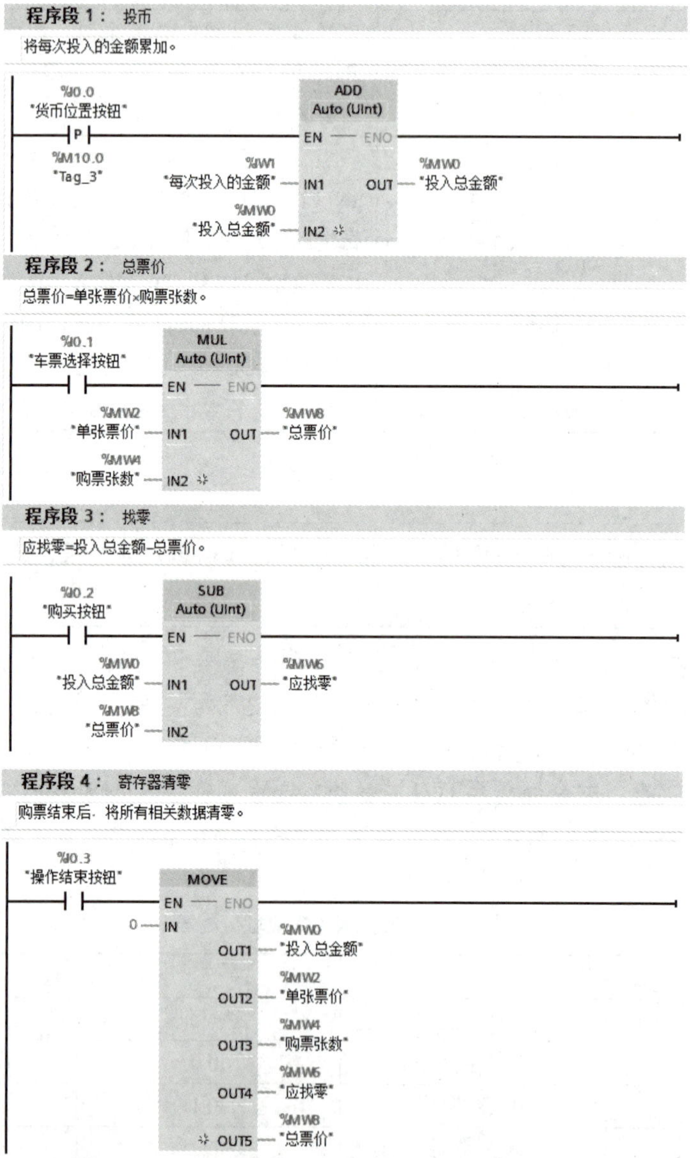

图 4-8　地铁自动售票机的梯形图程序

2. 其他常用数学运算指令

其他常用数学运算指令主要有计算、求余、取反、递增、递减、计算绝对值、获取最大值、获取最小值、设置限值、平方、平方根等，其指令符号和功能如表 4-4 所示。

表 4-4 其他常用数学运算指令的指令符号和功能

指令名称	指令符号	指令功能
计算指令	CALCULATE ??? EN ENO OUT:=<???> IN1 OUT IN2	用于定义数学表达式，双击 OUT:=<???>，在打开的对话框中输入数学表达式（表达式中不能有常数），并根据定义的等式将结果送至 OUT 中
求余指令	MOD Auto（???） EN ENO IN1 OUT IN2	MOD 指令返回整数除法运算的余数，即将 IN1 除以 IN2 后得到的余数送至 OUT 中
取反指令	NEG ??? EN ENO IN OUT	将参数 IN 的值的算术符号取反，并将结果保存在 OUT 中
递增指令	INC ??? EN ENO IN/OUT	将变量 IN/OUT 的值加 1 后还保存在自己的变量中
递减指令	DEC ??? EN ENO IN/OUT	将变量 IN/OUT 的值减 1 后还保存在自己的变量中
计算绝对值指令	ABS ??? EN ENO IN OUT	计算 IN 的绝对值，并将运算结果送至 OUT 中
获取最大值指令	MAX ??? EN ENO IN1 OUT IN2	将 IN1 和 IN2 中的最大值送至 OUT 中
获取最小值指令	MIN ??? EN ENO IN1 OUT IN2	将 IN1 和 IN2 中的最小值送至 OUT 中
设置限值指令	LIMIT ??? EN ENO MN OUT IN MX	用于测试 IN 的值是否在 MN 和 MX 指定的范围内 若 IN<MN，则将 MN 的值送至 OUT 中 若 MN≤IN≤MX，则将 IN 的值送至 OUT 中 若 IN>MX，则将 MAX 的值送至 OUT 中
平方指令	SQR ??? EN ENO IN OUT	计算 IN 的平方，并将运算结果送至 OUT 中

表 4-4（续）

指令名称	指令符号	指令功能
平方根指令	SQRT ??? —EN ENO— —IN OUT—	计算 IN 的平方根，并将运算结果送至 OUT 中

【例 4-5】在例 4-4 的题干中，增加控制要求：3 元≤单张票价≤7 元。试用计算指令和设置限值指令改写例 4-4 的梯形图程序。

分析：用设置限值指令控制单张票价，用计算指令计算应找零，其余设计同例 4-4，故梯形图程序如图 4-9 所示。

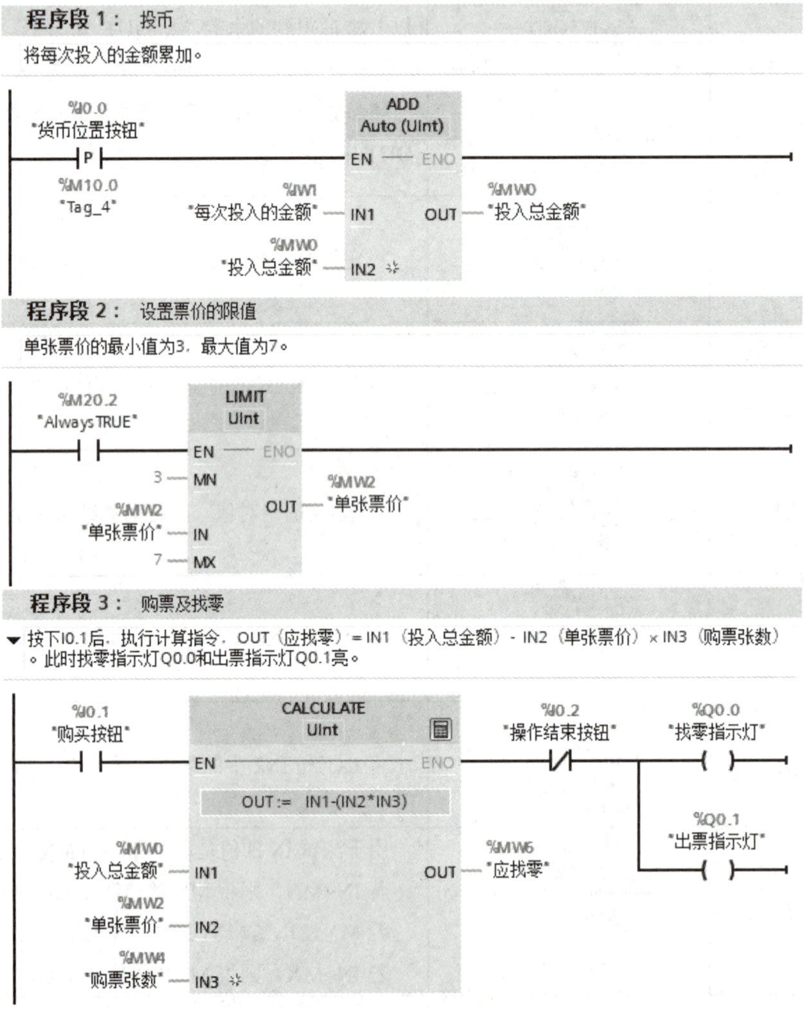

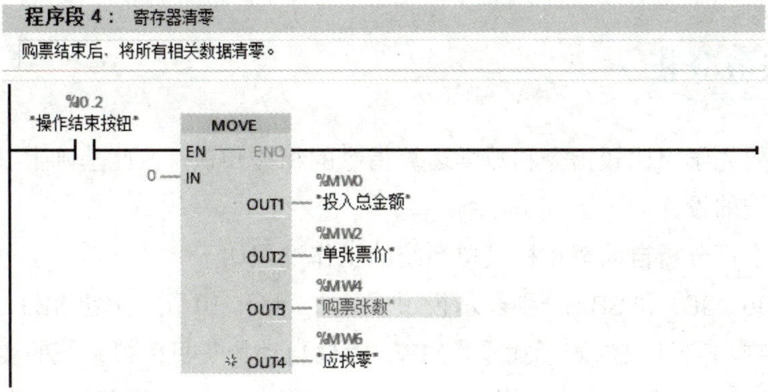

图 4-9　地铁自动售票机的梯形图程序 2

【例 4-6】用递增和递减指令模拟加减计数器指令功能。

分析：加减计数器指令的工作原理参考项目三。递增指令具有加 1 功能，可实现加计数器功能；递减指令具有减 1 功能，可实现减计数器功能，故梯形图程序如图 4-10 所示。

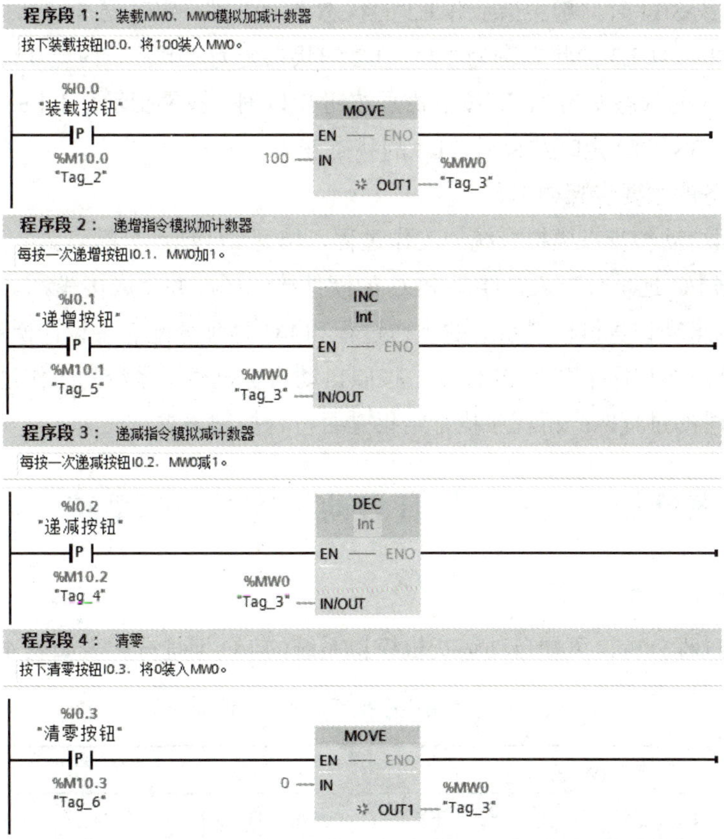

图 4-10　用递增和递减指令模拟加减计数器指令功能的梯形图程序

任务分析

本任务需要先学习比较指令和数学运算指令的相关知识，在此基础上，才能完成自动售货机模拟系统的设计。

由控制要求可分析自动售货机模拟系统的工作过程如下。

设按钮 SB0、SB1 和 SB2 分别表示投币 1 元、5 元和 10 元，按钮 SB3、SB4 分别表示购买汽水、咖啡，按钮 SB5 表示找零，MW2 存储自动售货机模拟系统的实时金额。指示灯 L0、L1 分别表示可购买汽水、咖啡，L2 表示购买，L3 表示取货，L4 表示找零。

每按一次 SB0，MW2 的值加 1；每按一次 SB1，MW2 的值加 5；每按一次 SB2，MW2 的值加 10；每按一次 SB3，MW2 的值减 3；每按一次 SB4，MW2 的值减 8。

当 MW2≥3 时，汽水可购买指示灯 L0 的状态变为“1”；当 MW2≥8 时，咖啡可购买指示灯 L1 的状态变为“1”。

按下 SB3 或 SB4 时，购买指示灯 L2 的状态变为“1”，定时器 T0 定时 30 s；T0 定时结束后，取货指示灯 L3 的状态变为“1”，L2 的状态变为“0”；定时器 T1 开始定时 2 s，定时结束后，L3 的状态变为“0”；按下找零按钮 SB5 时，找零指示灯 L4 的状态变为“1”，定时器 T2 定时 3 s；T2 定时结束后，L4 的状态变为“0”。

完成该任务的主要步骤如下。

（1）根据自动售货机模拟系统的工作过程，填写 I/O 地址分配表。

（2）根据 I/O 地址分配表，绘制 PLC 的硬件接线图，并完成接线。

（3）根据自动售货机模拟系统的工作过程和 I/O 地址分配表，设计梯形图程序。

（4）将梯形图程序下载到 PLC 中，按照自动售货机模拟系统的工作过程，模拟一次购买汽水或咖啡的过程，分析程序执行结果是否符合控制要求。

任务实施——设计自动售货机模拟系统

1. I/O 地址分配

根据工作过程分析，可知自动售货机模拟系统的 I/O 地址分配表如表 4-5 所示。

表 4-5　自动售货机模拟系统的 I/O 地址分配表

输　入			输　出		
元　件	I/O 地址	备　注	元　件	I/O 地址	备　注
SB0	I0.0	1 元投币按钮	L0	Q0.0	汽水可购买指示灯
SB1	I0.1	5 元投币按钮	L1	Q0.1	咖啡可购买指示灯

表 4-5（续）

输入			输出		
元 件	I/O 地址	备 注	元 件	I/O 地址	备 注
SB2	I0.2	10 元投币按钮	L2	Q0.2	购买指示灯
SB3	I0.3	购买汽水按钮	L3	Q0.3	取货指示灯
SB4	I0.4	购买咖啡按钮	L4	Q0.4	找零指示灯
SB5	I0.5	找零按钮			

2. 硬件接线

根据表 4-5 绘制 PLC 的硬件接线图（见图 4-11），并根据接线图完成接线。

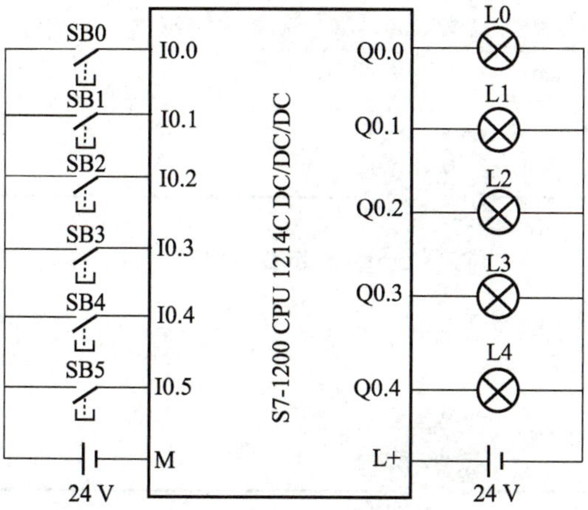

图 4-11 PLC 的硬件接线图

扫一扫

设计自动售货机模拟系统

3. 程序设计与仿真

根据工作过程和 I/O 地址分配表，自动售货机模拟系统的梯形图程序设计思路如下。

（1）按下按钮 SB0、SB1、SB2（用上升沿检测触点指令）时，用 MOVE 指令分别将 1、5、10 送至 MW0 中。

（2）用 ADD 指令计算投入总金额。按钮 SB0、SB1、SB2 弹起（用下降沿检测触点指令）时，MW2 的值加 1、加 5、加 10。

（3）用比较指令控制可购买指示灯 L0（Q0.0）和 L1（Q0.1）。

（4）用 SUB 指令计算找零金额。

自动售货机模拟系统的梯形图程序如图 4-12 所示。

程序段 1： 投入1元

按下1元投币按钮SB0，将1送入MW0。

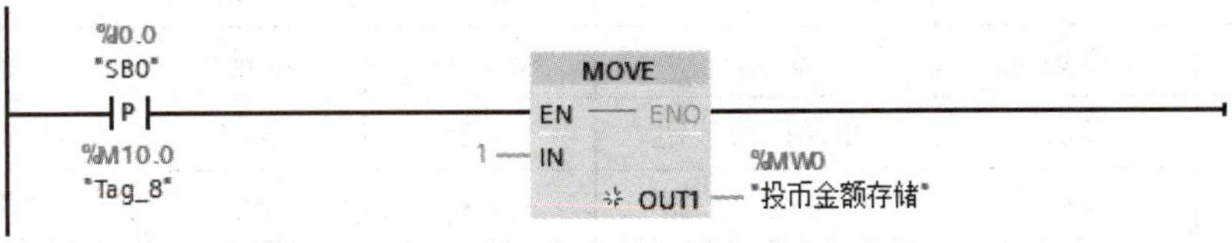

程序段 2： 投入5元

按下5元投币按钮SB1，将5送入MW0。

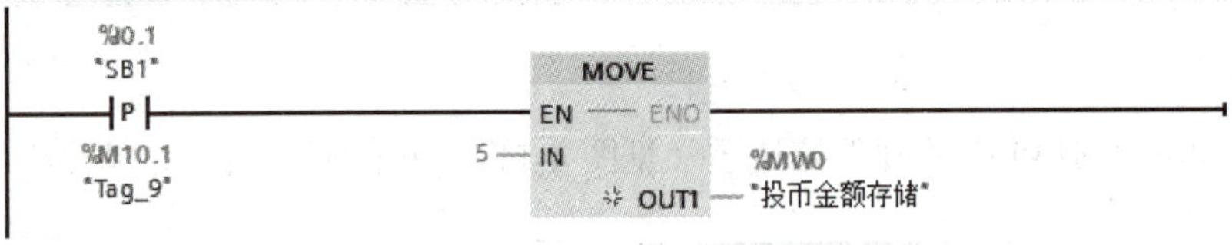

程序段 3： 投入10元

按下10元投币按钮SB2，将10送入MW0。

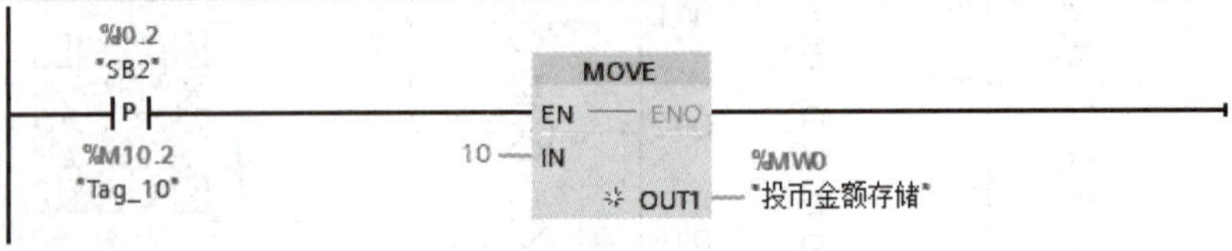

程序段 4： 实时金额

注释

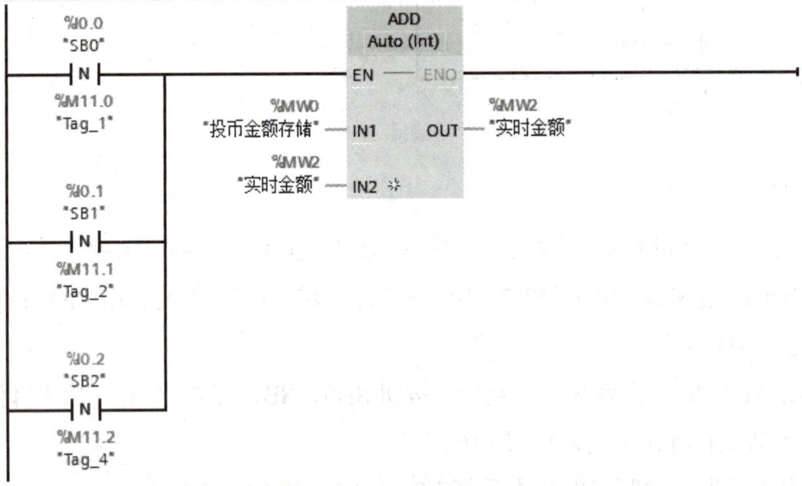

程序段 5： 可购买汽水指示

当MW2≥3时，汽水可购买指示灯L0亮。

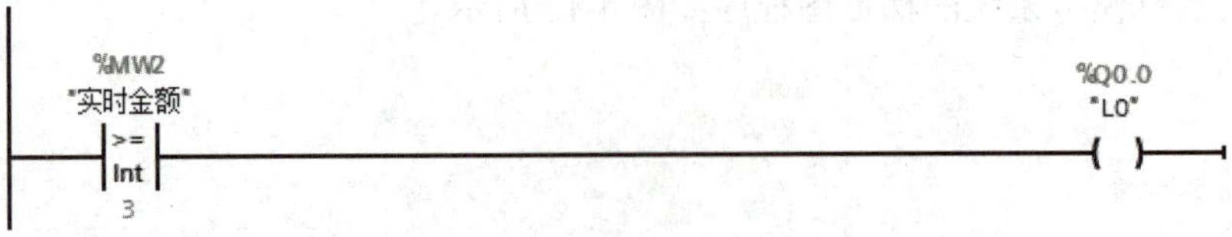

程序段 6： 可购买咖啡指示

当MW2≥8时，咖啡可购买指示灯L1亮。

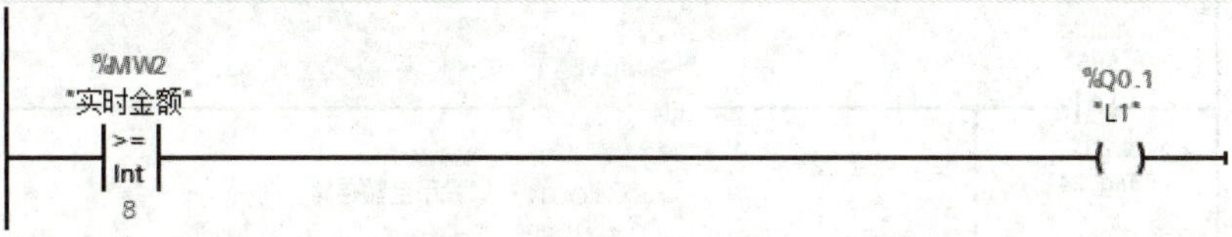

程序段 7： 购买汽水

购买汽水时，MW2的数值减3，购买指示灯L2亮30s。

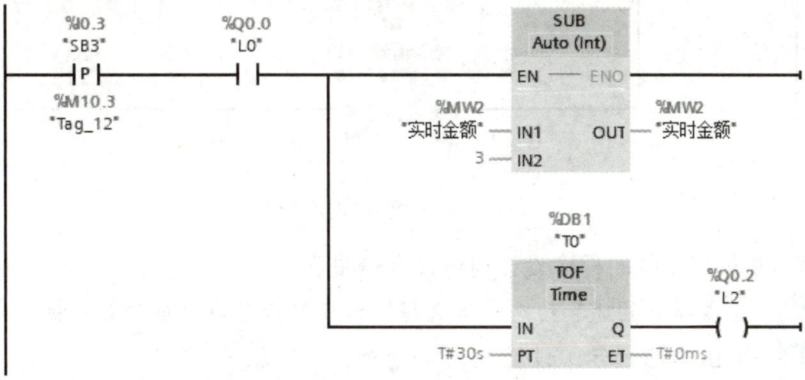

程序段 8： 购买咖啡

购买咖啡时，MW2的数值减8，购买指示灯L2亮30s。

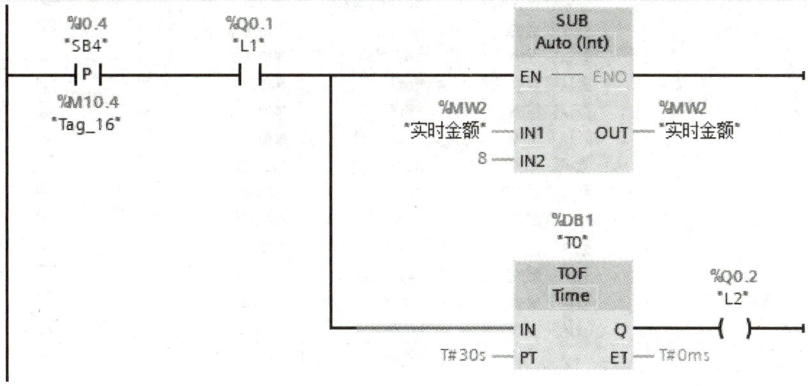

程序段 9： 取货指示

注释

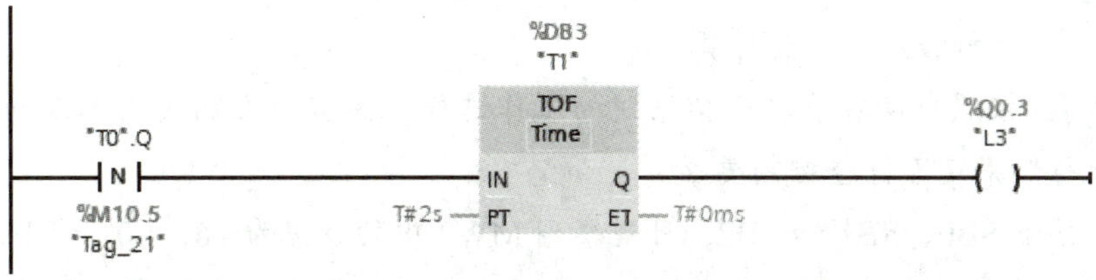

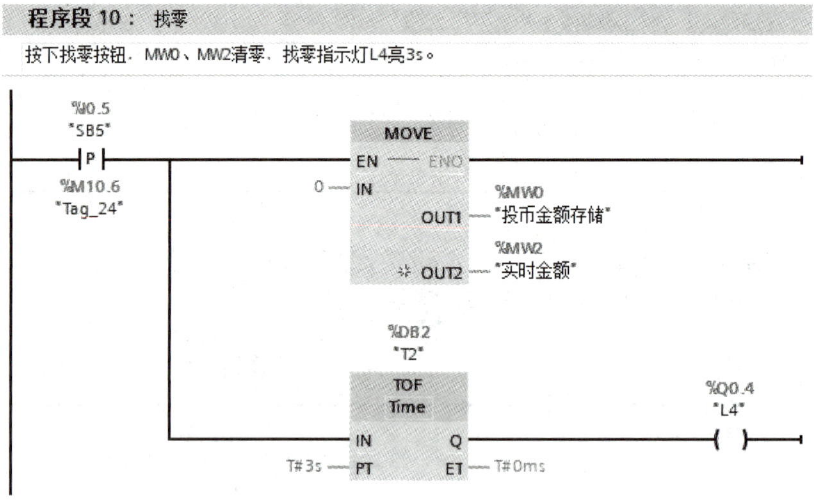

图 4-12　自动售货机模拟系统的梯形图程序

自动售货机模拟系统的程序设计与仿真步骤如下。

步骤 1▶　完成项目创建和组态设备选择，将项目命名为“自动售货机模拟系统”。

步骤 2▶　如图 4-13 所示，设置 PLC 的变量。

PLC 变量

名称	变量表	数据类型	地址 ▲	保持	可从 ...	从 H...	在 H...
SB0	默认变量表	Bool	%I0.0	☐	☑	☑	☑
SB1	默认变量表	Bool	%I0.1	☐	☑	☑	☑
SB2	默认变量表	Bool	%I0.2	☐	☑	☑	☑
SB3	默认变量表	Bool	%I0.3	☐	☑	☑	☑
SB4	默认变量表	Bool	%I0.4	☐	☑	☑	☑
SB5	默认变量表	Bool	%I0.5	☐	☑	☑	☑
L0	默认变量表	Bool	%Q0.0	☐	☑	☑	☑
L1	默认变量表	Bool	%Q0.1	☐	☑	☑	☑
L2	默认变量表	Bool	%Q0.2	☐	☑	☑	☑
L3	默认变量表	Bool	%Q0.3	☐	☑	☑	☑
L4	默认变量表	Bool	%Q0.4	☐	☑	☑	☑
投币金额存储	默认变量表	Int	%MW0	☐	☑	☑	☑
实时金额	默认变量表	Int	%MW2	☐	☑	☑	☑
<新增>				☐	☑	☑	☑

图 4-13　设置 PLC 的变量

步骤 3▶　输入图 4-12 所示的梯形图程序。

步骤 4▶　编译程序并启动仿真。

步骤 5▶　按照自动售货机模拟系统的工作过程，模拟一次购买汽水或咖啡的过程，分析程序执行结果是否符合控制要求。

例如，按下 SB0、SB1 和 SB2，可观察到 MW2 中的数据为 16，L0 和 L1 点亮；按下 SB3，MW2 中的数据变为 13，L2 点亮 30 s；30 s 后，L3 点亮 2 s；按下 SB5，L4 点亮 3 s。

小试身手

试用加减计数器和定时器指令设计自动售货机模拟系统的梯形图程序。

任务二 应用数据处理指令

任务引入

天塔之光控制系统主要应用在闪光灯、花样灯饰中，有的城市将天塔之光很好地布置在城市的主要建筑物上，它们变幻着绚烂的色彩和动感的图案，使建筑物更加绚丽、更加吸引人的眼球。

请应用数据处理指令，设计天塔之光控制系统，控制要求：按下启动按钮后，指示灯按照“L1→L1、L2→L2、L3、L4→L3、L4、L5、L6→L4、L5、L6、L7、L8→L1、L2、L5、L6、L7、L8→L1、L2、L3、L4、L6、L7、L8→L1、L2、L3、L4、L5、L6、L7、L8→L1”的规律循环点亮，按下停止按钮后程序停止运行，如图 4-14 所示。

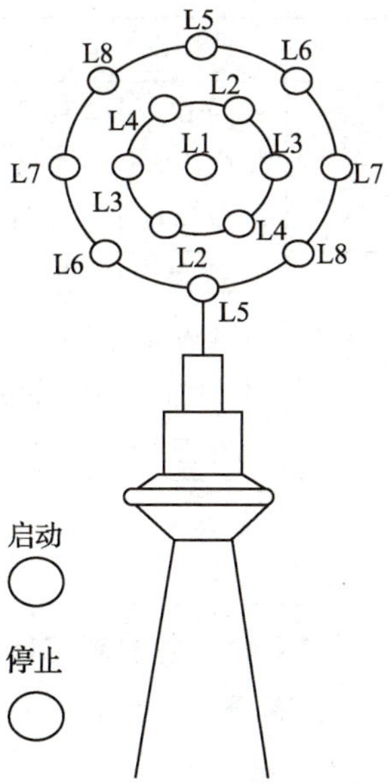

图 4-14　天塔之光

任务工单

请扫描下方的二维码，获取任务工单，根据任务工单，学生可以课前预习相关知识，课后按步骤进行任务实施，提高操作技能。

扫一扫

数据处理指令包括移位指令、循环移位指令、移动指令和转换指令等，主要进行数据运算和特殊处理。

一、移位指令

移位指令用于将位序列、字节变量、字变量或双字变量向左或向右移动指定位数，并将移位后的数值送至 OUT 指定的地址中。

移位指令包括左移指令和右移指令两种，其指令符号和功能如表 4-6 所示。

表 4-6　移位指令的指令符号和功能

指令名称	指令符号	指令功能
左移指令	SHL ??? EN　ENO IN　OUT N	当 EN 引脚为高电平时，执行左移指令，将输入 IN 指定的内容逐位左移若干位，N 为移位位数。左移后空出的位补 0，移出的位丢失
右移指令	SHR ??? EN　ENO IN　OUT N	当 EN 引脚为高电平时，执行右移指令，将输入 IN 指定的内容逐位右移若干位，N 为移位位数。对于无符号数，右移后空出的位补 0；对于有符号数，右移后空出的位补符号位（正数补 0，负数补 1），移出的位丢失

提　示

N=0 时，不进行移位，直接将 IN 的值复制到 OUT 指定的地址中。如果要移动的位数 N 超过目标值（IN）的位数，所有原来的位都被移出后，全部被 0 或符号位取代。使能输出端 ENO 的状态总是为“1”。

如图 4-15 所示，按下 I0.0（上升沿）时，将二进制数 00001111 送至 MB0 和 MB1 中；I0.0 弹起（下降沿）时，将 MB0 和 MB1 分别执行右移指令和左移指令，并将移位后的结果存放在原地址中，其时序图如图 4-16 所示。

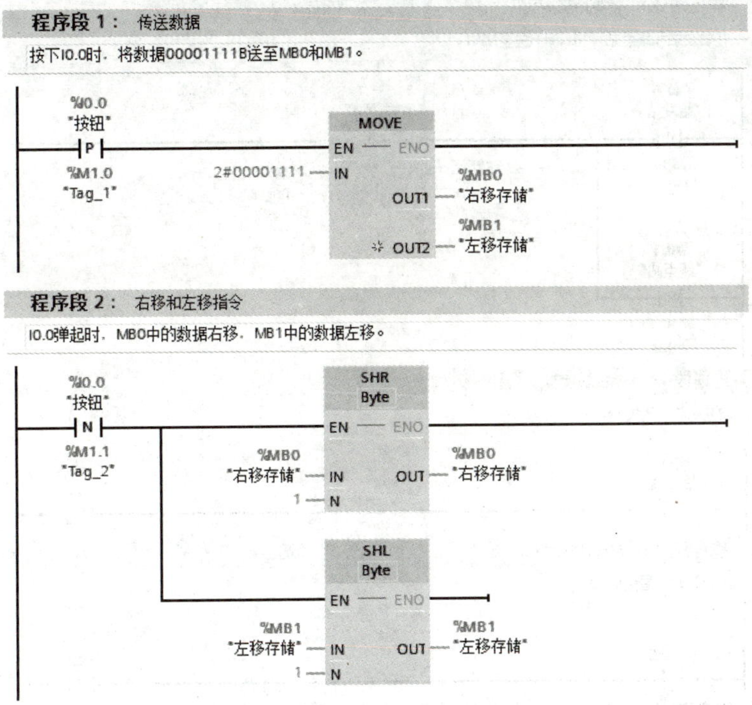

图 4-15 移位指令的梯形图程序

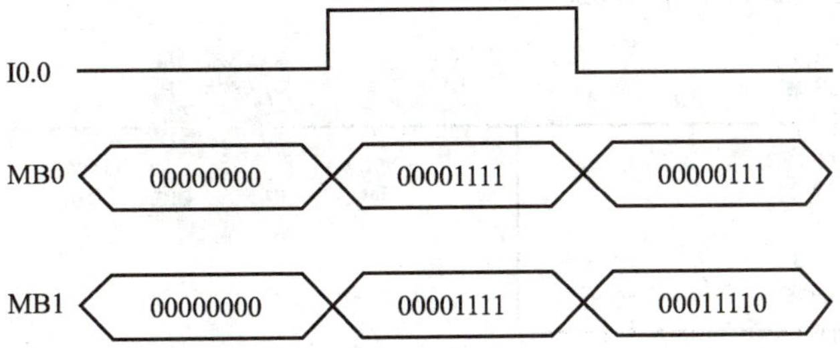

图 4-16 移位指令的时序图

【例 4-7】请设计某地铁运行指示灯控制系统。若该地铁共经过 16 个站点，要求未到达站点的指示灯亮，已经过站点的指示灯灭，到达终点后，所有的指示灯亮。

分析：设始发站的位置传感器与 PLC 的接口为 I0.0，终点站的位置传感器与 PLC 的接口为 I0.1，中间站点的位置传感器与 PLC 的接口为 I0.2，始发站的指示灯与 PLC 的接口为 Q1.0，终点站的指示灯与 PLC 的接口为 Q0.7，则设计思路如下。

（1）按下 I0.0 或 I0.1 时，用 MOVE 指令将 FFFF 送至 MW1，此时所有指示灯的状态均为“1”。

（2）用左移指令实现指示灯的左移。地铁运行时，每离开一个站点，MW1 左移一位。

某地铁运行指示灯控制系统的梯形图程序如图 4-17 所示。

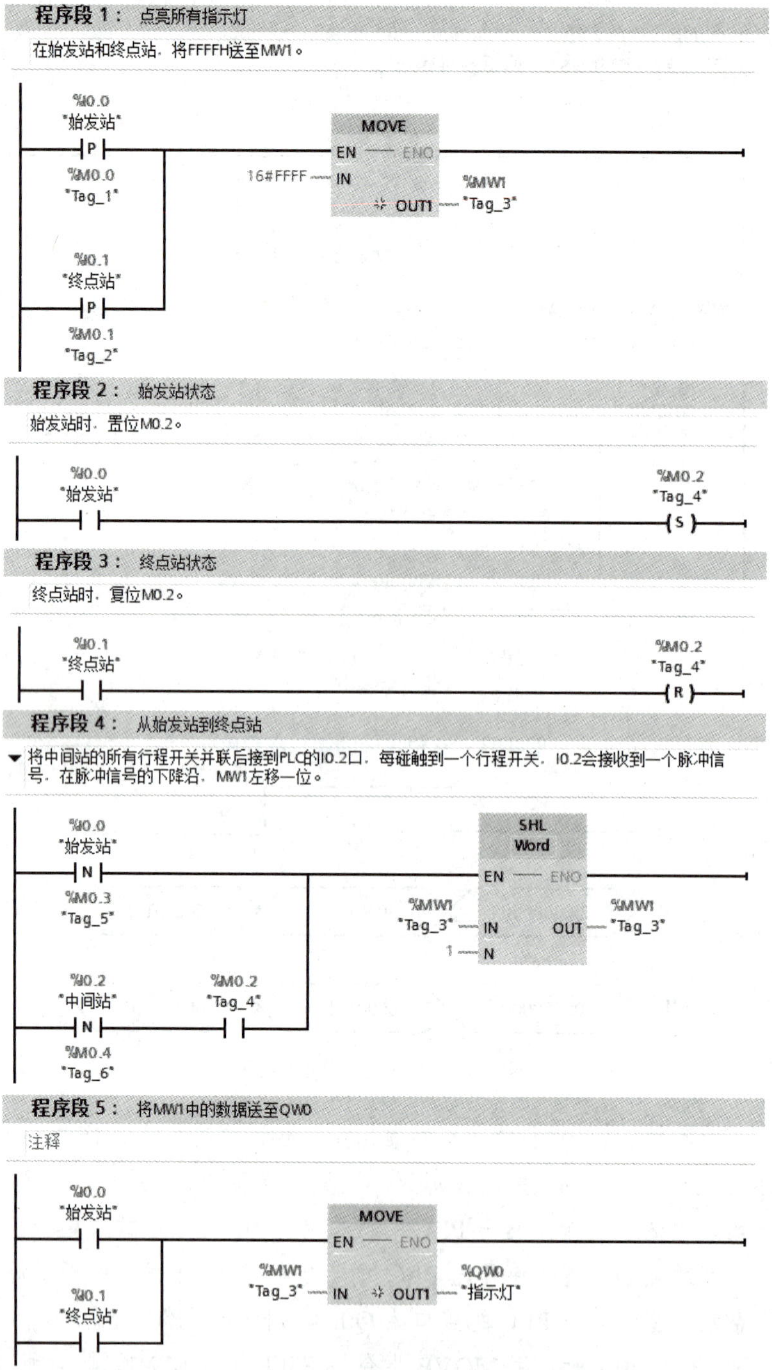

图 4-17 某地铁运行指示灯控制系统的梯形图程序

二、循环移位指令

循环移位指令包括循环左移指令和循环右移指令两种，用于将输入数据循环左移或右移，并将结果送至 OUT 指定的地址中，其指令符号和功能如表 4-7 所示。

表 4-7 循环移位指令的指令符号和功能

指令名称	指令符号	指令功能
循环左移指令	ROL ??? —EN ENO— —IN OUT— —N	当 EN 引脚为高电平时，将执行循环左移或循环右移指令，N 为循环移位位数。将移出的位填补到移位后空出的位中
循环右移指令	ROR ??? —EN ENO— —IN OUT— —N	

提　示

N＝0 时，不进行移位，直接将 IN 的值复制到 OUT 指定的地址中。如果要移动的位数 N 超过目标值（IN）的位数，仍执行循环移位指令，循环移位位数为 N 对目标值位数取余的结果。使能输出端 ENO 的状态始终为“1”。

如图 4-18 所示，按下 I0.0 时，将十六进制数 FF00H 送至 MW0。I0.0 弹起时，循环左移指令将 MW0 中的数据左移 4 位后送至 MW2，故 MW2 中的数据为 F00FH；循环右移指令将 MW0 中的数据右移 4 位（20 对 16 取余）后送至 MW4，故 MW4 中的数据为 0FF0H，其时序图如图 4-19 所示。

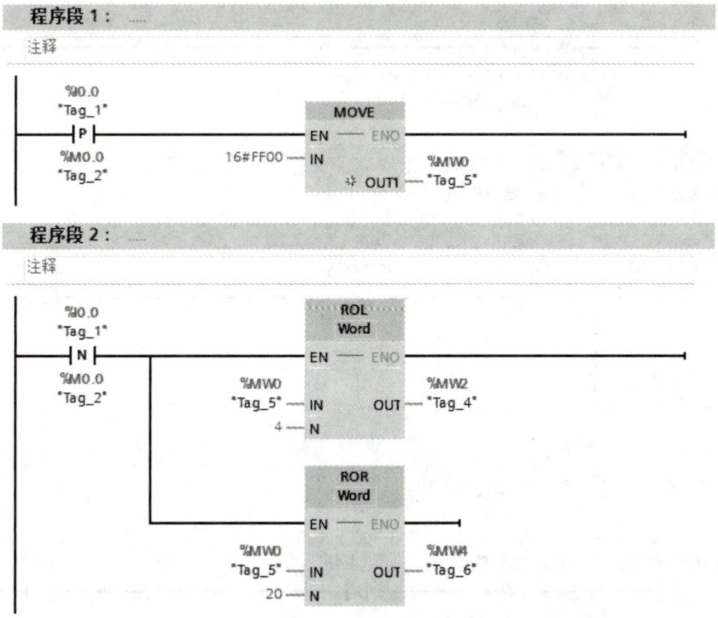

图 4-18 循环移位指令的梯形图程序

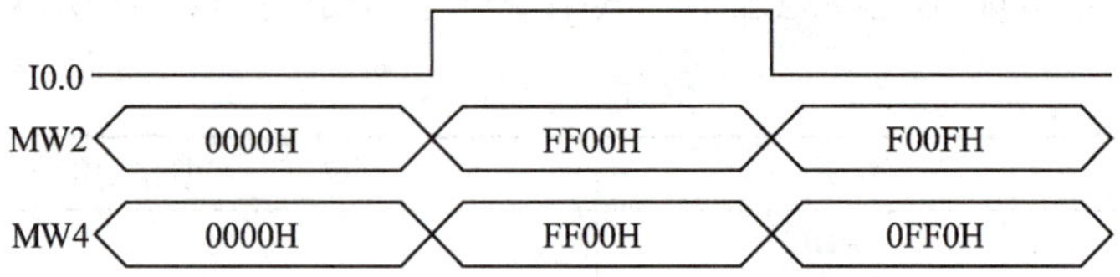

图 4-19 循环移位指令的时序图

【例 4-8】请设计彩灯循环系统，控制要求：按下启动按钮 I0.0 时，彩灯 L1 点亮；按下循环右移按钮 I0.1 时，8 盏彩灯循环右移，显示顺序为 L8→L7→L6→L5→L4→L3→L2→L1，间隔为 1 s；按下循环左移按钮 I0.2 时，8 盏彩灯循环左移，显示顺序为 L1→L2→L3→L4→L5→L6→L7→L8，间隔为 1 s；按下停止按钮 I0.3 时，彩灯熄灭。

分析：设 L1～L8 对应的输出为 Q0.0～Q0.7，则设计思路如下。

（1）按下启动按钮 I0.0 时，用 MOVE 指令将 1 送至 QB0。

（2）按下循环右移按钮 I0.1 时，彩灯进入循环右移状态，用 ROR 指令实现循环右移。

（3）按下循环左移按钮 I0.2 时，彩灯进入循环左移状态，用 ROL 指令实现循环左移。

（4）按下停止按钮 I0.3 时，用复位位域指令实现 Q0.0～Q0.7 全部复位。

彩灯循环系统的梯形图程序如图 4-20 所示。

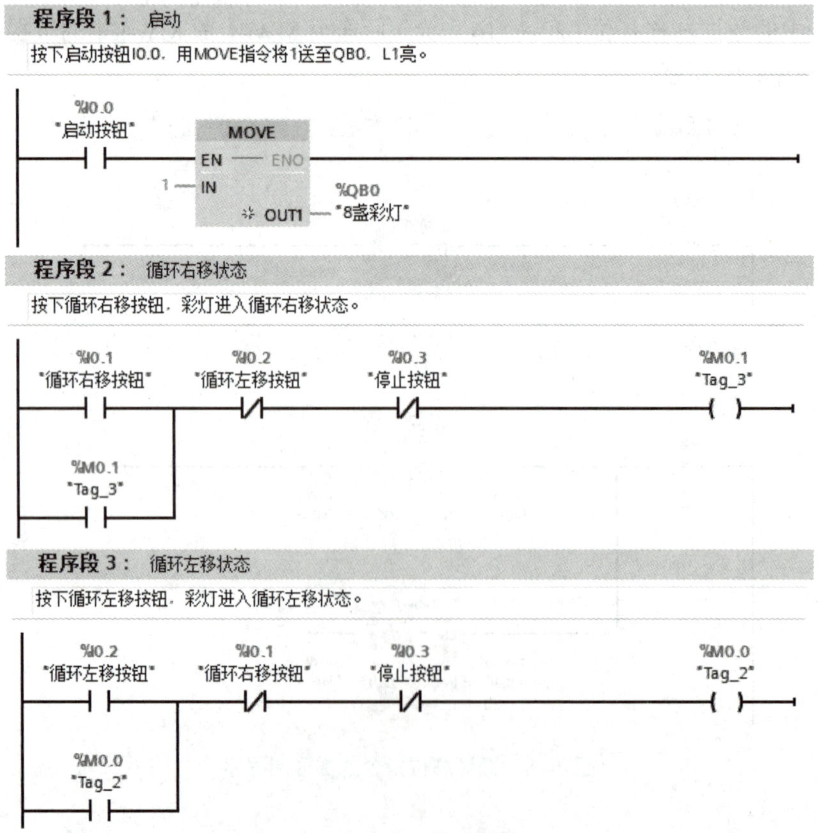

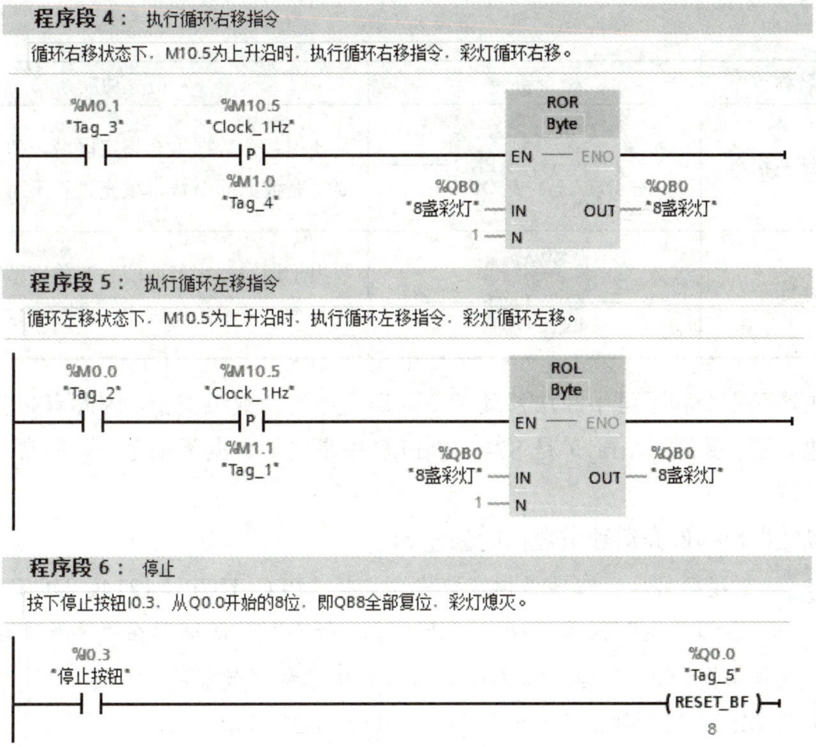

图 4-20　彩灯循环系统的梯形图程序

三、移动指令

移动指令主要包括移动值（MOVE）指令（见项目三）、块移动指令、不可中断块移动指令、填充指令、不可中断填充指令和交换指令等，其指令符号和功能如表 4-8 所示。

表 4-8　移动指令的指令符号和功能

指令名称	指令符号	指令功能
块移动指令	MOVE_BLK EN　ENO IN　OUT COUNT	将指定区域的多个数据复制到 OUT 指定的地址中，COUNT 指定要复制数据的个数，复制过程可被中断。IN 和 OUT 的操作数为数组类型
不可中断块移动指令	UMOVE_BLK EN　ENO IN　OUT COUNT	将指定区域的多个数据复制到 OUT 指定的地址中，COUNT 指定要复制数据的个数，复制过程不可被中断。IN 和 OUT 的操作数为数组类型
填充指令	FILL_BLK EN　ENO IN　OUT COUNT	使用某个数据填充指定区域，COUNT 指定要填充数据的个数，填充过程可以被中断

表 4-8（续）

指令名称	指令符号	指令功能
不可中断填充指令	UFILL_BLK EN ENO IN OUT COUNT	使用某个数据填充指定区域，COUNT 指定要填充数据的个数，填充过程不可被中断
交换指令	SWAP ??? EN ENO IN OUT	用于调换二字节或四字节的字节顺序，不改变每个字节中的位顺序，需要指定数据类型

由于块移动指令和不可中断块移动指令的操作数均为数组类型，因此有必要介绍数组数据的创建方法。数组（Array）是 S7-1200 PLC 中重要的数据类型之一，通常在数据块和函数块中设置。

下面以数据块为例介绍数组数据的创建。

步骤 1▶ 创建项目后，在项目树窗口中，选择“PLC_1[CPU 1214C DC/DC/DC]”→“程序块”→“添加新块”选项，双击打开“添加新块”对话框。在“添加新块”对话框中，选择“数据块”，在“名称”编辑框中输入新块名称“数据块_0”，在“类型”列表框中选择“全局 DB”，然后单击“确定”按钮，如图 4-21 所示。

图 4-21　添加新数据块

步骤 2▶ 如图 4-22 所示，进入数据块类型设置界面，在“名称”编辑框中输入“Array”，在“数据类型”列表框中选择“Array[0..1] of”中的“Array[0..1] of Int”。

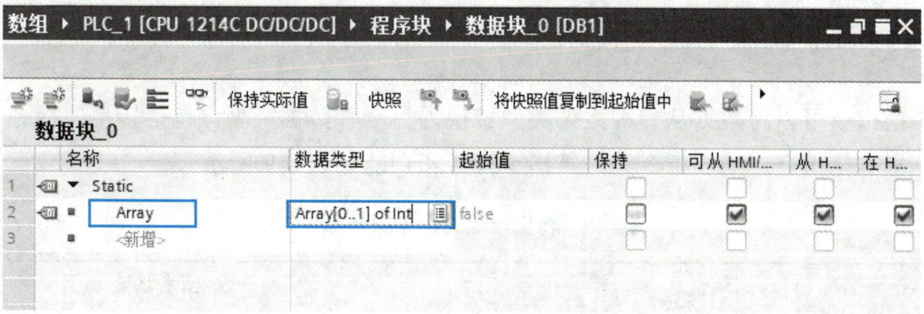

图 4-22　设置数据块类型

步骤 3▶　如图 4-23 所示，单击“Array[0..1] of Int”右侧的按钮，在“数组限值”编辑框中输入数组限值后，单击按钮，即可完成数组数据的创建，数组中的元素如图 4-24 所示。

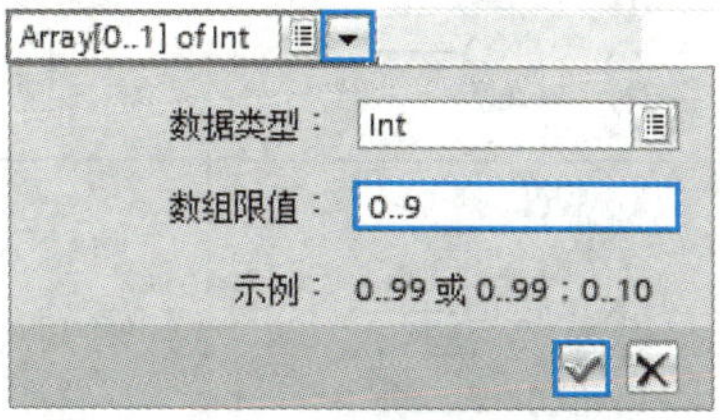

图 4-23　设置数组限值

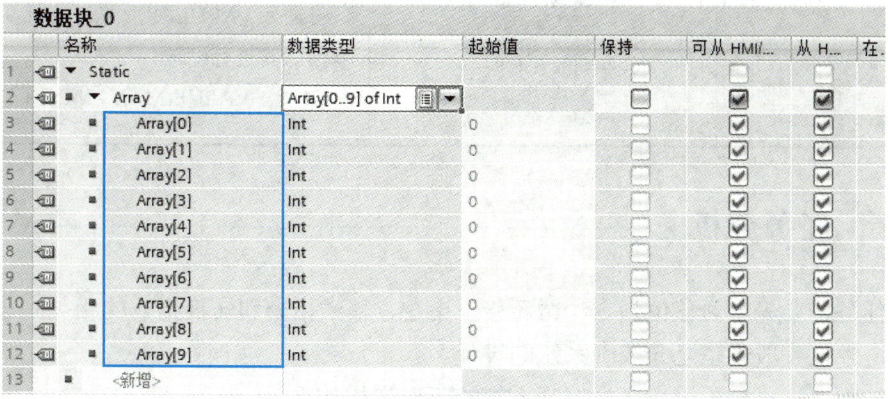

图 4-24　数组中的元素

创建数组数据后，可用 MOVE_BLK 指令将数组 Array 中的元素送至数据块_0，如图 4-25 所示。

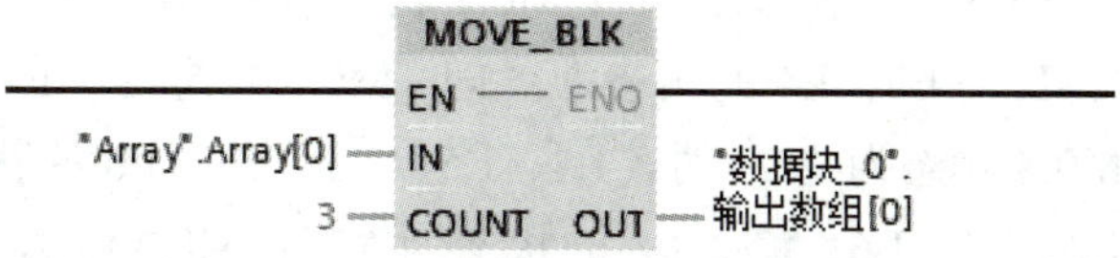

图 4-25　数组数据的使用

四、转换指令

转换指令可以将数据从一种数据类型转换为另一种数据类型，包括转换值指令、取整指令、标准化指令、缩放指令等，其指令符号和功能如表 4-9 所示。

表 4-9　转换指令的指令符号和功能

指令名称	指令符号	指令功能
转换值指令	CONV ??? to ??? —EN ENO— —IN OUT—	读取 IN 的值，根据指令框中选择的数据类型对其进行转换。转换值送至 OUT 中
取整指令	ROUND Real to ??? —EN ENO— —IN OUT—	将 IN 的值四舍五入取整为最接近的整数，并将结果送至 OUT 中
标准化指令	NORM_X ??? to ??? —EN ENO— —MIN OUT— —VALUE —MAX	将输入 VALUE 变量的值映射到线性标尺对其进行标准化： OUT = (VALUE - MIN) / (MAX - MIN)
缩放指令	SCALE_X ??? to ??? —EN ENO— —MIN OUT— —VALUE —MAX	将输入 VALUE 变量的值映射到指定的范围对其进行缩放： OUT = VALUE(MAX - MIN) + MIN

任务分析

本任务需要先学习移位指令、循环移位指令、移动指令和转换指令的相关知识，在此基础上，才能完成天塔之光控制系统的设计。

由控制要求可分析天塔之光控制系统的工作过程如下。

按下启动按钮 SB0 后，指示灯 L1～L8 有规律地点亮。设每个点亮状态为 1 步，用 M0.0～M0.7 表示第 1 步至第 8 步，则天塔之光控制系统可转变为 M0.0→M0.1→M0.2→M0.3→M0.4→M0.5→M0.6→M0.7→M0.0……，按下停止按钮 SB1 后，所有指示灯熄灭。

M0.0 状态为“1”时，L1 的状态为“1”；M0.1 状态为“1”时，L1 和 L2 的状态为“1”；M0.2 状态为“1”时，L2、L3、L4 的状态为“1”；M0.3 状态为“1”时，L3、L4、L5、L6 的状态为“1”；M0.4 状态为“1”时，L4、L5、L6、L7、L8 的状态为“1”；M0.5 状态为“1”时，L1、L2、L5、L6、L7、L8 的状态为“1”；M0.6 状态为“1”时，L1、L2、L3、L4、L6、L7、L8 的状态为“1”；M0.7 状态为“1”时，L1、L2、L3、L4、L5、L6、L7、L8 的状态为“1”。M0.0～M0.7 和 L1～L8 的逻辑关系如表 4-10 所示。

表 4-10　M0.0～M0.7 和 L1～L8 的逻辑关系

指示灯	M0.0	M0.1	M0.2	M0.3	M0.4	M0.5	M0.6	M0.7
L1	1	1	0	0	0	1	1	1
L2	0	1	1	0	0	1	1	1
L3	0	0	1	1	0	0	1	1
L4	0	0	1	1	1	0	1	1
L5	0	0	0	1	1	1	0	1
L6	0	0	0	1	1	1	1	1
L7	0	0	0	0	1	1	1	1
L8	0	0	0	0	1	1	1	1

完成该任务的主要步骤如下。

（1）根据天塔之光控制系统的工作过程，填写 I/O 地址分配表。

（2）根据 I/O 地址分配表，绘制 PLC 的硬件接线图，并完成接线。

（3）根据天塔之光控制系统的工作过程和 I/O 地址分配表，设计梯形图程序。

（4）将梯形图程序下载到 PLC 中，按下启动按钮 SB0，观察 L1～L8 的状态，对照灯光的显示规律，分析程序执行结果是否正确。

任务实施——设计天塔之光控制系统

1. I/O 地址分配

扫一扫

设计天塔之光控制系统

根据工作过程分析，可知天塔之光控制系统的 I/O 地址分配表如表 4-11 所示。

表 4-11　天塔之光控制系统的 I/O 地址分配表

输　入			输　出		
元　件	I/O 地址	备　注	元　件	I/O 地址	备　注
SB0	I0.0	启动按钮	L0	Q0.0	
SB1	I0.1	停止按钮	L1	Q0.1	
			L2	Q0.2	
			L3	Q0.3	
			L4	Q0.4	
			L5	Q0.5	
			L6	Q0.6	
			L7	Q0.7	

2. 硬件接线

根据表 4-11 绘制 PLC 的硬件接线图（见图 4-26），并根据接线图完成接线。

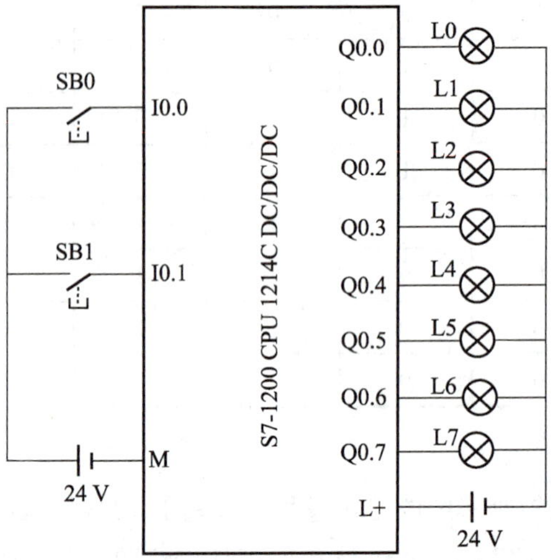

图 4-26　PLC 的硬件接线图

3. 程序设计与仿真

根据工作过程和 I/O 地址分配表，设 I0.0 为启动按钮 SB0，I0.1 为停止按钮 SB1，Q0.0～Q0.7 为 L0～L7，MB0 存储工作步骤，M1.0 存储工作状态，则设计思路如下。

（1）按下启动按钮 I0.0 后，MOVE 指令将 1 传送至 MB0，并用置位指令将 M1.0 置为“1”。

（2）用循环左移指令实现工作步骤的转换。

天塔之光控制系统的梯形图程序如图 4-27 所示。

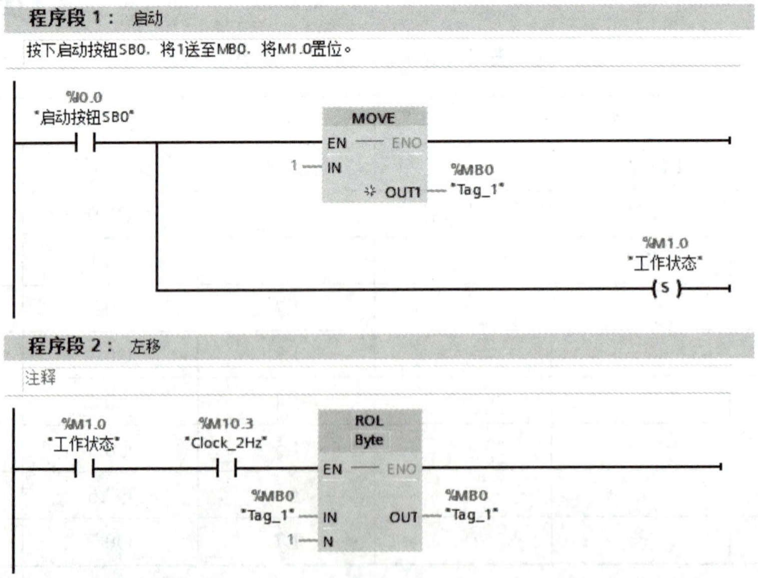

程序段 3： L1点亮

注释

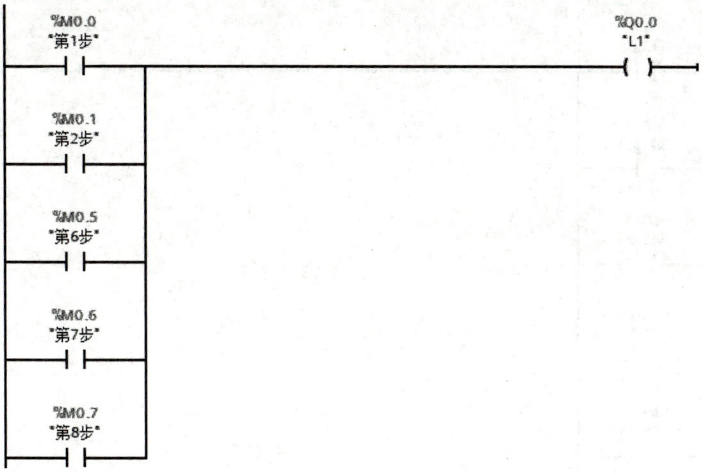

程序段 4： L2点亮

注释

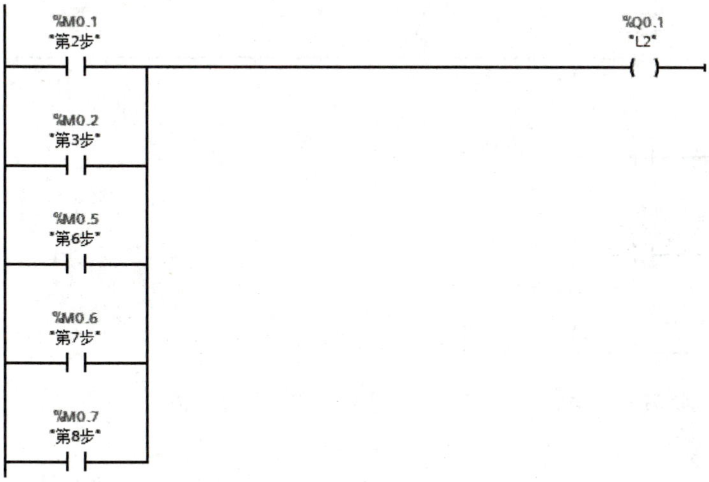

程序段 5： L3点亮

注释

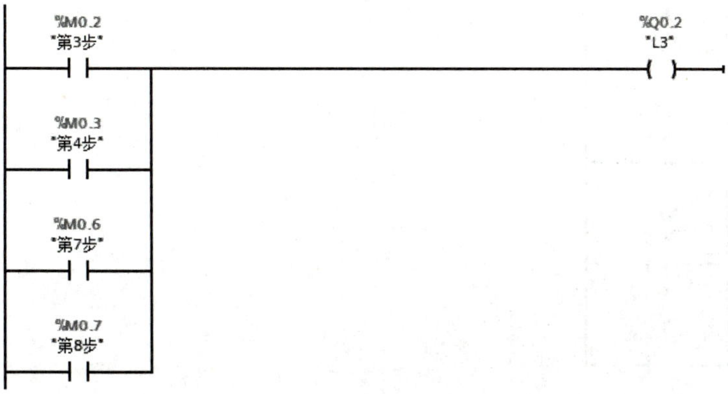

程序段 6： L4点亮

注释

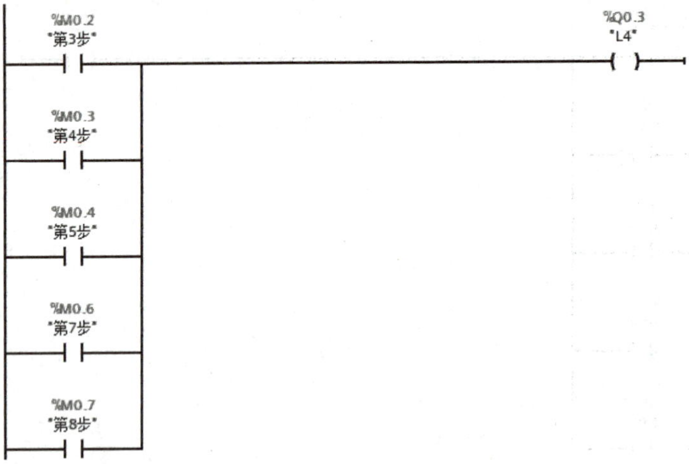

程序段 7： L5点亮

注释

程序段 8： L6点亮

注释

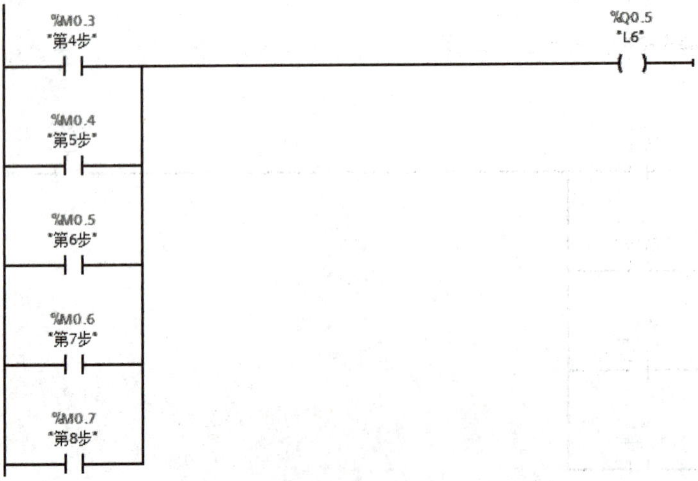

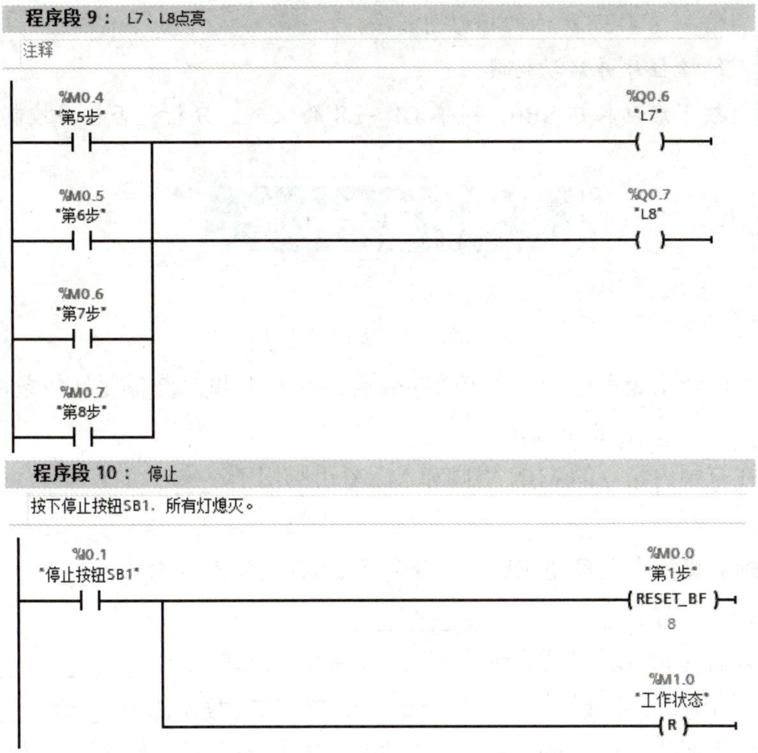

图 4-27　天塔之光控制系统的梯形图程序

天塔之光控制系统的程序设计与仿真步骤如下。

步骤 1▶　完成项目创建和组态设备选择，将项目命名为“天塔之光控制系统”。

步骤 2▶　如图 4-28 所示，设置 PLC 的变量。

PLC 变量

名称	变量表	数据类型	地址	保持	可从 ...	从 H...	在 H...
启动按钮SB0	默认变量表	Bool	%I0.0	☐	☑	☑	☑
停止按钮SB1	默认变量表	Bool	%I0.1	☐	☑	☑	☑
Clock_2Hz	默认变量表	Bool	%M10.3	☐	☑	☑	☑
第1步	默认变量表	Bool	%M0.0	☐	☑	☑	☑
第2步	默认变量表	Bool	%M0.1	☐	☑	☑	☑
第3步	默认变量表	Bool	%M0.2	☐	☑	☑	☑
第4步	默认变量表	Bool	%M0.3	☐	☑	☑	☑
第5步	默认变量表	Bool	%M0.4	☐	☑	☑	☑
第6步	默认变量表	Bool	%M0.5	☐	☑	☑	☑
第7步	默认变量表	Bool	%M0.6	☐	☑	☑	☑
第8步	默认变量表	Bool	%M0.7	☐	☑	☑	☑
L1	默认变量表	Bool	%Q0.0	☐	☑	☑	☑
L2	默认变量表	Bool	%Q0.1	☐	☑	☑	☑
L3	默认变量表	Bool	%Q0.2	☐	☑	☑	☑
L4	默认变量表	Bool	%Q0.3	☐	☑	☑	☑
L5	默认变量表	Bool	%Q0.4	☐	☑	☑	☑
L6	默认变量表	Bool	%Q0.5	☐	☑	☑	☑
L7	默认变量表	Bool	%Q0.6	☐	☑	☑	☑
L8	默认变量表	Bool	%Q0.7	☐	☑	☑	☑
Tag_1	默认变量表	Byte	%MB0	☐	☑	☑	☑
工作状态	默认变量表	Bool	%M1.0	☐	☑	☑	☑

图 4-28　设置 PLC 的变量

步骤 3▶ 输入图 4-27 所示的梯形图程序。

步骤 4▶ 编译程序并启动仿真。

步骤 5▶ 按下启动按钮 SB0，观察 L1～L8 的状态，分析是否符合控制要求。

学习成果检验

一、填空题

（1）基本比较指令可视为一个等效的触点，当 IN1 和 IN2 满足比较条件时，逻辑结果输出为__________，否则输出为__________。

（2）值在范围内指令的 MIN 引脚和 MAX 引脚用于__________________，VAL 引脚用于________________。

（3）四则运算指令运算完成后，指令会将 ENO 的状态置为__________，并输出计算结果，故 ENO 又称为________________。

（4）执行右移指令时，对于无符号数，右移后空出的位补__________；对于有符号数，右移后空出的位补符号位（正数补 0，负数补 1），移出的位__________。

（5）执行循环移位指令时，如果要移动的位数 N 超过目标值（IN）的位数，仍执行循环移位指令，循环移位位数为________________________。

二、简答题

（1）简述值在范围内指令和值在范围外指令的区别。

（2）简述左移指令和右移指令的功能。

三、分析题

试分析图 4-29 所示梯形图程序的工作过程，并判断该梯形图程序可实现的功能。

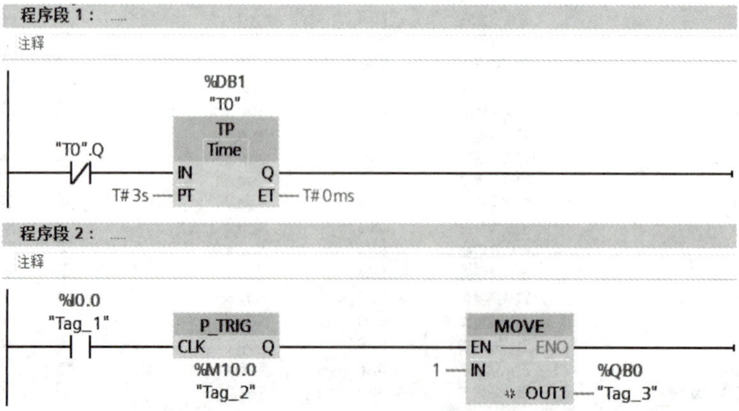

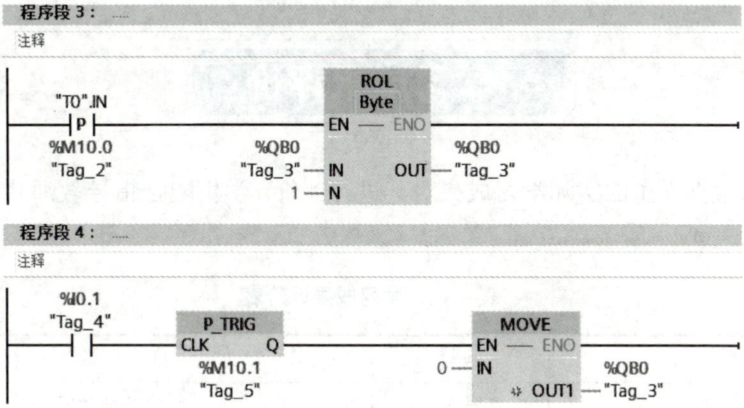

图 4-29 题三梯形图程序

四、设计题

（1）用 PLC 程序实现将 MB0 开始的 100 个字节型数据送到 MB200 开始的存储区。

（2）用循环移位指令设计一个彩灯控制程序，控制要求：8 路彩灯按照 L1→L2→L3→L4→L5→L6→L7→L8 的顺序依次点亮，且不断重复循环，各路彩灯之间的时间间隔为 5 s。

学习成果评价

指导教师根据学生的实际学习成果对其进行评价，学生配合指导教师共同完成学习成果评价表，如表 4-12 所示。

表 4-12　学习成果评价表

班级		组号		日期	
姓名		学号		指导教师	
评价项目	评价内容			满分/分	评分/分
知识	比较指令			8	
	数学运算指令			7	
	移位指令			8	
	循环移位指令			7	
	移动指令			5	
	转换指令			5	
技能	掌握自动售货机模拟系统的设计方法			10	
	掌握天塔之光控制系统的设计方法			10	
	能够应用功能指令设计简单的 PLC 控制程序			15	
素养	积极参加教学活动，主动学习、思考、讨论			5	
	认真负责，按时完成学习、训练任务			5	
	团结协作，与组员之间密切配合			5	
	服从指挥，遵守课堂和实训室纪律			5	
	有竞争意识、勇于克服困难			5	
合计				100	
自我评价					
教师评价					

项目五

PLC 梯形图程序的设计方法

项目导读

梯形图程序是 S7-1200 PLC 的常用语言之一，通过梯形图程序的设计可搭建基于 PLC 的数字量控制系统。S7-1200 PLC 梯形图程序的设计方法主要有经验设计法和顺序控制设计法两种。本项目将介绍经验设计法及常见典型电路，顺序控制设计法及顺序功能图的绘制方法。

知识目标

- 掌握常见典型电路的相关知识。
- 掌握 PLC 梯形图程序的经验设计法和顺序控制设计法的设计步骤。
- 掌握顺序功能图的组成要素、类型和转换方法。

技能目标

- 能够正确绘制顺序功能图。
- 掌握水塔水位控制系统的设计方法。
- 掌握自动配料模拟系统的设计方法。

素质目标

- 培养精益求精的工匠精神。
- 提高自主创新的意识。
- 提升去繁求简，在复杂的控制过程中寻求统一规律的能力。

任务一 掌握 PLC 梯形图程序的经验设计法

任务引入

水塔水位控制系统是一种水位控制系统，可实现对水位的实时监测，广泛应用于居民区、学校、工厂等场所的供水系统中。应用水塔水位控制系统，可提高供水系统的自动化程度，减少因水位不稳定而导致的供水故障。

请应用经验设计法设计一个水塔水位控制系统，如图 5-1 所示。其控制要求如下。

（1）当水池水位低于低水位界 S4 时，进水阀门 Y 打开，开始向水池注水，并启动定时器。

（2）定时结束后，若水池水位仍低于低水位界 S4，则表示进水阀门 Y 出现故障，此时阀门状态指示灯闪烁。

（3）注水过程中，当水池水位到达高水位界 S3 时，进水阀门 Y 关闭。

（4）当水池水位高于低水位界 S4，且水塔水位低于低水位界 S2 时，电机 M 开始工作，向水塔供水。

（5）当水塔水位高于高水位界 S1 时，电机 M 停止工作。

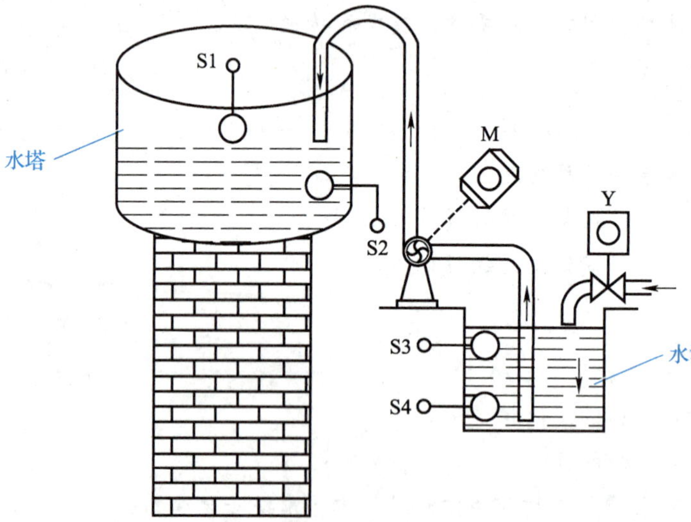

图 5-1 水塔水位控制系统

任务工单

请扫描下方的二维码，获取任务工单，根据任务工单，学生可以课前预习相关知识，课后按步骤进行任务实施，提高操作技能。

扫一扫

一、典型电路

对于一些简单的 PLC 梯形图程序，常使用经验设计法来设计。由于经验设计法是在典型电路的基础上进行的，因此在使用经验设计法前需要掌握一些典型电路，如启保停电路、闪烁电路、长延时电路等。

1. 启保停电路

启保停电路是启动、保持、停止电路的简称，其梯形图程序如图 5-2 所示。

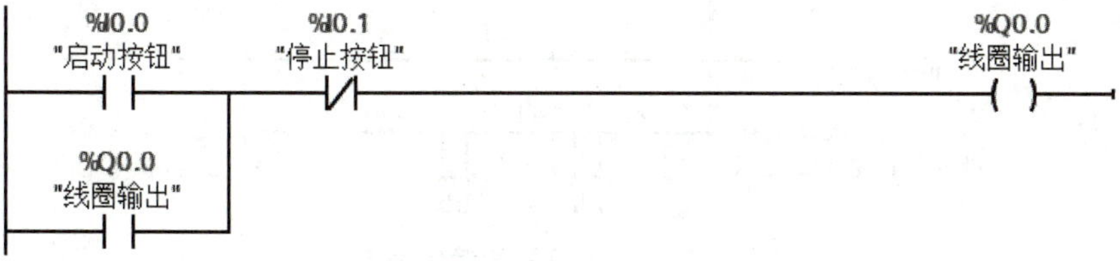

图 5-2 启保停电路的梯形图程序

在启保停电路中，有一个启动按钮 I0.0、一个停止按钮 I0.1 和一个线圈输出 Q0.0。按下启动按钮 I0.0，线圈输出 Q0.0 的状态变为“1”，这个过程称为启动；由于线圈输出 Q0.0 的状态为“1”，因此当松开启动按钮 I0.0 时，电路仍然接通，线圈输出 Q0.0 的状态仍为“1”，这个过程称为保持；按下停止按钮 I0.1，电路断开，线圈输出 Q0.0 的状态变为“0”，这个过程称为停止。

启保停电路是 PLC 梯形图程序设计中应用最广泛的电路，可应用于电机的连续控制、PLC 工作状态的显示等。

2. 闪烁电路

在 S7-1200 PLC 中，若要得到某些特定频率（如 10 Hz、5 Hz、2.5 Hz、2 Hz、1.25 Hz、1 Hz、0.625 Hz 和 0.5 Hz）且占空比为 50%的脉冲输出，可以采用时钟存储器字节。但要得到任意周期或任意占空比的脉冲输出，通常采用闪烁电路。

知识链接

占空比是指电路被接通的时间占整个电路工作周期的百分比。例如，某电路在一个工作周期中有一半时间被接通了，那么它的占空比就是 50%。

【例 5-1】设某设备的启动按钮和停止按钮分别为 I0.0 和 I0.1。按下启动按钮 I0.0，设备开始工作；工作时，为防止设备过热，要求设备每工作 4 h 停止 1 h；按下停止按钮 I0.1，设备立即停止工作。请设计该设备的梯形图程序。

分析：由题意可知，该设备的工作过程如下。

（1）按下启动按钮 I0.0，设备开始工作，设备输出 Q0.0 的状态为“1”，并开始定时（定时时长为 4 h）。

（2）定时结束后，设备输出 Q0.0 的状态为“0”，并开始定时（定时时长为 1 h）。

（3）定时结束后，设备重新开始工作。

（4）按下停止按钮 I0.1，设备立即停止。

由此可绘制该设备的时序图，如图 5-3 所示。

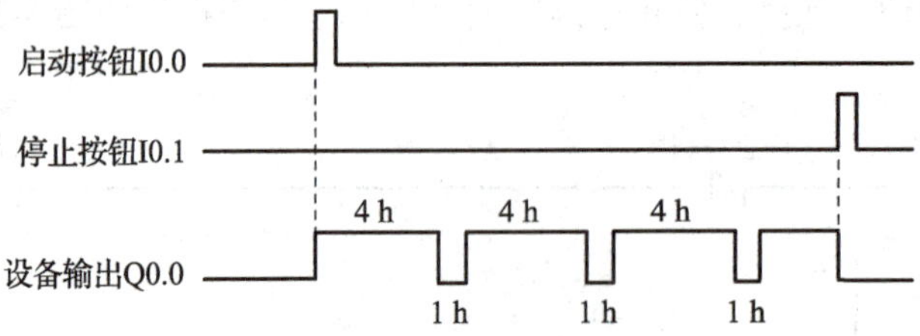

图 5-3　该设备的时序图

该设备的梯形图程序设计思路如下。

（1）用 TON 指令定时该设备的工作时长（T0）和停止工作时长（T1）。

（2）将"T0".Q 作为 T1 的输入，得到周期为 5 h（T0 + T1）、占空比为 80%（$\frac{T0}{T0+T1}$）的闪烁电路。

根据以上分析设计该设备的梯形图程序，如图 5-4 所示。

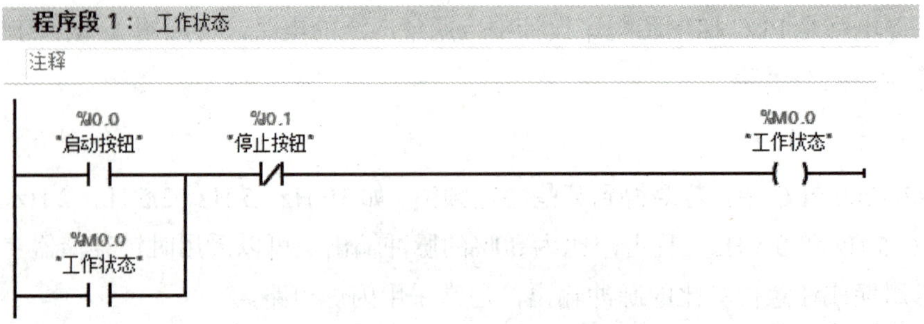

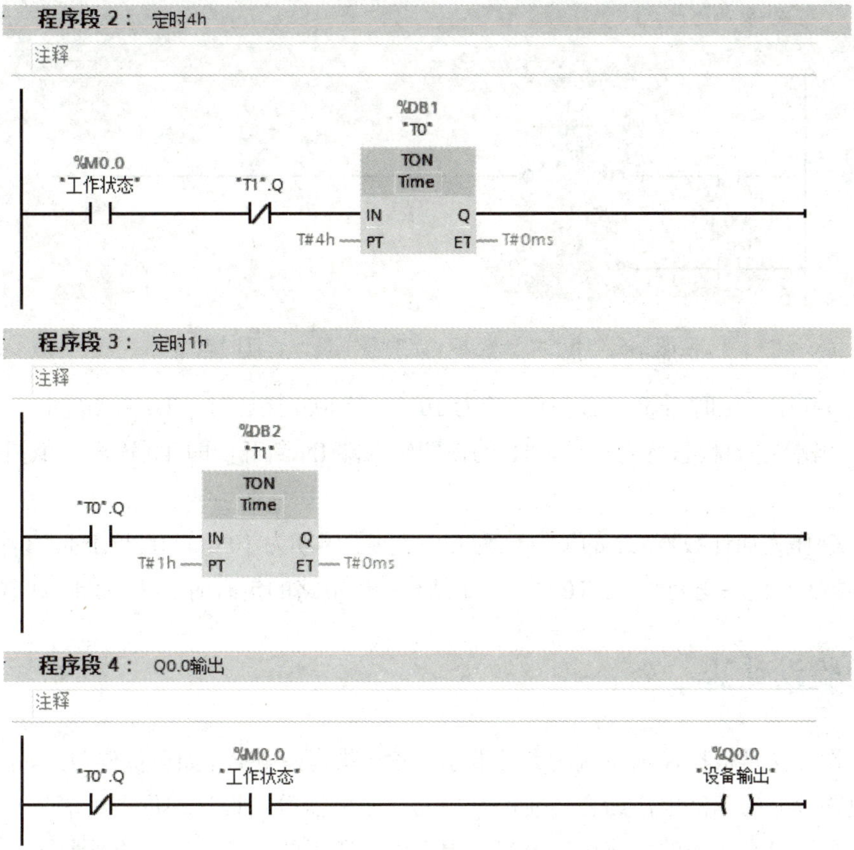

图 5-4 该设备的梯形图程序

小试身手

画出"T0".Q 和"T1".Q 的时序图，并与图 5-3 中的设备输出 Q0.0 进行比较，分析它们之间的关系。

3. 长延时电路

定时器最长定时时间为 23 d（天），若要实现超过 23 d 的超长定时，可采用长延时电路来实现。长延时电路通常使用“计数器 + 定时器”来设计，如图 5-5 所示。

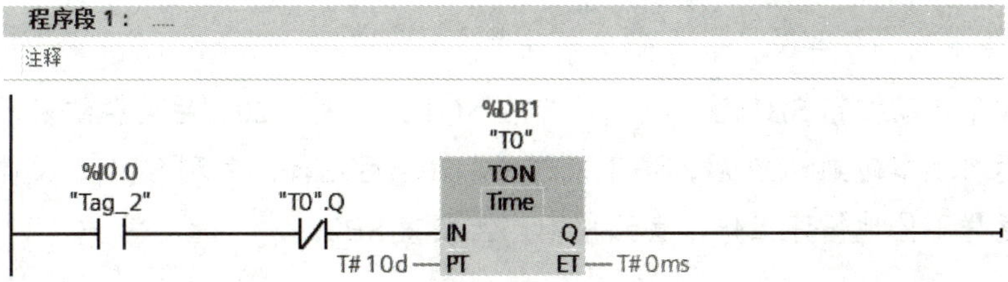

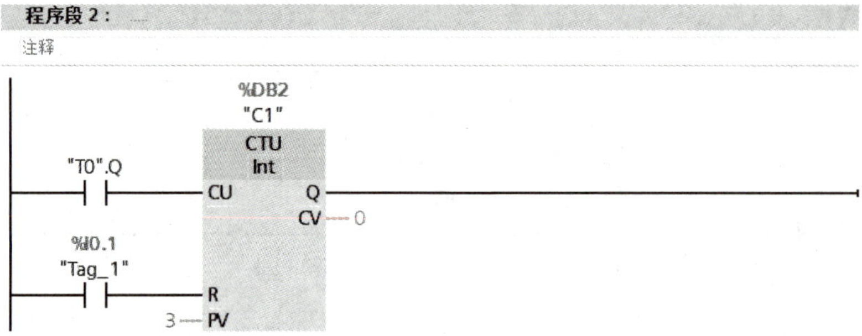

图 5-5　使用“计数器 + 定时器”设计长延时电路

在图 5-5 中，定时器 T0 的定时时长为 10 d。当 I0.0 接通时，T0 开始定时。定时结束后，T0 输出端 Q 的状态变为“1”，T0 的使能输入端 IN 断开，即 T0 输出一个扫描周期的脉冲后复位。

"T0".Q 作为加计数器 C1 的输入，为 C1 提供了周期为 10 d 的脉冲信号，3 个脉冲后，C1 输出端 Q 的状态变为“1”。T0 与 C1 相结合，该电路的定时时长为 30 d（即 PT × PV）。

二、经验设计法

经验设计法是根据控制系统的具体要求，在一些典型电路（如启保停电路、闪烁电路、长延时电路等）的基础上，结合传统的继电器、接触器等来设计梯形图程序。

这种方法没有普遍的规律可以遵循。因为设计所用的时间、设计的质量均与编程者的经验有很大的关系，所以人们把这种设计方法称为经验设计法。

知类通达

使用经验设计法时，有时需要反复修改梯形图程序，才能得到一个较为满意的结果。生活和工作中也是如此，成功从来都不是一蹴而就的，它是一个缓慢的过程，只有经过不断努力，才能获得想要的结果。

【例 5-2】如图 5-6 所示为一运料小车的 PLC 硬件接线图，请设计该运料小车自动控制系统的梯形图程序。

在图 5-6 中，SB1、SB2 分别为运料小车的启动按钮和停止按钮，SQ1、SQ2 分别为运料小车左右终点的行程开关，其控制要求如下。

（1）按下启动按钮 SB1 后，运料小车在 SQ1 处装料，20 s 后装料结束，开始右行。

（2）运料小车碰到 SQ2 后，停下来卸料，20 s 后左行，碰到 SQ1 后又停下来装料。

（3）这样不停地循环工作，直到按下停止按钮 SB2。

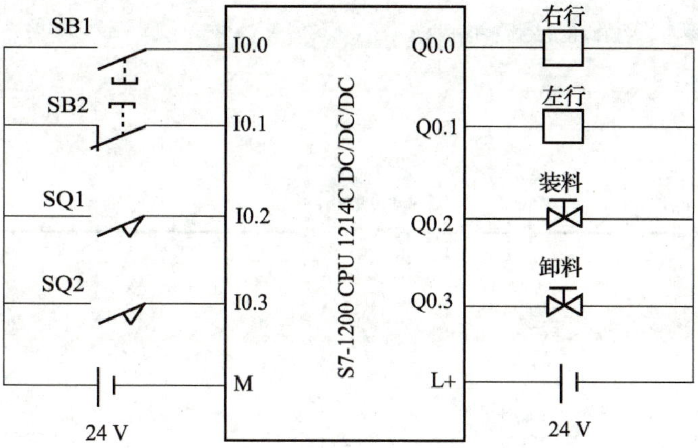

图 5-6 运料小车自动控制系统的 PLC 硬件接线图

分析： 该运料小车自动控制系统的梯形图程序设计思路如下。

（1）用 M0.0 存储运料小车的工作状态，用启保停电路控制 M0.0 的状态。

（2）用 TON 指令设置装料和卸料的时间。

（3）用启保停电路控制运料小车的左行和右行。

该运料小车自动控制系统的梯形图程序如图 5-7 所示。

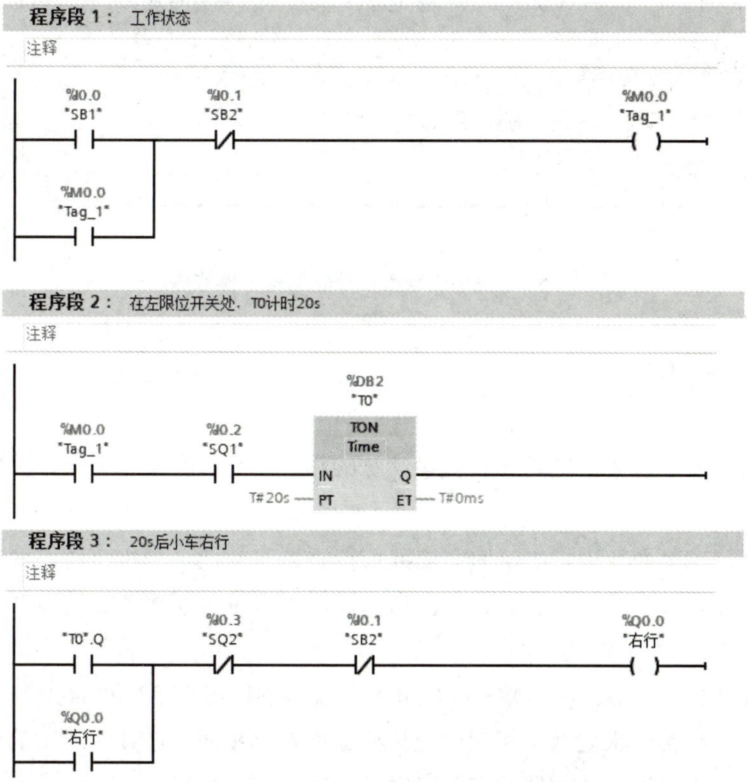

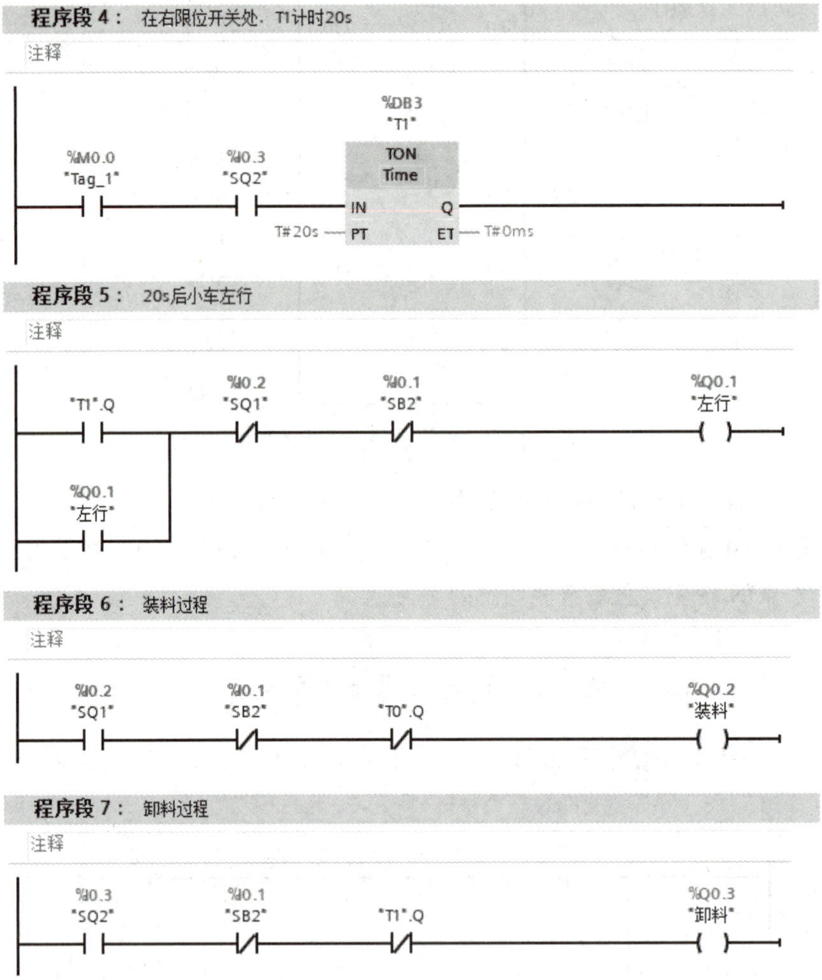

图 5-7　运料小车自动控制的梯形图程序

任务分析

本任务需要先学习典型电路和经验设计法的相关知识，在此基础上，才能完成水塔水位控制系统的设计。

在水塔水位控制系统中，水位通常由液位传感器来检测。当水位超过液位传感器所在高度（即水位界）时，液位传感器通电；当水位低于液位传感器所在高度时，液位传感器断电。

若用常闭开关 QS1、QS2、QS3 和 QS4 分别模拟 S1、S2、S3 和 S4 对应的 4 个液位传感器，则可设定当实际水位低于相应液位传感器所在高度时，QS1～QS4 的状态为“0”；当实际水位高于相应液位传感器所在高度时，QS1～QS4 的状态为“1”。

水塔水位控制系统的工作过程如下。

（1）当 QS4 的状态为“0”时，进水阀门 Y 的状态变为“1”，并启动定时器 T0（设定时时长为 5 s）。

（2）T0 定时结束后，若检测到 QS4 的状态仍为“0”，则阀门故障指示灯 HL 闪烁（设闪烁频率为 2 Hz）。

（3）若检测到 QS4 和 QS3 的状态均为“1”，则进水阀门 Y 的状态变为“0”。

（4）若检测到 QS2 的状态为“0”且 QS4 的状态为“1”，则电机 M 的状态变为“1”。

（5）若检测到 QS1 的状态为“1”，则电机 M 的状态变为“0”。

完成该任务的主要步骤如下。

（1）根据水塔水位控制系统的工作过程，填写 I/O 地址分配表。

（2）根据 I/O 地址分配表，绘制 PLC 的硬件接线图，并完成接线。

（3）根据水塔水位控制系统的工作过程和 I/O 地址分配表，设计梯形图程序。

（4）将梯形图程序下载到 PLC 中，根据水塔水位的工作过程，改变 QS1～QS4 的状态，查看进水阀门 Y 和电机 M 的状态，分析程序执行结果是否符合控制要求。

任务实施——设计水塔水位控制系统

1. I/O 地址分配

扫一扫

设计水塔水位控制系统

根据工作过程分析，水塔水位控制系统的 I/O 地址分配表如表 5-1 所示。

表 5-1　水塔水位控制系统的 I/O 地址分配表

输入			输出		
元件	I/O 地址	备注	元件	I/O 地址	备注
QS0	I0.0	总开关	Y	Q0.0	进水阀门
QS1	I0.1	水塔上水位传感器（S1）	M	Q0.1	电机
QS2	I0.2	水塔下水位传感器（S2）	HL	Q0.2	阀门故障指示灯
QS3	I0.3	水池上水位传感器（S3）			
QS4	I0.4	水池下水位传感器（S4）			

2. 硬件接线

根据表 5-1 绘制 PLC 的硬件接线图（见图 5-8），并根据接线图完成接线。

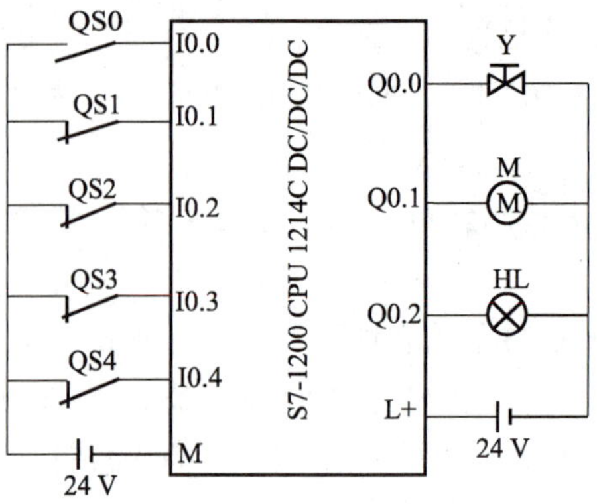

图 5-8　PLC 的硬件接线图

3．程序设计与仿真

根据工作过程和 I/O 地址分配表，水塔水位控制系统的程序设计思路如下。

（1）用 TON 指令定义进水阀门的开启时间。

（2）用系统时钟存储器字节控制阀门故障指示灯 HL 的闪烁频率。

（3）用启保停电路控制进水阀门和电机的状态。

水塔水位控制系统的梯形图程序如图 5-9 所示。

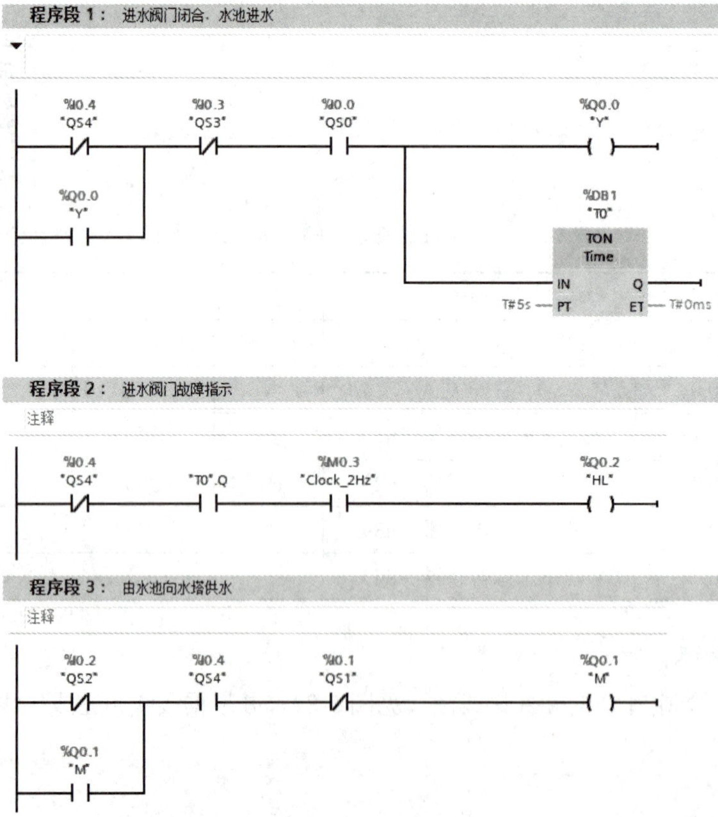

图 5-9　水塔水位控制系统的梯形图程序

水塔水位控制系统的程序设计与仿真步骤如下。

步骤 1▶ 完成项目创建和组态设备选择，将项目命名为“水塔水位控制系统”。

步骤 2▶ 设置 PLC 的变量，如图 5-10 所示。

PLC 变量

	名称	变量表	数据类型	地址	保持	可从 ...	从 H...	在 H...	注释
1	QS1	默认变量表	Bool	%I0.1	☐	☑	☑	☑	
2	QS2	默认变量表	Bool	%I0.2	☐	☑	☑	☑	
3	QS3	默认变量表	Bool	%I0.3	☐	☑	☑	☑	
4	QS4	默认变量表	Bool	%I0.4	☐	☑	☑	☑	
5	QS0	默认变量表	Bool	%I0.0	☐	☑	☑	☑	
6	Y	默认变量表	Bool	%Q0.0	☐	☑	☑	☑	
7	M	默认变量表	Bool	%Q0.1	☐	☑	☑	☑	
8	HL	默认变量表	Bool	%Q0.2	☐	☑	☑	☑	
9	Clock_Byte	默认变量表	Byte	%MB0	☐	☑	☑	☑	
10	Clock_10Hz	默认变量表	Bool	%M0.0	☐	☑	☑	☑	
11	Clock_5Hz	默认变量表	Bool	%M0.1	☐	☑	☑	☑	
12	Clock_2.5Hz	默认变量表	Bool	%M0.2	☐	☑	☑	☑	
13	Clock_2Hz	默认变量表	Bool	%M0.3	☐	☑	☑	☑	
14	Clock_1.25Hz	默认变量表	Bool	%M0.4	☐	☑	☑	☑	
15	Clock_1Hz	默认变量表	Bool	%M0.5	☐	☑	☑	☑	
16	Clock_0.625Hz	默认变量表	Bool	%M0.6	☐	☑	☑	☑	
17	Clock_0.5Hz	默认变量表	Bool	%M0.7	☐	☑	☑	☑	
18	<新增>				☐	☑	☑	☑	

图 5-10 设置 PLC 的变量

步骤 3▶ 输入如图 5-9 所示的梯形图程序。

步骤 4▶ 编译程序并启动仿真。

步骤 5▶ 合上总开关 QS0 后，改变 QS1～QS4 的状态，观察并分析 Y、M 和 HL 的工作状态。

提 示

低液位传感器的状态为“0”时，高液位传感器的状态一定为“0”；同理，高液位传感器的状态为“1”时，低液位传感器的状态也一定为“1”。

任务二　掌握 PLC 梯形图程序的顺序控制设计法

任务引入

十字路口交通灯、机械手、自动配料系统等都是常见的顺序控制系统，它们均有着严格的顺序控制要求。顺序控制系统是指按照生产工艺预先规定的顺序，在输入信号的作用下，各个执行机构根据内部状态和时间变化，自动有序地运行的数字量控制系统。设计顺序控制系统时，常采用顺序控制设计法。

请应用顺序控制设计法设计一个自动配料模拟系统，如图 5-11 所示。自动配料模拟系统的工作过程如下。

（1）按下启动按钮 SB1，系统启动，信号灯 L2 熄灭，信号灯 L1 点亮，此时出料阀 D1 关闭，允许汽车开进装料位置。若物位传感器 S1 的状态为“0”（表示料斗中的物料不满），则进料阀 D2 开启；若物位传感器 S1 的状态为“1”（表示料斗中的物料已满），则进料阀 D2 关闭；电机 M1、M2、M3 和 M4 的状态均为“0”。

（2）当汽车开进装料位置时，限位开关 SQ1 的状态为“1”，信号灯 L2 点亮，信号灯 L1 熄灭。此时，电机 M4、M3、M2、M1 依次启动（时间间隔为 2 s），出料阀 D1 开启。

（3）当汽车装满物料时，限位开关 SQ2 的状态为“1”，此时出料阀 D1 关闭，随后电机 M1、M2、M3 和 M4 依次关闭，时间间隔为 2 s。同时信号灯 L1 点亮，信号灯 L2 熄灭。

（4）按下循环按钮 SB2，自动配料模拟系统循环运行。

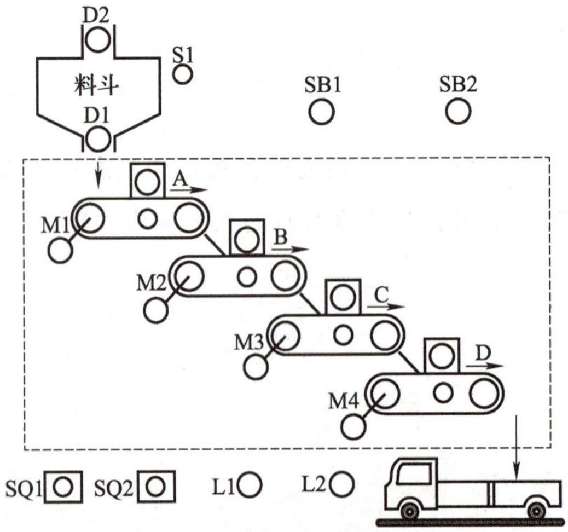

图 5-11　自动配料模拟系统

任务工单

请扫描下方的二维码，获取任务工单，根据任务工单，学生可以课前预习相关知识，课后按步骤进行任务实施，提高操作技能。

扫一扫

一、顺序控制设计法概述

顺序控制设计法主要用来设计顺序控制系统，其主要步骤如下。

（1）将顺序控制系统的一个周期划分为若干顺序相连的阶段（步）。

（2）用编程元件代表各个阶段（如 M），并利用转换条件控制编程元件。

（3）用编程元件控制 PLC 的各输出位。

二、顺序功能图的组成要素

顺序控制设计法常用的工具是顺序功能图。它是描述顺序控制过程的一种常用图形，主要由步、动作、有向连线、转换和转换条件组成，如图 5-12 所示。

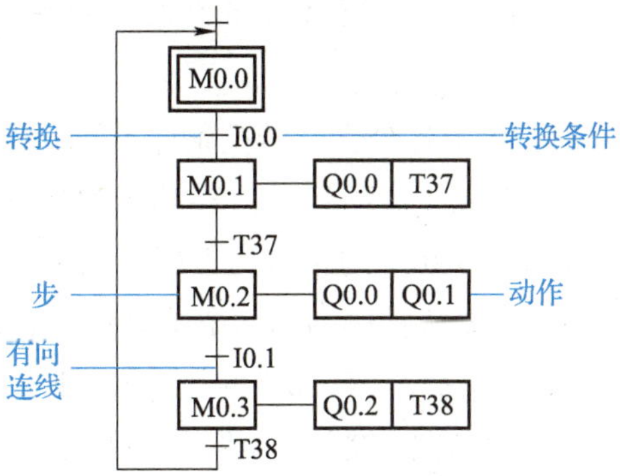

图 5-12　顺序功能图

（1）步：根据输出量的状态变化而划分的阶段。在每一步中，代表各步的编程元件的状态与该步输出量的状态之间有着简单的逻辑关系。在任何一步之内，各输出量的状态不变，但相邻两步输出量的状态不能完全相同。

系统初始状态对应的步称为初始步。初始步是系统等待启动时相对静止的阶段，一般没有输出，通常在首次扫描时启动。每个顺序功能图都必须有初始步，通常用双线框表示。此外，步还包括活动步和非活动步。当系统正处于某一步所在的阶段时，若该步处于活动状态，则称为活动步；若该步未处于活动状态，则称为非活动步。

（2）**动作**：每一步对应的输出（如 Q0.0）或命令（如复位 Q0.0）。当系统处于活动步时，相应的动作被执行；当系统处于非活动步时，相应的动作被停止。

（3）**有向连线**：在顺序功能图中，用来标注步的进展方向的连线。步的活动状态默认步的进展方向是从上到下或从左到右，因此这两个方向有向连线的箭头可以省略，而其他方向有向连线的箭头不能省略。

（4）**转换和转换条件**：转换通常用与有向连线垂直的短线表示，其主要目的是间隔相邻两步。转换条件是当前步向下一步转换时需要满足的条件，它常标在转换旁。转换条件可以是单个信号电平或多个信号电平的逻辑组合，也可以是信号的上升沿（↑）或下降沿（↓）。

三、顺序功能图的类型

根据活动步进展的不同情况，顺序功能图可分为单序列、选择序列和并行序列 3 种。

1. 单序列

每一步的后面仅有一个转换，每一个转换的后面也只有一步的结构形式称为单序列，如图 5-13（a）所示。单序列是最基础和简单的结构，它由一系列相继激活的步组成。

2. 选择序列

在一个活动步之后，紧接着有几个后续步可供选择的结构形式称为选择序列，如图 5-13（b）所示。

选择序列的开始称为分支，由于各分支的转换条件不同，因此只能标在水平线之内。例如，在图 5-13（b）中，当步 1 处于活动步时，若 I0.1 的状态为“1”，则激活步 2；若 I0.4 的状态为“1”，则激活步 4；若 I0.7 的状态为“1”，则激活步 6。

选择序列的结束称为合并，只要选择序列的一个结束步为活动步，就可以激活合并步。例如，在图 5-13（b）中，若步 3 为活动步且 I0.3 的状态为“1”，或步 5 为活动步且 I0.6 的状态为“1”，又或步 7 为活动步且 I1.1 的状态为“1”，则激活步 8。

3. 并行序列

一个活动步之后，紧接着有几个后续步同时被激活的结构形式称为并行序列，如图 5-13（c）所示。

并行序列的开始称为分支，各分支共用一个转换条件，即转换条件满足时，各个分支同时被激活。例如，在图 5-13（c）中，若步 2 处于活动步且 I0.1 的状态为“1”，则同时激活步 3、步 5 和步 7。

并行序列的结束称为合并，只有并行序列的结束步全部为活动步，才能激活合并步。例如，在图 5-13（c）中，若步 4、步 6 与步 7 同时处于活动步且 I0.4 的状态为“1”，则能激活步 8。只要步 4、步 6 与步 7 中有一个为非活动步，就不能激活步 8。

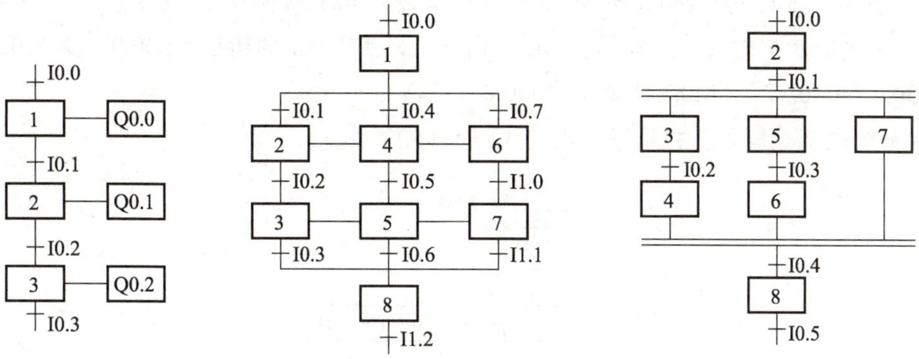

（a）单序列　（b）选择序列　（c）并行序列

图 5-13　单序列、选择序列和并行序列

提　示

在绘制顺序功能图时，需要注意几点：① 两个步不能直接相连，必须用转换将它们隔开；② 两个转换之间也不能直接相连，必须用步将它们隔开；③ 顺序功能图中的初始步一般对应系统的初始状态，这一步没有输出，却是顺序功能图必须有的。

【例 5-3】如图 5-14 所示为某锅炉风机控制系统的时序图，请绘制出该锅炉风机控制系统的顺序功能图。

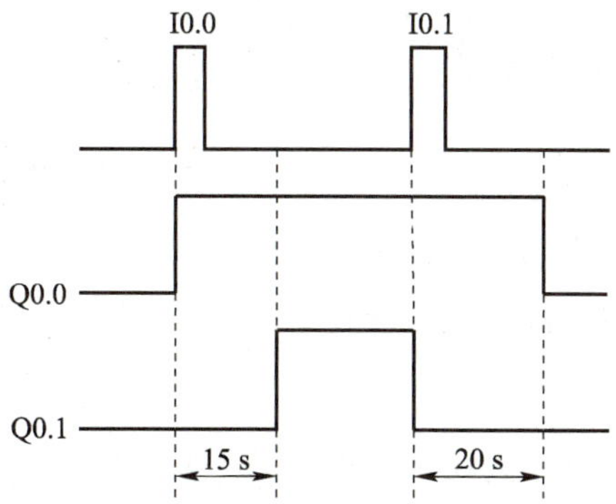

图 5-14　某锅炉风机控制系统的时序图

分析：锅炉风机控制系统的设计思路如下。

（1）根据 Q0.0 和 Q0.1 接通/断开状态的变化，划分风机的工作步骤。风机工作期间

可以分为 4 步，即 M0.1、M0.2、M0.3 及 M0.0（初始步）。

（2）判断转换和转换条件。初始步 M0.0 的激活条件是首次扫描（设置系统时钟存储器字节）；由 M0.0 向 M0.1 转换的条件为 I0.0 的状态为“1”；由 M0.1 向 M0.2 转换的条件为 T0 定时结束（15 s）；M0.2 向 M0.3 转换的条件为 I0.1 的状态为“1”。

（3）判断步中的动作。初始步 M0.0 无输出，步 M0.1 的输出为 Q0.0，步 M0.2 的输出为 Q0.0 和 Q0.1，步 M0.3 的输出为 Q0.0。

该锅炉风机控制系统的顺序功能图如图 5-15 所示。

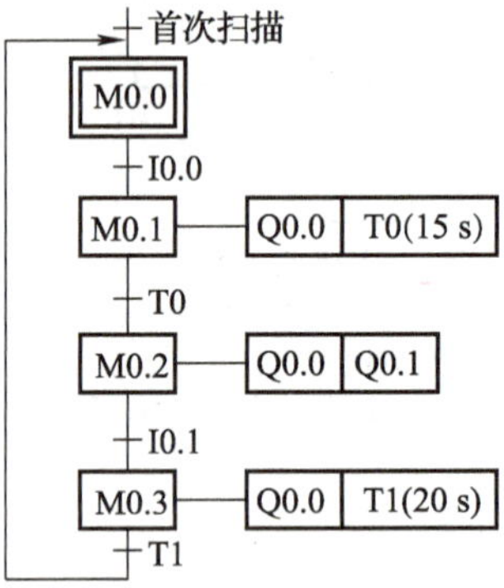

图 5-15　某锅炉风机控制系统的顺序功能图

小试身手

如果某些输出量在连续若干步的状态均为“1”，也可以用置位、复位指令来控制它们。请用置位、复位指令绘制例 5-3 的顺序功能图。

四、顺序功能图的转换方法

由于 S7-1200 PLC 没有配备顺序功能图语言，因此必须将其转换为梯形图程序或功能块图才能被执行。这里以转换为梯形图程序为例介绍顺序功能图的转换方法。

下面分别介绍单序列、选择序列、并行序列顺序功能图转换为梯形图程序的方法。

1. 单序列的转换

将单序列的顺序功能图转换为梯形图程序的主要思想如下。

（1）将转换条件与步之间的逻辑关系用梯形图程序表达出来。将步的转换条件作为梯形图程序的输入，步作为线圈输出，采用启保停电路表达转换、转换条件及步之间的逻辑关系。其中，前一步和转换条件串联为该步的启动条件，后一步为该步的停止条件。

（2）将步与动作之间的逻辑关系用梯形图程序表达出来。将步作为输入，动作作为输出。

【例 5-4】将如图 5-15 所示的顺序功能图转换为梯形图程序。

分析：图 5-15 所示的顺序功能图对应的梯形图程序如图 5-16 所示。

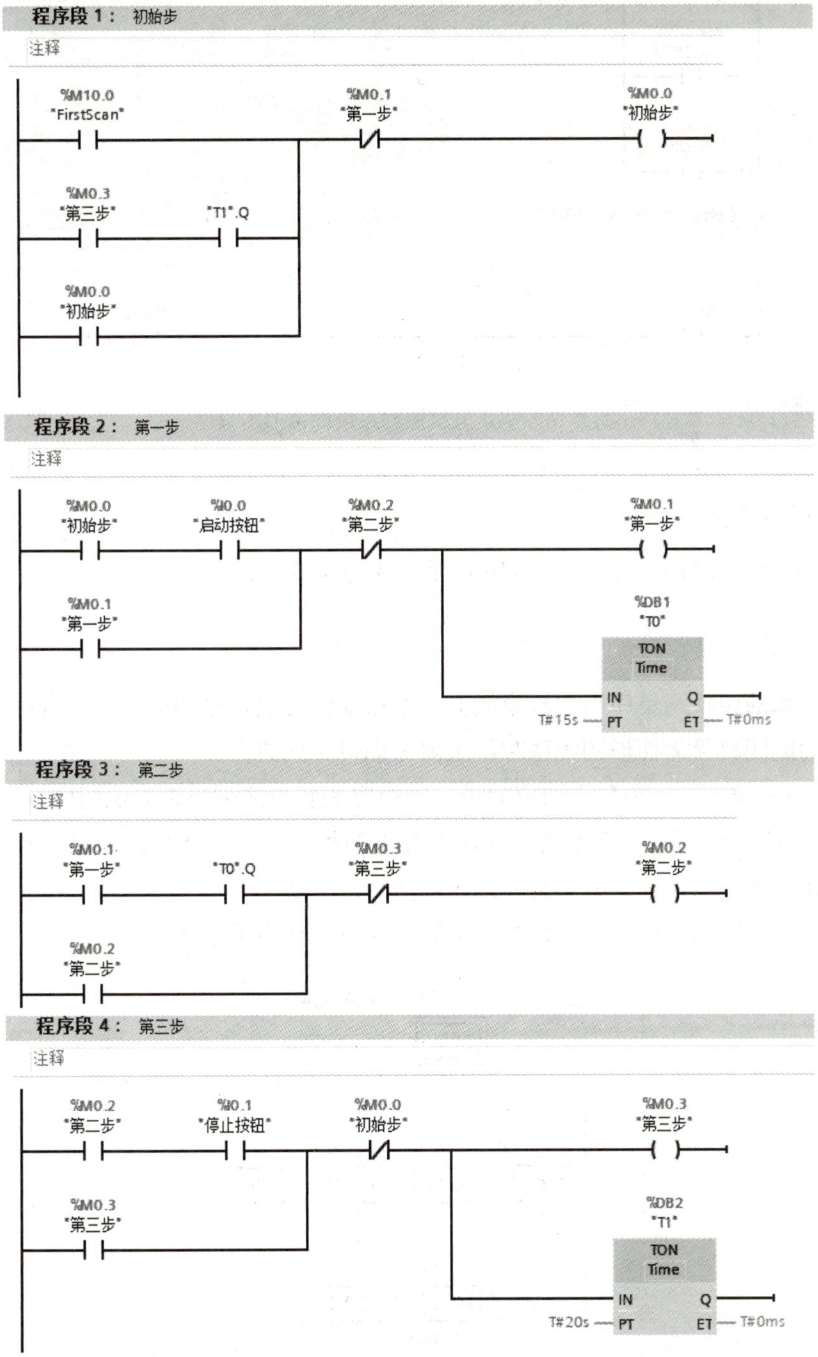

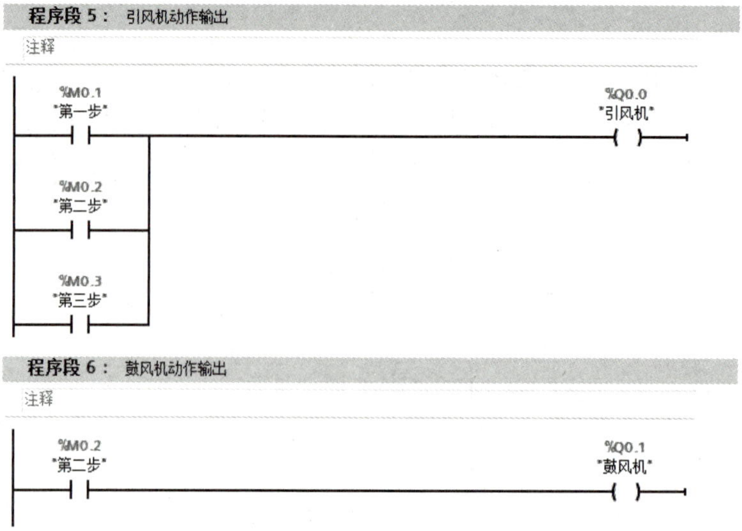

图 5-16　锅炉风机控制系统的梯形图程序

小试身手

试用置位、复位指令改写图 5-16 所示的梯形图程序。

2. 选择序列的转换

选择序列的转换与单序列的转换类似，重点要注意选择序列的分支和合并。将选择序列的顺序功能图转换为梯形图程序时，主要考虑以下两方面。

（1）不是分支开始和分支结束的步，转换方法和单序列转换方法相同。

（2）由于各分支的条件不同，因此各分支的程序需要分开写；分支合并时，应将各分支的转换条件并联后作为分支合并的开始条件。

【例 5-5】将如图 5-17 所示的顺序功能图转换为梯形图程序。

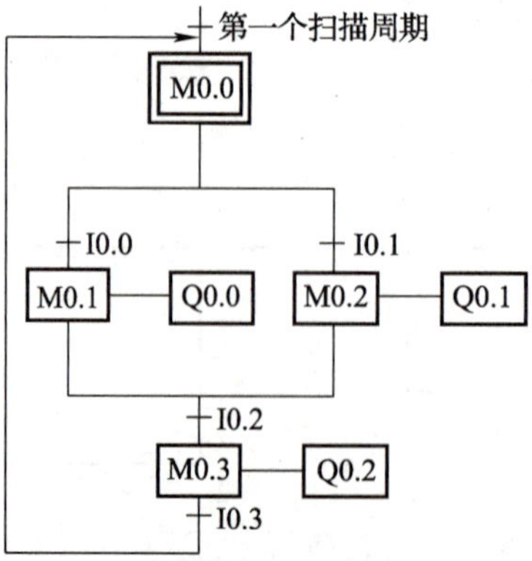

图 5-17　选择序列的顺序功能图

分析： 图 5-17 所示的顺序功能图对应的梯形图程序如图 5-18 所示。

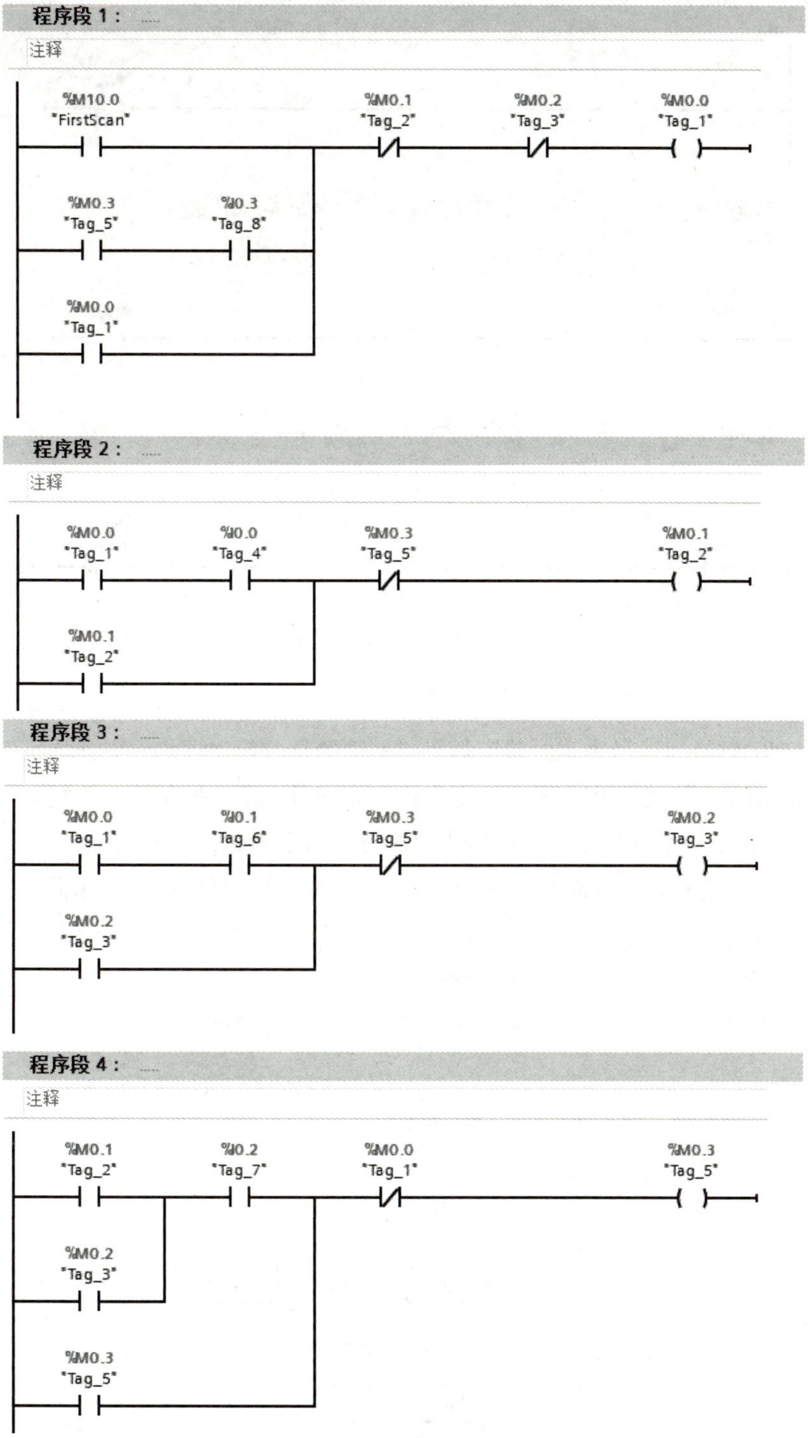

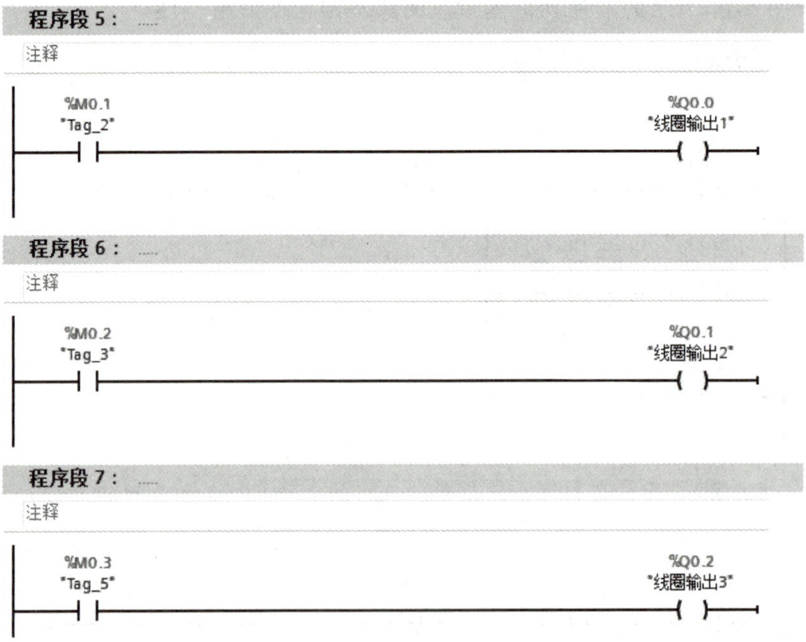

图 5-18　选择序列的梯形图程序

3. 并行序列的转换

并行序列的转换与选择序列的转换类似，不同的是并行序列的分支开始条件只有一个，且各分支同时开始；分支结束，所有分支均执行完毕且满足转换条件，才能激活后续步。

并行序列的顺序功能图转换为梯形图程序时，主要考虑以下两方面。

（1）不是分支开始和分支结束的步，转换方法同单序列转换方法相同。

（2）各分支的开始条件相同，可以写在同一个程序段中；分支合并时，应将各分支的转换条件串联后作为分支合并的开始条件。

【例 5-6】将如图 5-19 所示的顺序功能图转换成梯形图程序。

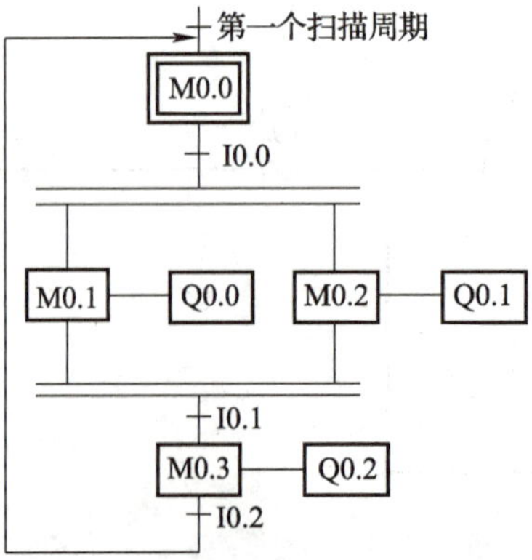

图 5-19　并行序列的顺序功能图

分析：图 5-19 所示的顺序功能图对应的梯形图程序如图 5-20 所示。

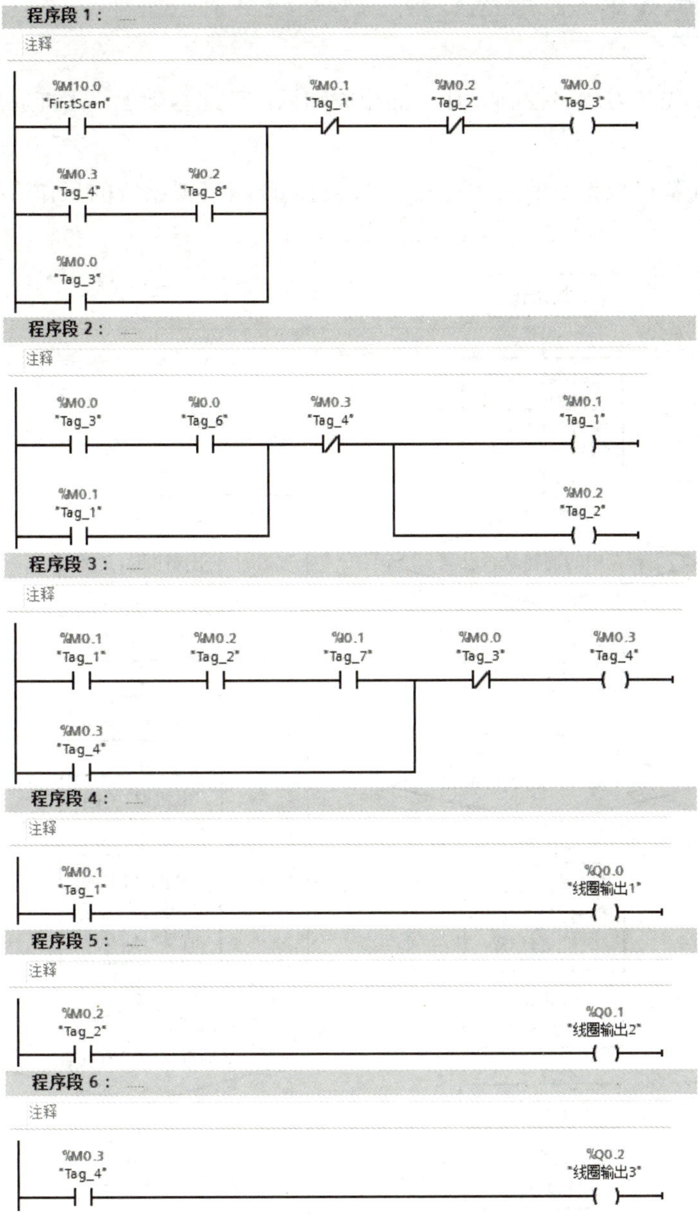

图 5-20　并行序列的梯形图程序

知类通达

由顺序功能图转换成梯形图程序时，须遵循一定的转换规律。任何事物的发展都有一定的规律，在始终遵循事物发展规律的前提下，不断增强辩证思维能力和总结归纳能力，提高综合素质，才能最终走向成功。

任务分析

本任务需要先学习顺序控制设计法的相关知识，在此基础上，才能完成自动配料模拟系统的设计。

根据自动配料模拟系统的工作过程，绘制自动配料模拟系统的工作流程图，如图 5-21 所示。

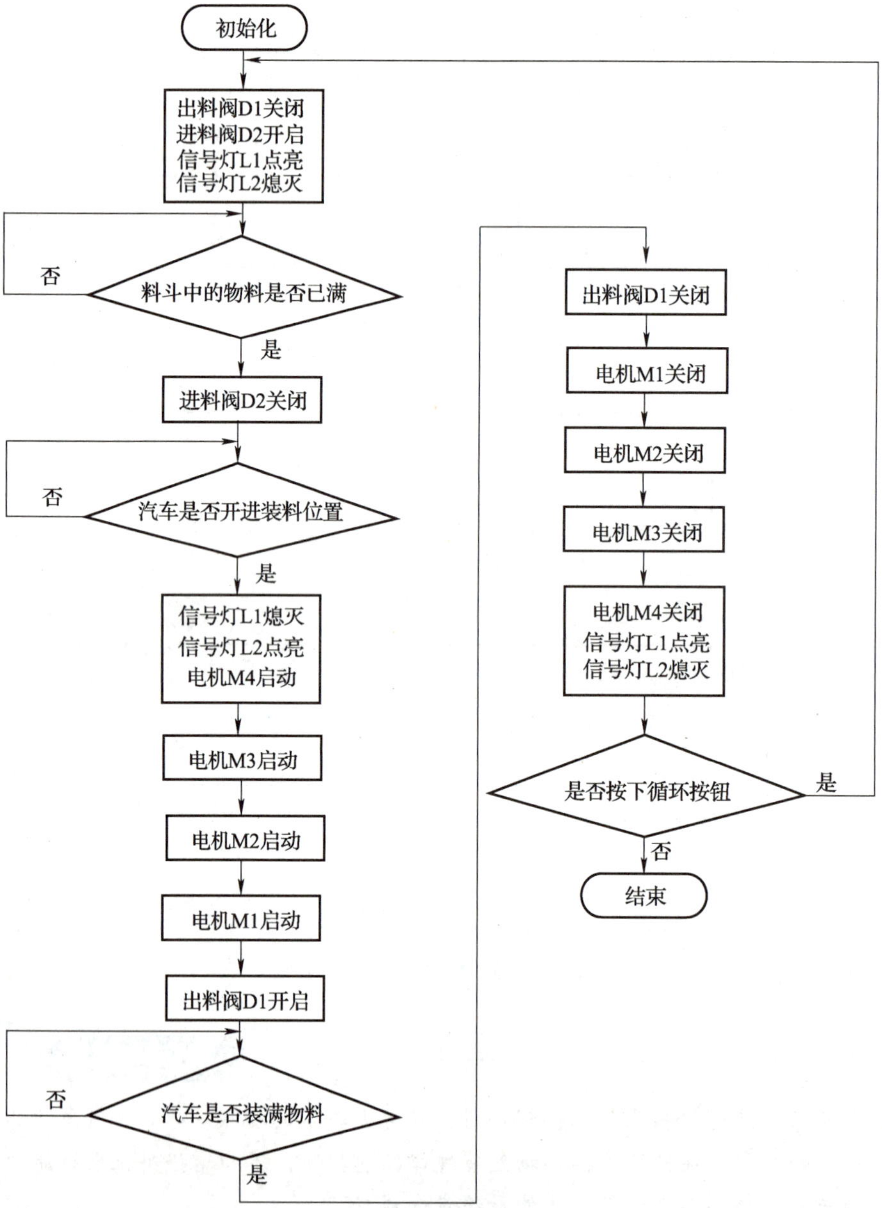

图 5-21　自动配料模拟系统工作流程图

完成该任务的主要步骤如下。

（1）根据自动配料模拟系统的工作过程，填写 I/O 地址分配表。

（2）根据 I/O 地址分配表，绘制 PLC 的硬件接线图，并完成接线。

（3）根据自动配料模拟系统的工作过程和 I/O 地址分配表，设计其顺序功能图，并转换成梯形图程序。

（4）将梯形图程序下载到 PLC 中，按照自动配料模拟系统的工作过程，改变输入信号的状态，分析程序执行结果是否符合控制要求。

任务实施——设计自动配料模拟系统

1. I/O 地址分配

扫一扫

设计自动配料模拟系统

根据工作过程分析，自动配料模拟系统的 I/O 地址分配表如表 5-2 所示。

表 5-2　自动配料模拟系统的 I/O 地址分配表

输　入			输　出		
元　件	I/O 地址	备　注	元　件	I/O 地址	备　注
SB1	I0.0	启动按钮	D1	Q0.0	出料阀
SB2	I0.1	循环按钮	D2	Q0.1	进料阀
S1	I0.2	物位传感器	L1	Q0.2	信号灯 1
SQ1	I0.3	限位开关 1	L2	Q0.3	信号灯 2
SQ2	I0.4	限位开关 2	KM1	Q0.4	电机 M1
			KM2	Q0.5	电机 M2
			KM3	Q0.6	电机 M3
			KM4	Q0.7	电机 M4

2. 硬件接线

根据表 5-2 绘制 PLC 的硬件接线图（见图 5-22），并根据接线图完成接线。

3. 程序设计与仿真

根据自动配料模拟系统的工作过程绘制顺序功能图，思路如下。

（1）设置系统时钟存储器字节。

（2）根据自动配料模拟系统中输出信号的状态划分步。根据其工作流程图可知，自动配料模拟系统可划分为 13 步，记为 M0.0～M0.7、M1.0～M1.4。

（3）判断转换和转换条件。根据系统输入信号的条件和时间顺序，将步的转换条件标记在转换（短线）旁。

（4）判断每一步的动作，根据自动配料模拟系统中输出信号的状态，使每一步对应若干信号输出或指令（如复位、置位和定时器等）。

自动配料模拟系统的顺序功能图如图 5-23 所示。

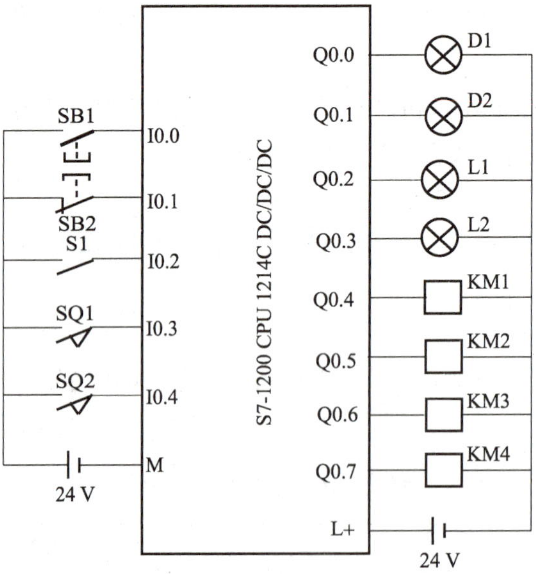

图 5-22 PLC 的硬件接线图

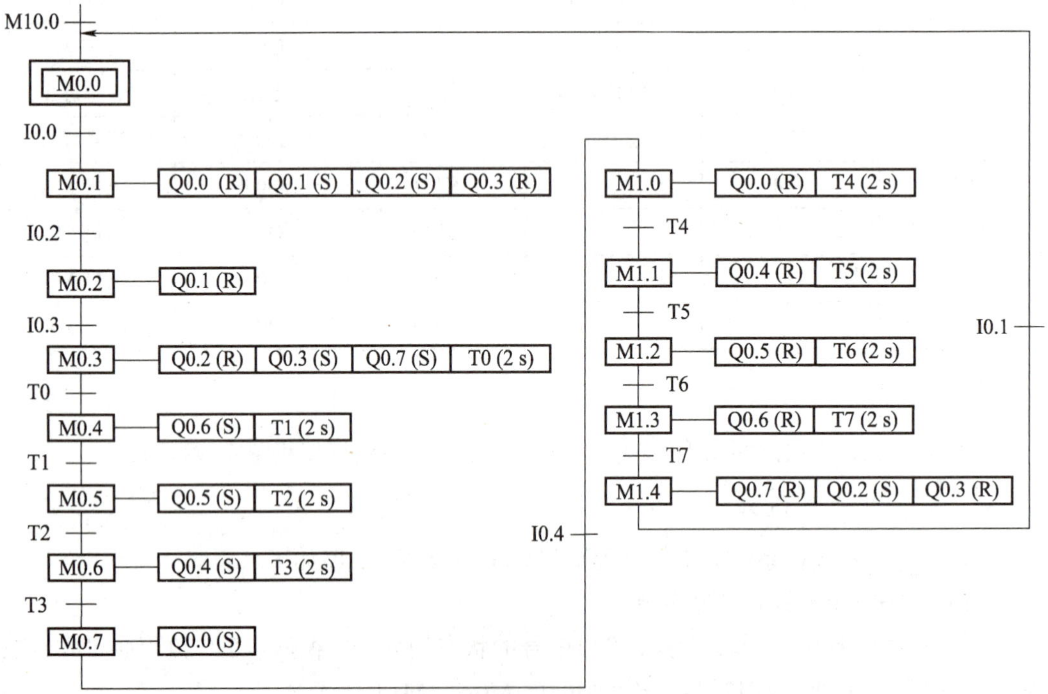

图 5-23 自动配料模拟系统的顺序功能图

自动配料模拟系统的程序设计与仿真步骤如下。

步骤 1▶ 完成项目创建和组态设备选择，将项目命名为“自动配料模拟系统”。

步骤 2▶ 设置 PLC 的变量，如图 5-24 所示。

PLC 变量

名称	变量表	数据类型	地址	保持	可从 ...	从 H...	在 H...	注释
SB1	默认变量表	Bool	%I0.0	☐	☑	☑	☑	
SB2	默认变量表	Bool	%I0.1	☐	☑	☑	☑	
S1	默认变量表	Bool	%I0.2	☐	☑	☑	☑	
SQ1	默认变量表	Bool	%I0.3	☐	☑	☑	☑	
SQ2	默认变量表	Bool	%I0.4	☐	☑	☑	☑	
D1	默认变量表	Bool	%Q0.0	☐	☑	☑	☑	
D2	默认变量表	Bool	%Q0.1	☐	☑	☑	☑	
L1	默认变量表	Bool	%Q0.2	☐	☑	☑	☑	
L2	默认变量表	Bool	%Q0.3	☐	☑	☑	☑	
KM1	默认变量表	Bool	%Q0.4	☐	☑	☑	☑	
KM2	默认变量表	Bool	%Q0.5	☐	☑	☑	☑	
KM3	默认变量表	Bool	%Q0.6	☐	☑	☑	☑	
KM4	默认变量表	Bool	%Q0.7	☐	☑	☑	☑	

图 5-24　设置 PLC 的变量

步骤 3▶ 根据自动配料模拟系统的顺序功能图设计梯形图程序，部分梯形图程序如图 5-25 所示。完整梯形图程序请查看配套工程文件。

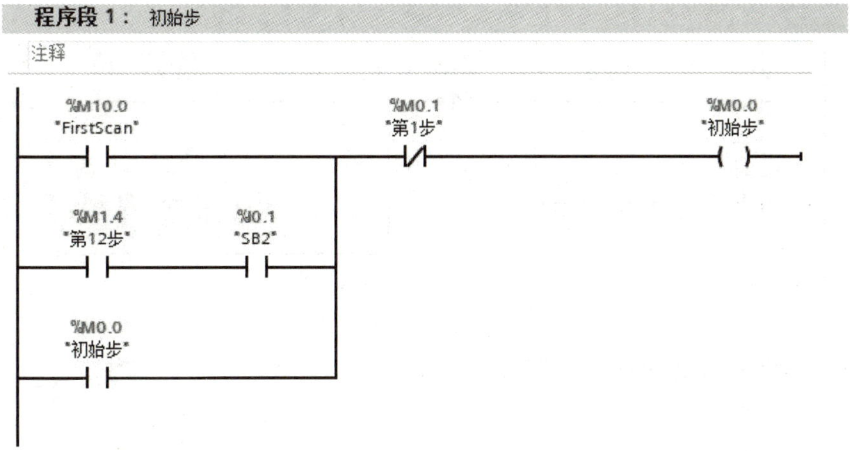

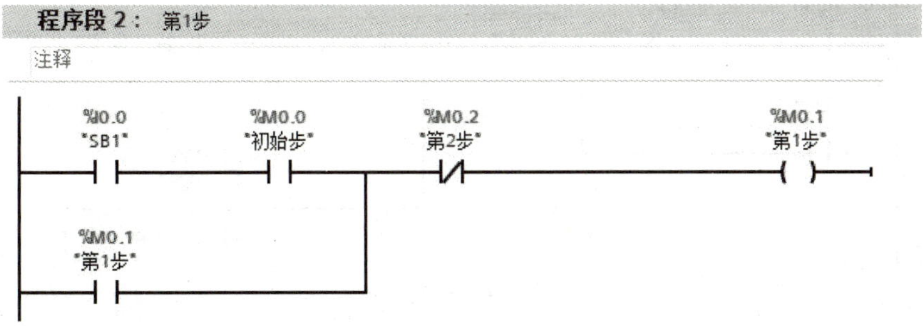

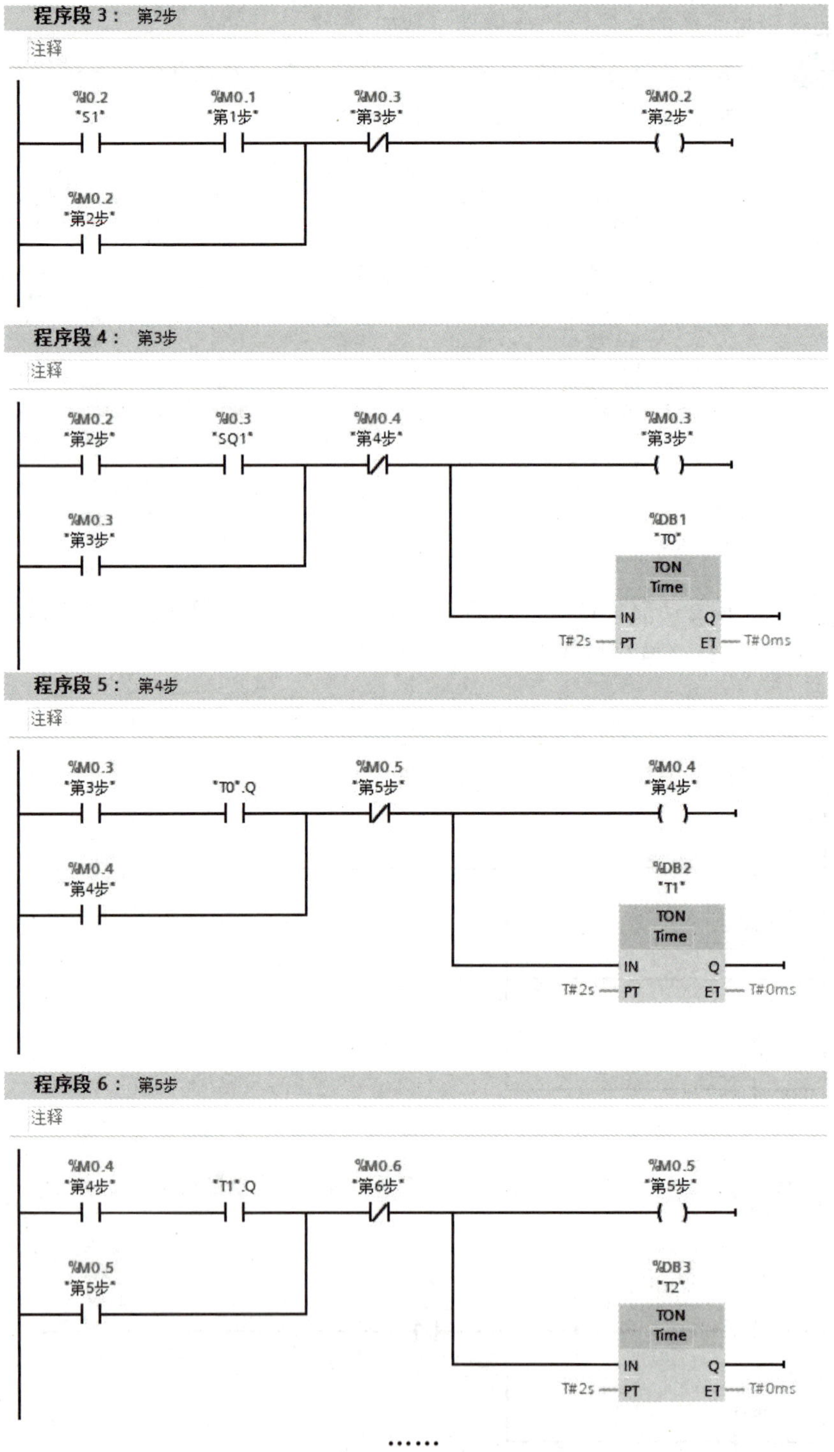

图 5-25　自动配料模拟系统的部分梯形图程序

步骤 4▶ 编译程序并启动仿真。

步骤 5▶ 按照自动配料模拟系统的工作过程，改变输入信号的状态，观察并分析输出信号的工作状态。

学习成果检验

一、填空题

（1）常见的典型电路包括____________、____________和____________等。

（2）在启保停电路中，有一个__________、一个__________和一个__________。

（3）顺序功能图主要由__________、__________、__________、__________和__________组成。

（4）根据活动步进展的不同情况，顺序功能图可分为__________、__________和__________3 种。

二、简答题

（1）请绘制启保停电路的梯形图程序。

（2）简述顺序控制设计法的主要步骤。

三、设计题

请设计喷泉控制装置，控制要求如下。

（1）按下启动按钮，喷泉控制装置开始工作。

（2）工作过程：1 号喷头喷水 10 s，接着 2 号喷头喷水 20 s，然后 3 号喷头喷水 30 s，最后 4 号喷头喷水 40 s。

（3）重复上述过程，直至按下停止按钮，喷泉控制装置停止工作。

学习成果评价

指导教师根据学生的实际学习成果对其进行评价，学生配合指导教师共同完成学习成果评价表，如表 5-3 所示。

表 5-3 学习成果评价表

班级		组号		日期	
姓名		学号		指导教师	
评价项目	评价内容			满分/分	评分/分
知识	常见典型电路			10	
	经验设计法的设计步骤			5	
	顺序控制设计法的设计步骤			5	
	顺序功能图的组成要素、类型和转换方法			15	
技能	能够正确绘制顺序功能图			10	
	掌握水塔水位控制系统的设计方法			15	
	掌握自动配料模拟系统的设计方法			15	
素养	积极参加教学活动，主动学习、思考、讨论			5	
	认真负责，按时完成学习、训练任务			5	
	团结协作，与组员之间密切配合			5	
	服从指挥，遵守课堂和实训室纪律			5	
	有竞争意识、勇于克服困难			5	
合计				100	
自我评价					
教师评价					

项目六

PID 控制和运动控制的应用

项目导读

在自动化控制和工业生产过程中，常常采用 PID 控制和运动控制来进行自动控制系统设计。PID 控制广泛应用于连续型的过程控制系统中，运动控制广泛应用于包装、印刷、纺织和机械装配等控制系统中。本项目将介绍 PID 控制原理及指令，运动控制系统的工作原理、运动控制方式、高速计数器、高速脉冲输出、运动控制参数及运动控制指令等。

知识目标

- 熟悉 PID 控制原理。
- 掌握 PID 指令的基本用法。
- 掌握运动控制系统的工作原理和运动控制方式。
- 了解高速计数器、高速脉冲输出、运动控制参数设置和运动控制指令的相关内容。

技能目标

- 掌握恒压供水系统的设计方法。
- 掌握搬运机械手模拟系统的设计方法。
- 能够熟练应用 PID 控制和运动控制进行梯形图程序设计。

素质目标

- 加强团队合作意识，增强沟通能力。
- 关注行业资讯，发扬爱国主义精神。

任务一 掌握 PID 控制的应用

任务引入

供水是国民生产生活中不可缺少的一环，传统供水系统占地面积大，水质易受污染，基建投资多，且不能保持水压恒定。恒压供水系统能够保持水压的恒定，可使供水和用水之间保持平衡，即用水多时供水多，用水少时供水少，从而提高了供水的质量。

请应用 PID 控制设计恒压供水系统，并用 PLC 控制变频器的运行频率，从而使水压恒定，其逻辑框图如图 6-1 所示。

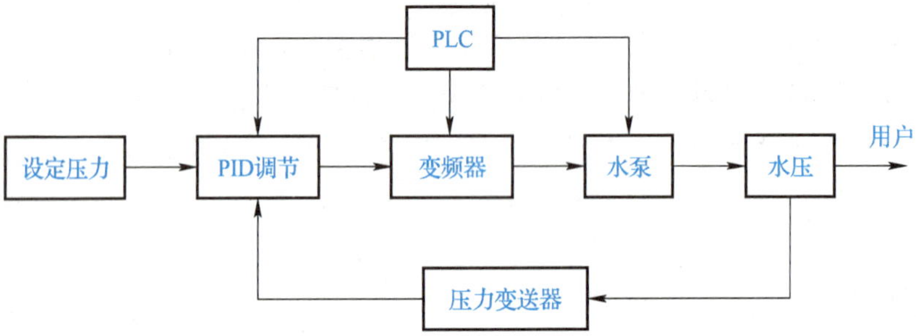

图 6-1 恒压供水系统的逻辑框图

恒压供水系统的控制要求如下。

（1）该系统中有两台水泵。当系统开始工作时，如果水压低于设定值，将启动一台水泵，并控制变频器的运行频率，使其逐渐上升，从而使水压上升。

（2）当管网压力升至设定值时，水泵保持当前运行状态，保持水压恒定在设定值。

（3）当该水泵运行频率上升到电网工频，水压还未达到设定值时，系统自动将该水泵切换至工频运行，同时解除变频器运行信号，然后另一台水泵变频启动。

任务工单

请扫描下方的二维码，获取任务工单，根据任务工单，学生可以课前预习相关知识，课后按步骤进行任务实施，提高操作技能。

扫一扫

在工程实际中，应用最为广泛的控制方法为 PID 控制。PID 控制以结构简单、稳定性好、工作可靠、调整方便而成为工业控制的主要技术之一。当一个控制系统和被控对象不完全被了解，或不能通过有效测量手段来获取控制系统参数时，最适合用 PID 控制。

一、PID 控制原理

PID 控制即比例（P）、积分（I）、微分（D）控制，它能在控制系统中实时监测被控对象的实际值，并将其与设定值进行比较，计算出两者的偏差，利用比例、积分、微分计算输出值，进而将被控对象调整到设定值，PID 控制原理图如图 6-2 所示。

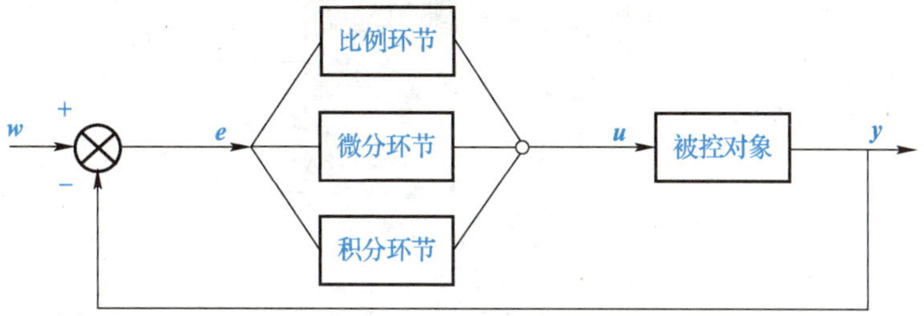

图 6-2　PID 控制原理图

比例控制是一种最简单的控制方式，其控制系统的输出与误差成比例关系。当仅有比例控制时，控制系统的输出存在稳态误差。

若控制系统在进入稳态后存在稳态误差，则称这个控制系统是有稳态误差的系统，简称有差系统。为了消除稳态误差，在控制器中必须引入“积分环节”，即积分控制。在积分控制中，控制系统的输出与误差的积分成正比关系。因此，比例 + 积分（PI）控制可以使系统在进入稳态后无稳态误差。

自动控制系统在克服误差的调节过程中可能会出现振荡甚至失稳，主要原因是系统中存在惯性较大的组件或滞后组件，它们有抑制误差的作用，从而使系统变化落后于误差的变化，引起超调。此时需要在控制器中增加“微分环节”，即控制系统的输出与误差的微分（误差的变化率）成正比关系。微分控制能预测误差变化的趋势，比例 + 微分（PD）的控制能够提前使抑制误差的控制作用等于零，甚至为负值，从而避免了被控对象严重超调，进而改善控制系统在调节过程中的动态特性。

二、PID 指令

S7-1200 PLC 的 PID 控制功能主要由 PID 指令块、循环中断块和工艺对象组成。PID 指令块定义了控制系统的控制算法，循环中断块按一定周期执行控制算法，工艺对象用于定义输入/输出、调试和监控等参数。

S7-1200 PLC 中的 PID 指令组成了 Compact PID 指令集，包括 PID_Compact（集成了调节功能的通用 PID 控制器）、PID_3Step（集成了阀门调节功能的 PID 控制器）和 PID_Temp（温度 PID 控制器）3 个指令。

其中，PID_Compact 指令用于控制工艺过程，通常通过模拟信号的输入和输出来进行控制；PID_3Step 指令用于控制电机驱动的设备，如需要通过离散信号实现打开和关闭动作的阀门；PID_Temp 指令是专为温度控制而设计的，它提供了具有集成调节功能的连续 PID 控制。

Compact PID 指令集中最常用的是 PID_Compact 指令，其指令符号如图 6-3 所示。PID_Compact 指令不仅能抗积分饱和，还能对比例环节和积分环节进行加权运算。PID_Compact 指令的输入/输出引脚功能如表 6-1 所示。

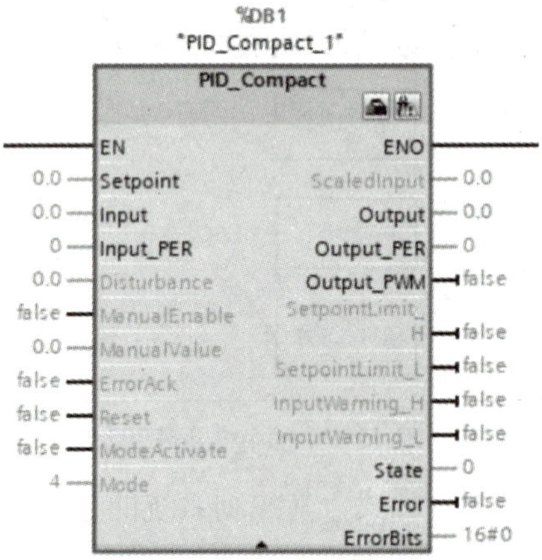

图 6-3　PID_Compact 指令的指令符号

表 6-1　PID_Compact 指令的输入/输出引脚功能

引　脚	数据类型	功　能
Setpoint	Real	自动模式下的设定值
Input	Real	用户程序的变量用作过程值的源
Input_PER	Int	模拟量输入用作过程值的源
Disturbance	Real	扰动变量或预控制值
ManualEnable	Bool	上升沿时，激活“手动模式” 下降沿时，激活由 Mode 指定的工作模式
ManualValue	Real	手动模式下的输出值
ErrorAck	Bool	上升沿时将复位 ErrorBits 和 Warning
Reset	Bool	重新启动控制器
ModeActivate	Bool	上升沿时将切换到保存在 Mode 参数中的工作模式
Mode	Int	指定 PID_Compact 将转换的工作模式，具体如下 Mode = 0：未激活；Mode = 1：预调节；Mode = 2：精确调节；Mode = 3：自动模式；Mode = 4：手动模式
ScaledInput	Real	标定的过程值
Output	Real	Real 形式的输出值

表 6-1（续）

引 脚	数据类型	功 能
Output_PER	Int	模拟量输出值
Output_PWM	Bool	脉宽调制输出值
SetpointLimit_H	Bool	当其值为 1 时，说明已达到设定值的绝对上限
SetpointLimit_L	Bool	当其值为 1 时，说明已达到设定值的绝对下限
InputWarning_H	Bool	当其值为 1 时，说明过程值达到或超出警告上限
InputWarning_L	Bool	当其值为 1 时，说明过程值达到或低于警告下限
State	Int	显示了 PID 控制器的当前工作模式，具体如下 State = 0：未激活；State = 1：预调节；State = 2：精确调节；State = 3：自动模式；State = 4：手动模式；State = 5：带错误监视的替代输出值
Error	Bool	当其值为 1 时，表示周期内错误消息未解决
ErrorBits	DWord	错误消息代码

任务分析

本任务需要先学习 PID 控制原理和 PID 指令，在此基础上，才能完成恒压供水系统的设计。

在恒压供水系统中，通过比较实际水压与设定水压的值，控制两台水泵的工作状态，实际水压通常用压力传感器检测，该检测量通常为模拟量。设启动按钮为 SB1，停止按钮为 SB2，一号水泵的变频和工频分别为 KM1 和 KM2，二号水泵的变频和工频分别为 KM3 和 KM4，则恒压供水系统的工作过程如下。

（1）按下启动按钮 SB1，一号水泵 KM1 接通，水泵的转速随变频器输出频率的上升而逐渐加快。

（2）当变频器的频率达到 50 Hz（电网工频）且检测到压力传感器的值未达到设定值时，启动定时器 T0（定时时长为 30 s）。

（3）定时结束后，KM2 和 KM3 接通，KM1 断开，一号水泵的转速不变，二号水泵的转速随变频器输出频率的上升而逐渐升高，直至压力传感器检测到的值达到设定值。

完成该任务的主要步骤如下。

（1）根据恒压供水系统的工作过程，填写 I/O 地址分配表。

（2）根据 I/O 地址分配表，绘制 PLC 的硬件接线图，并完成接线。

（3）根据恒压供水的工作过程和 I/O 地址分配表，设计梯形图程序。

（4）按下启动按钮后，比较压力传感器的输入值和设定值，观察变频器的工作状态和电机的转速。

本任务中，主要依据压力传感器给定的模拟量输入值与设定值进行比较，确定水泵是由变频向工频切换还是由工频向变频切换。

任务实施——设计恒压供水系统

扫一扫

设计恒压供水系统

1. I/O 地址分配

根据工作过程分析，恒压供水系统的 I/O 地址分配表如表 6-2 所示。

表 6-2　恒压供水系统的 I/O 地址分配表

输　入			输　出		
元　件	I/O 地址	备　注	元　件	I/O 地址	备　注
SB1	I0.0	启动按钮	KM1	Q0.0	一号水泵变频
SB2	I0.1	停止按钮	KM2	Q0.1	一号水泵工频
压力传感器	IW96	模拟量输入	KM3	Q0.2	二号水泵变频
			KM4	Q0.3	二号水泵工频
			PID 输出	QW96	模拟量输出

2. 硬件接线

根据表 6-2 绘制 PLC 的硬件接线图（见图 6-4），并根据接线图完成接线。

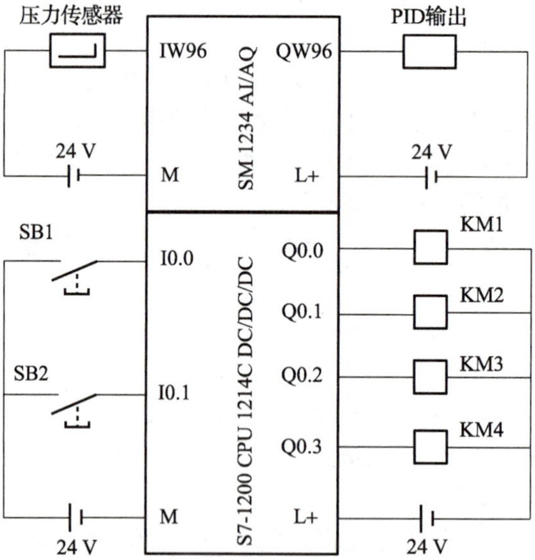

图 6-4　PLC 的硬件接线图

提　示

模拟量输入、输出信号与模拟量输入、输出模块相连，变频器通过 PROFINET 与 PLC 相连。

3. 程序设计与仿真

本任务中需要将模拟信号输入到 PLC 中，故需要添加模拟信号模块。

1）添加模拟信号模块

创建新项目并添加控制器后，在设备视图右侧的“硬件目录”中，选择“AI/AQ”→“AI 4×13BIT/AQ 2×14BIT”→“6ES7 234-4HE32-0XB0”选项，并拖拽至 CPU 右侧位置，添加模拟信号模块，如图 6-5 所示。

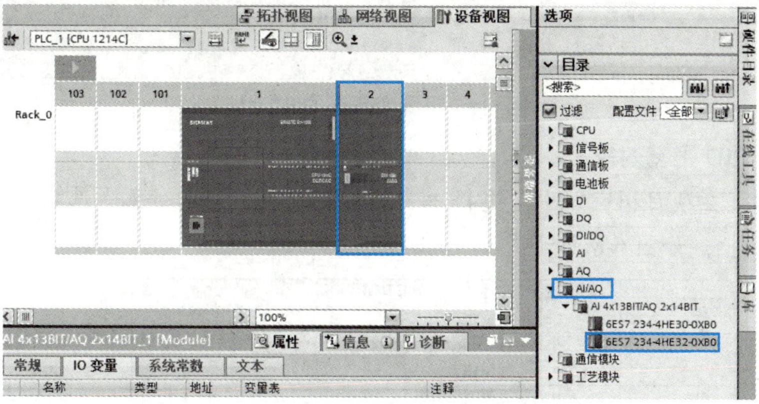

图 6-5　添加模拟信号模块

2）连接 PLC 与变频器

PLC 通过 PROFINET 控制 G120 变频器，再由变频器实现对水泵的控制，PLC 与变频器的连接步骤如下。

步骤 1▶ 在网络视图中，打开右侧的“硬件目录”，选择“其它现场设备”→“PROFINET IO”→“Drives”→“SIEMENS AG”→“SINAMICS”→“SINAMICS G120 CU240E-2 PN (-F) V4.6”选项，并拖拽至 CPU 右侧位置，添加变频器，并连接到 PLC 中，如图 6-6 所示。

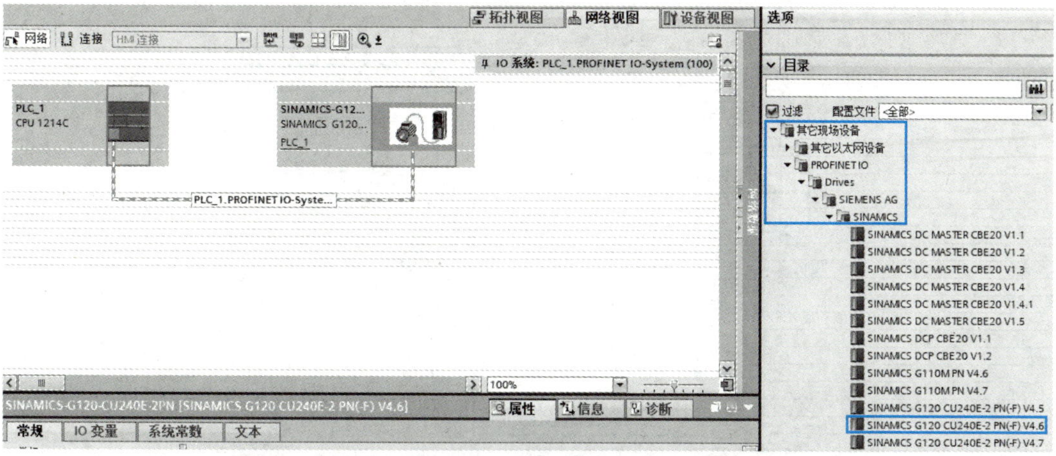

图 6-6　添加变频器并连接到 PLC 中

步骤 2▶ 单击“变频器”图标，在“属性”窗口中，选择“常规”→“PROFINET 接口[X150]”→“以太网地址”选项，选中“在项目中设置 IP 地址”单选钮，在“IP 地址”编辑框中输入“192.168.0.2”，如图 6-7 所示。

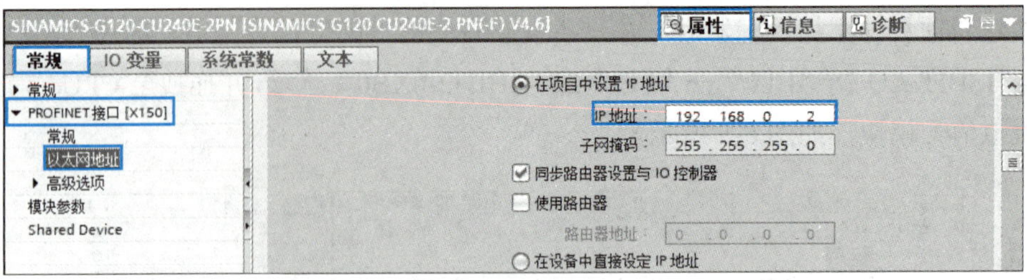

图 6-7　设置变频器的 IP 地址

3）添加 PID 工艺对象

步骤 1▶ 在项目树窗口中，选择“工艺对象”→“新增对象”选项，双击打开“新增对象”对话框，如图 6-8 所示。

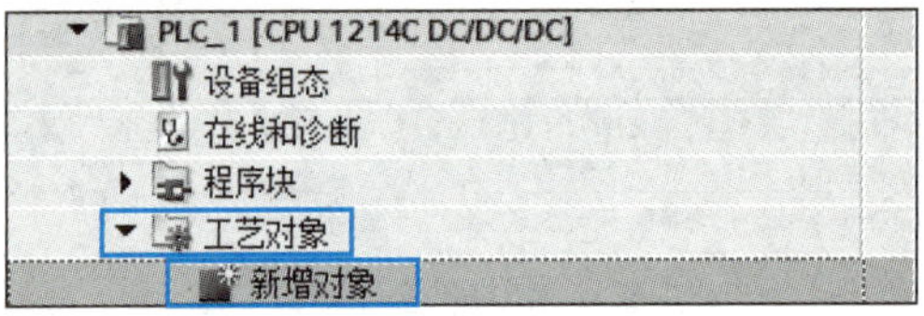

图 6-8　添加“新增对象”

步骤 2▶ 在“新增对象”对话框中，选择“PID”，在“PID”选择区左侧的“名称”选项卡中，选择“PID 控制”→“Compact PID”→“PID_Compact”，此时在对话框的右侧会出现“类型”和“编号”默认选项，可以在此设置“类型”和“编号”。设置完成后，单击“确定”按钮，如图 6-9 所示。

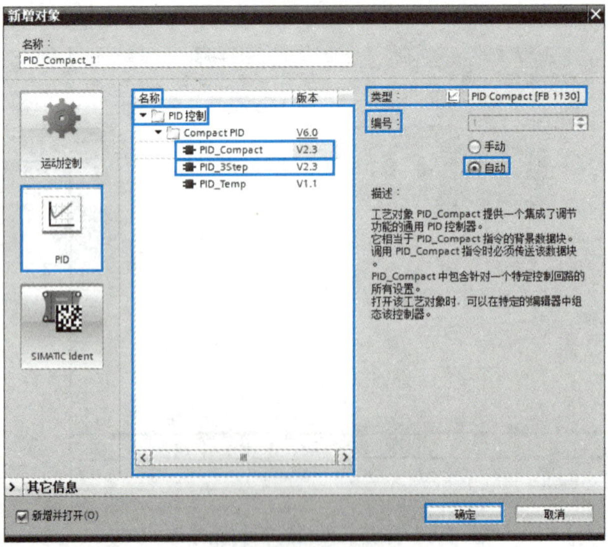

图 6-9　新增“PID 工艺对象”

提 示

此编号为数据块（DB）的序号（如 1），默认选中“自动”单选钮，也可选中“手动”单选钮，然后手动输入编号。

步骤 3▶ 在项目树窗口中，选择“工艺对象”→“PID_Compact_1 [DB1]”，此时会出现“组态”和“调试”两个选项。双击“组态”选项，则会出现图 6-10 所示的菜单，进行“基本设置”、“过程值设置”和“高级设置”，本任务选择默认值。

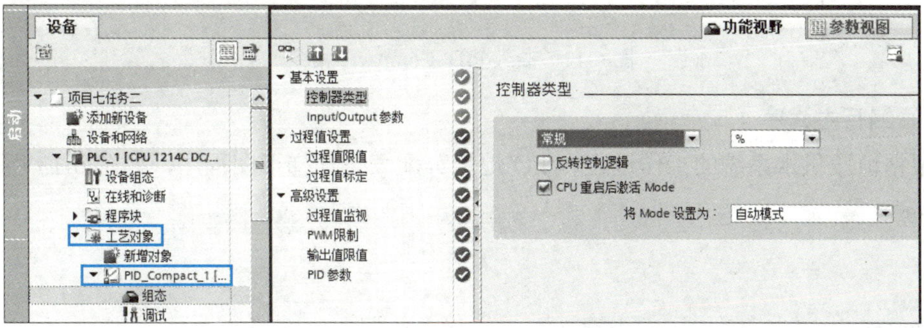

图 6-10 组态 PID_Compact 工艺对象

4）PID 指令调用与编程

PID 指令要在循环中断块内调用，以确保 PID 的运算以固定的采样周期完成。其调用和编程步骤如下。

步骤 1▶ 在项目树窗口中，选择“程序块”→“添加新块”选项，双击打开“添加新块”对话框，选择“组织块”→“Cyclic interrupt”（循环中断）选项，然后单击“确定”按钮，如图 6-11 所示。

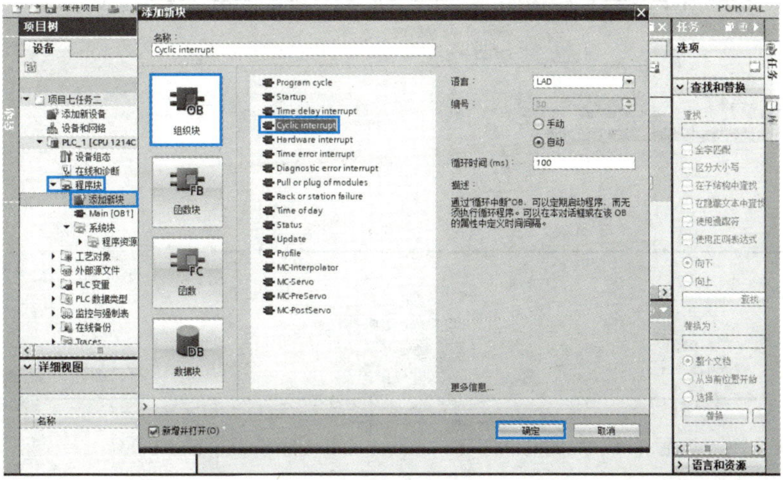

图 6-11 添加组织块

步骤 2▶ 在程序段中插入 PID_Compact1 指令，如图 6-12 所示。

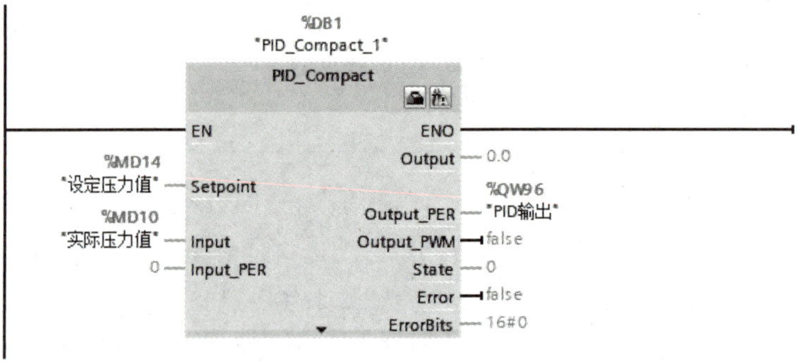

图 6-12 插入 PID_Compact1 指令

5）编写主程序

根据恒压供水系统的工作过程和 I/O 地址分配表设计梯形图程序，如图 6-13 所示。

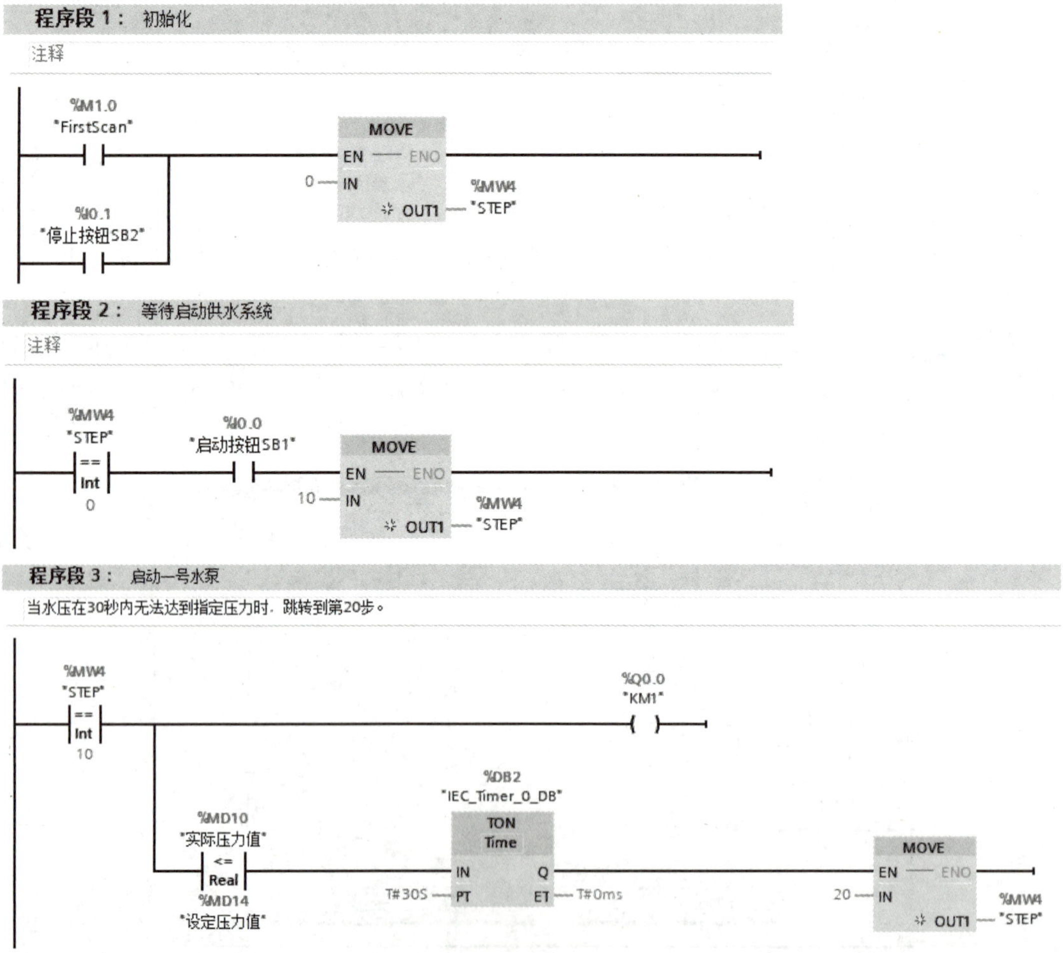

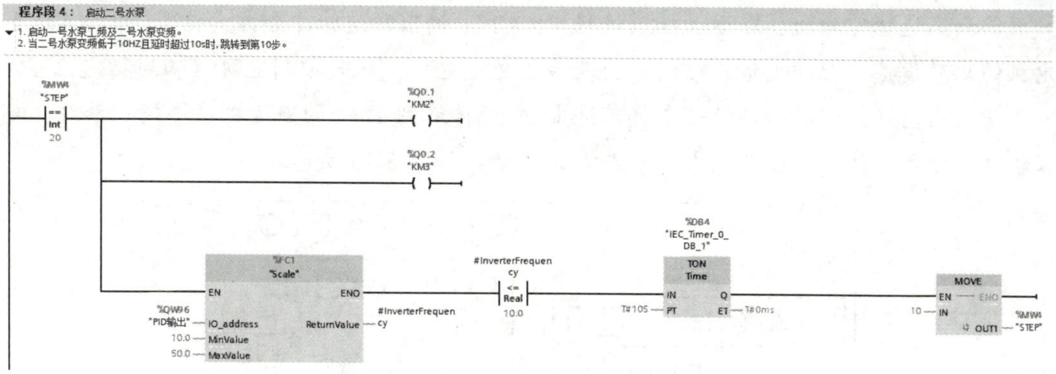

图 6-13 恒压供水系统的梯形图程序

恒压供水系统的程序设计与仿真步骤如下。

步骤 1▶ 完成项目创建和组态设备选择，将项目命名为“恒压供水系统”。

步骤 2▶ 如图 6-14 所示，设置 PLC 的变量。

PLC 变量

	名称	变量表	数据类型	地址	保持	可从 ...	从 H...	在 H...	注释
	启动按钮SB1	Input&Output	Bool	%I0.0	☐	☑	☑	☑	
	停止按钮SB2	Input&Output	Bool	%I0.1	☐	☑	☑	☑	
	压力传感器	Input&Output	Word	%IW96	☐	☑	☑	☑	
	KM1	Input&Output	Bool	%Q0.0	☐	☑	☑	☑	
	KM2	Input&Output	Bool	%Q0.1	☐	☑	☑	☑	
	KM3	Input&Output	Bool	%Q0.2	☐	☑	☑	☑	
	KM4	Input&Output	Bool	%Q0.3	☐	☑	☑	☑	
	PID输出	Input&Output	Word	%QW96	☐	☑	☑	☑	Min: 0HZ, Max:50Hz
	实际压力值	M bit	Real	%MD10	☐	☑	☑	☑	
	设定压力值	M bit	Real	%MD14	☐	☑	☑	☑	

图 6-14 设置 PLC 的变量

步骤 3▶ 输入图 6-13 所示的梯形图程序。

步骤 4▶ 编译程序并启动仿真。

步骤 5▶ 按下启动按钮 SB1，输入 MD14 的值，输入 IW96 的值（IW96 < MD14），观察电机的变化。

任务二 掌握运动控制的应用

任务引入

运动控制是指通过伺服机构（如电机、液压泵或线性执行机构等）来控制机器的位置或速度，是电气控制的一个分支。S7-1200 PLC 能够完成运动控制的基础是它集成了高速计数器和高速脉冲输出。在运动控制过程中，CPU 输出高速脉冲和方向信号，并将其送至电机的驱动设备，驱动设备将该信号处理后传送给电机，从而控制电机运动到指定位置。

请应用运动控制指令设计一个将工件由 A 处传送到 B 处的搬运机械手模拟系统。要求机械手抓取物体后，能够完成上下左右的运动，如图 6-15 所示。

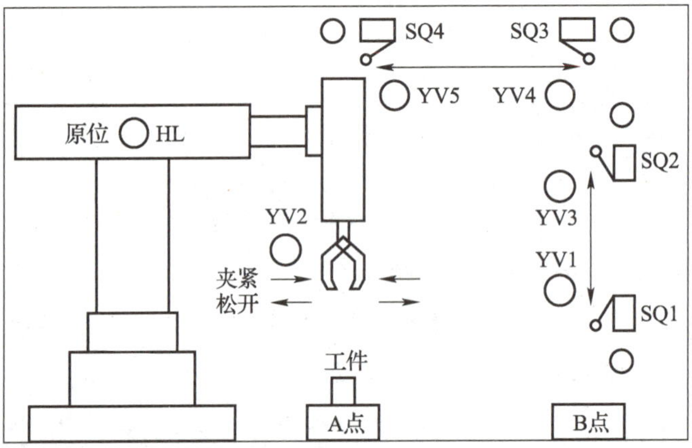

图 6-15　搬运机械手模拟系统

任务工单

请扫描下方的二维码，获取任务工单，根据任务工单，学生可以课前预习相关知识，课后按步骤进行任务实施，提高操作技能。

扫一扫

一、运动控制系统的工作原理

运动控制系统是通过对电机的电压、电流和频率等输入量的控制，来改变机械的转矩、速度和位移等，使机械按照人们的期望运行，以满足生产工艺及其他应用的需求。

运动控制系统由控制器、驱动器、电机及反馈装置等设备构成，如图 6-16 所示。控制器用于发送运动位置和运行速度等控制信号给驱动器，如 PLC 和运动控制卡等。驱动器接收到控制信号后，将其转换为更高功率的电流或电压信号，实现信号的放大，并将放大的信号发送给电机。电机根据接收到的信号，一方面带动机械装置以指定的速度移动到指定的位置，另一方面通过编码器将驱动器的位置等信息输送给反馈装置，再由反馈装置反馈到控制器中，实现速度监控和闭环控制。

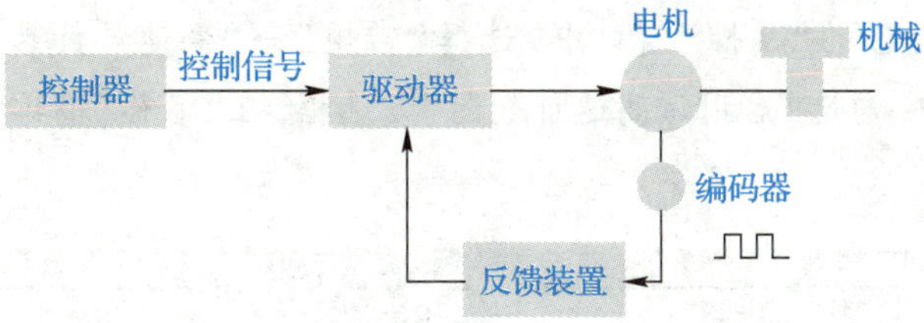

图 6-16 运动控制系统

二、运动控制方式

根据 S7-1200 PLC 连接驱动的方式，S7-1200 PLC 的运动控制方式可分为脉冲串输出（PTO）控制方式、PROFINET 控制方式和模拟量控制方式 3 种。

1. PTO 控制方式

PTO 控制方式通过 CPU 向驱动器发送高速脉冲信号来实现对驱动器的控制。目前，S7-1200 PLC 所有版本的 CPU 都支持 PTO 控制方式，一个 S7-1200 PLC 最多可以控制 4 台驱动器。

知识链接

S7-1200 PLC 不提供定位模块，若需要控制的驱动器数量超过 4 台，并且每台驱动器之间的配合动作要求不高，则可考虑使用多个 S7-1200 CPU，这些 S7-1200 CPU 之间可以通过以太网进行通信。

2. PROFINET 控制方式

PROFINET 控制方式可以使 S7-1200 PLC 连接驱动器，它们之间通过 PROFIdrive 报文进行通信。硬件版本为 4.1 以上的 CPU 都支持 PROFINET 控制方式。

3. 模拟量控制方式

在 S7-1200 PLC 中，模拟量控制方式是以模拟量输出信号作为驱动器的速度给定，进而实现驱动器的速度控制。

三、高速计数器

由于普通计数器不能检测到频率高于扫描频率的脉冲，因此 PLC 常采用高速计数器来检测高频率的脉冲。S7-1200 PLC 集成了最多 6 个高速计数器（HSC1～HSC6）。

1. 高速计数器的组态

使用高速计数器前，首先要对高速计数器进行组态，即启用高速计数功能。组态步骤如下。

步骤 1▶ 在 CPU 的“属性”窗口中，选择“常规”→“高速计数器（HSC）”→“HSC1”选项，在“常规”组中，勾选“启用该高速计数器”复选框，在“名称”编辑框中输入“HSC_1”，如图 6-17 所示。

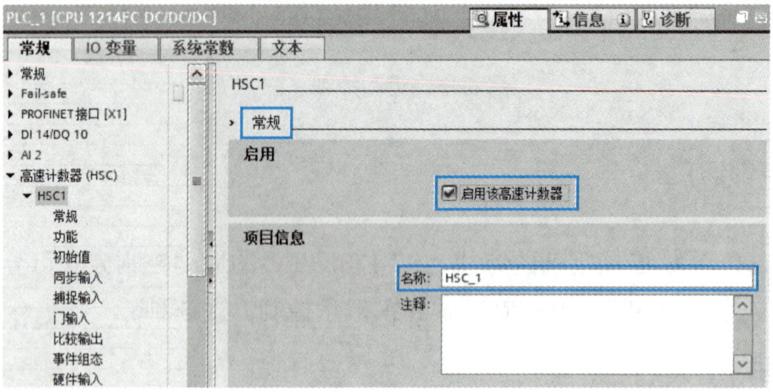

图 6-17 启用高速计数器

步骤 2▶ 在“功能”组中，分别在“计数类型”“工作模式”“计数方向取决于”“初始计数方向”4 个列表框中选择“计数”“单相”“用户程序（内部方向控制）”“加计数”选项，如图 6-18 所示。

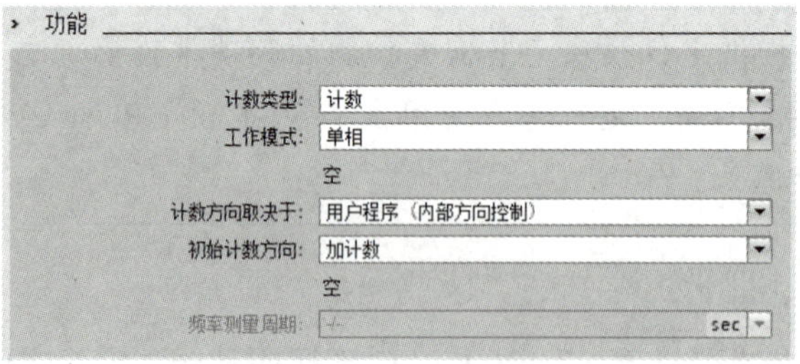

图 6-18 设置“功能”

步骤 3▶ 在“初始值”组中，分别在“初始计数器值”“初始参考值”“初始参考值 2”“初始值上限”“初始值下限”的编辑框中输入所对应的数值，如图 6-19 所示。

步骤 4▶ 在“同步输入”组中，勾选“使用外部同步输入”复选框，并在“同步输入的信号电平”列表框中选择“高电平有效”选项，如图 6-20 所示。

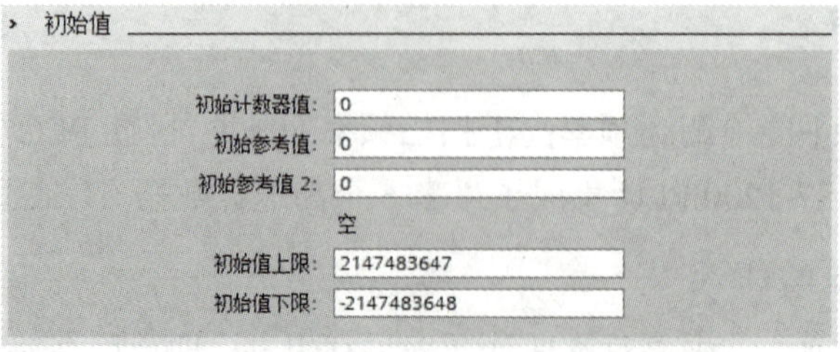

图 6-19 设置“初始值”

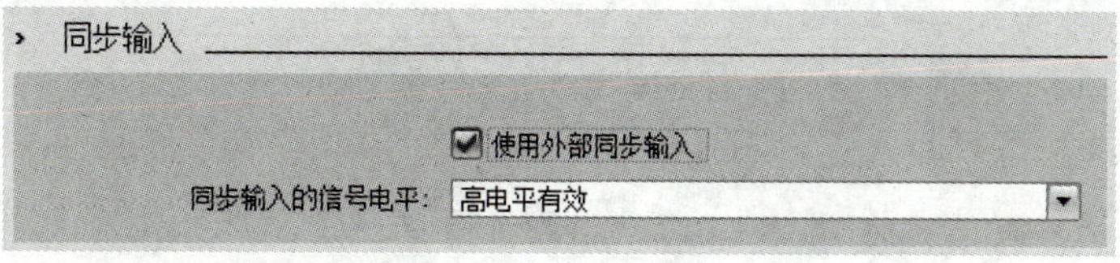

图 6-20　设置“同步输入”

步骤 5▶　按照步骤 4 的方法，设置“捕捉输入”、“门输入”和“比较输出”，如图 6-21 所示。

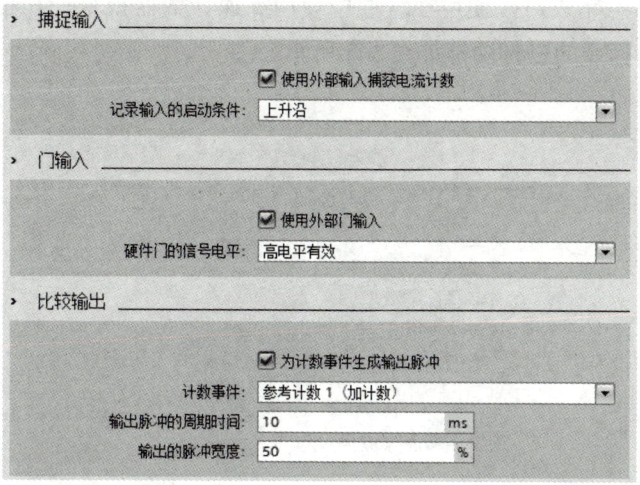

图 6-21　设置“捕捉输入”、“门输入”和“比较输出”

步骤 6▶　在“事件组态”组中，勾选“为计数器值等于参考值这一事件生成中断。”和“为同步事件生成中断。”两个复选框，如图 6-22 所示。

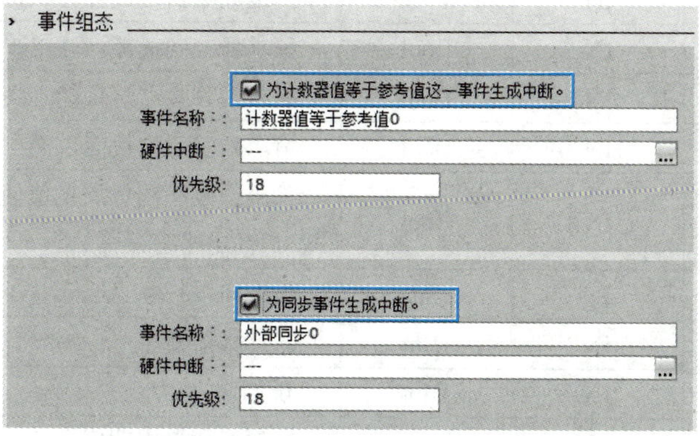

图 6-22　设置“事件组态”

步骤 7▶　在“I/O 地址”组中，在“起始地址”和“结束地址”编辑框中输入起始位地址和结束位地址，在“组织块”和“过程映像”列表框中选择“自动更新”选项，如图 6-23 所示。

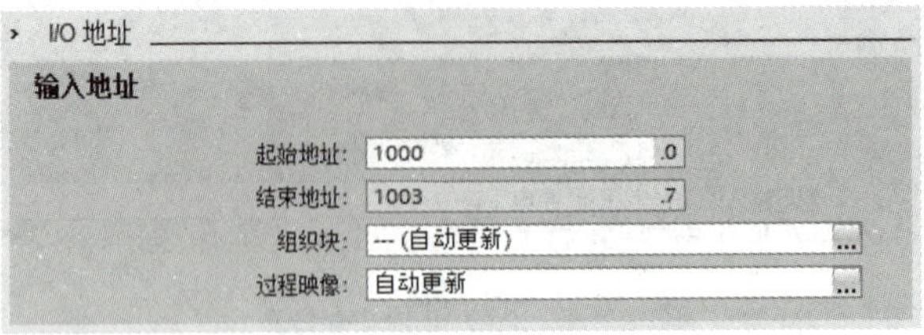

图 6-23　设置“I/O 地址”

2. 高速计数器指令

高速计数器组态完成后，便可在程序中使用高速计数器指令，其指令符号如图 6-24 所示。高速计数器指令的引脚功能如表 6-3 所示。

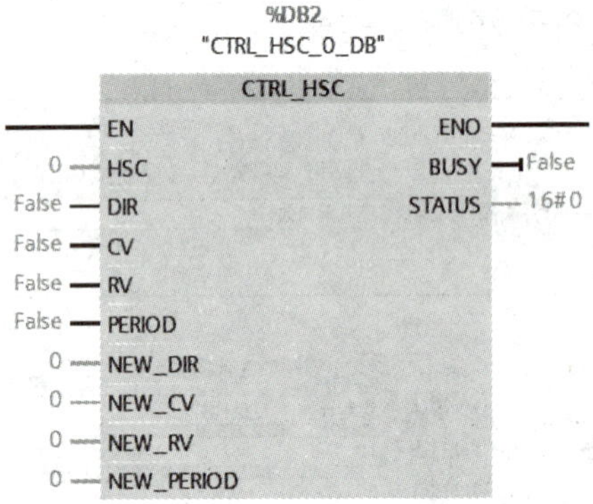

图 6-24　高速计数器指令的指令符号

表 6-3　高速计数器指令的引脚功能

引　脚	引脚类型	数据类型	功　能
HSC	IN	HW_HSC	高速计数器的硬件标识符
DIR	IN	Bool	请求新方向使能，高电平有效
CV	IN	Bool	请求新计数器值使能，高电平有效
RV	IN	Bool	请求新参考值使能，高电平有效
PERIOD	IN	Bool	请求新频率测量周期值使能（仅限频率测量模式），高电平有效
NEW_DIR	IN	Int	新方向，1 为正方向，-1 为负方向
NEW_CV	IN	DInt	新计数器值
NEW_RV	IN	DInt	新参考值
NEW_ PERIOD	IN	Int	新频率测量周期值，1 s、0.1 s 和 0.01 s（仅限频率测量模式）
BUSY	OUT	Bool	功能忙
STATUS	OUT	Word	执行条件代码

四、高速脉冲输出

S7-1200 PLC 的高速脉冲输出包括脉冲串输出（PTO）和脉冲调制输出（PWM）两种模式。PTO 可以输出一串脉冲（占空比为 50%），用户可以设置脉冲的周期和个数；PWM 可以输出连续的、占空比可以调制的脉冲串，用户可以设置脉冲周期和脉冲宽度（脉宽）。设置脉冲输出的步骤如下。

步骤 1▶ 在 CPU 的“属性”窗口区中，选择“常规”→“脉冲发生器（PTO/PWM）”→“PTO1/PWM1”→“常规”选项，在右侧的“启用”选项中勾选“启用该脉冲发生器”复选框，在“名称”编辑框中输入“脉冲输出”，如图 6-25 所示。

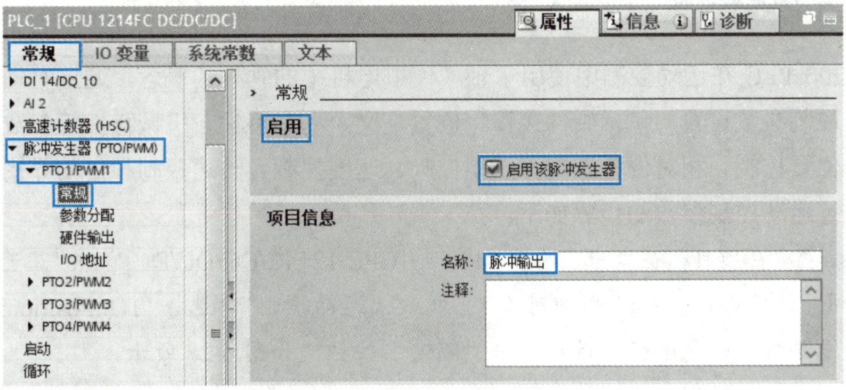

图 6-25 设置脉冲发生器的名称

步骤 2▶ 在“参数分配”组的“脉冲选项”中，在“信号类型”列表框中选择“PTO（脉冲 A 和方向 B）”选项，如图 6-26 所示。PTO（脉冲 A 和方向 B）是比较常见的“脉冲+方向”方式，其中 A 点用来产生高速脉冲串，B 点用来控制轴运动的方向。

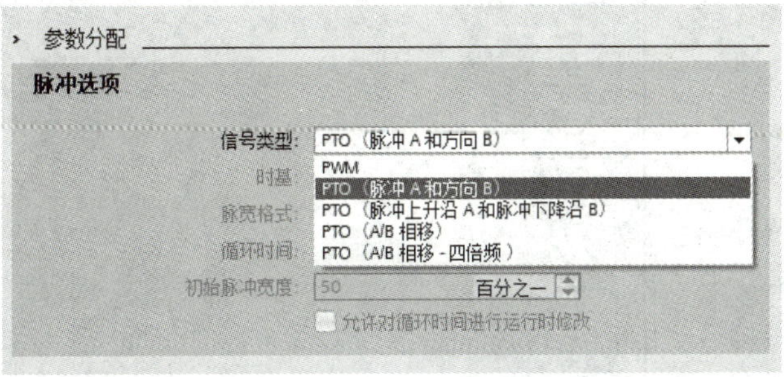

图 6-26 选择脉冲输出的信号类型

步骤 3▶ 在“硬件输出”组中，勾选“启用方向输出”复选框，并在“脉冲输出”和“方向输出”列表框中选择硬件输出地址，如图 6-27 所示。

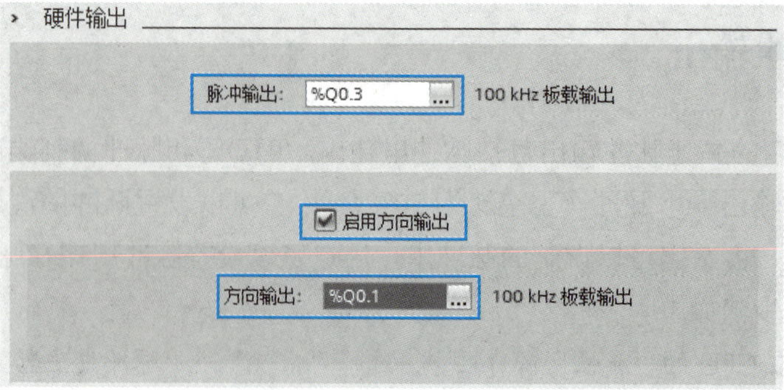

图 6-27 选择硬件输出地址

五、运动控制参数

S7-1200 PLC 在运动控制中使用了轴（模拟电机中的轴）的概念，通过对轴进行组态（即运动控制参数设置，包括硬件接口、位置定义、动态特性、机械特性等参数的设置），实现绝对位置控制、相对位置控制、点动控制、速度控制、转速控制和自动寻找参考点等功能。设置运动控制参数的步骤如下。

步骤 1▶ 在项目树窗口中，选择“PLC_1[CPU 1214C DC/DC/DC]”→“工艺对象”→“新增对象”选项，双击打开“新增对象”窗口，在“运动控制”中选择“TO_PositioningAxis”，勾选“新增并打开”复选框，最后单击“确定”按钮，如图 6-28 所示。

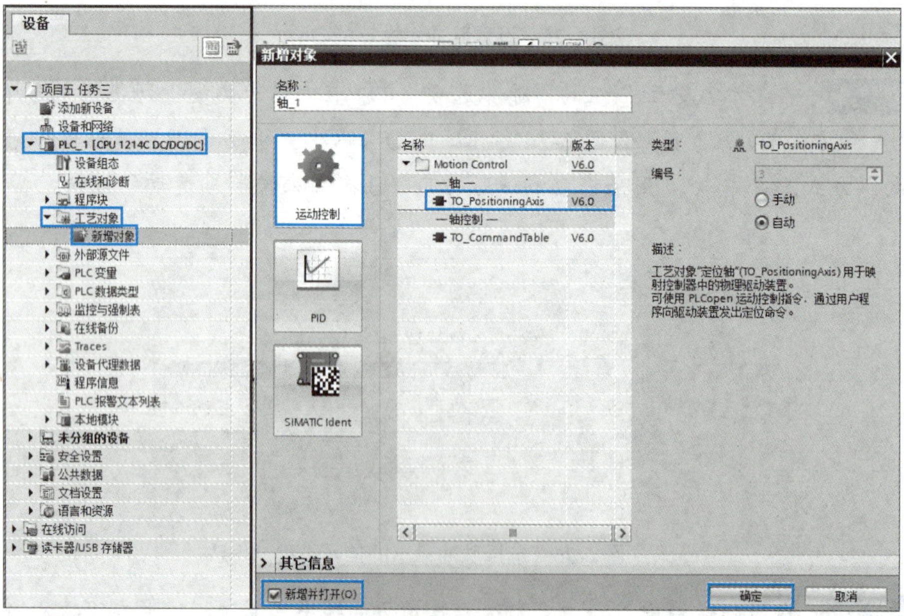

图 6-28 新增工艺对象

步骤 2▶ 进入“工艺对象设置”界面，选择“基本参数”→“常规”选项后，在“轴名称”编辑框中将轴名称修改为“机械手”，选中“PTO（Pulse Train Output）”单选钮，在“位置单位”列表框中选择“mm”选项，如图 6-29 所示。

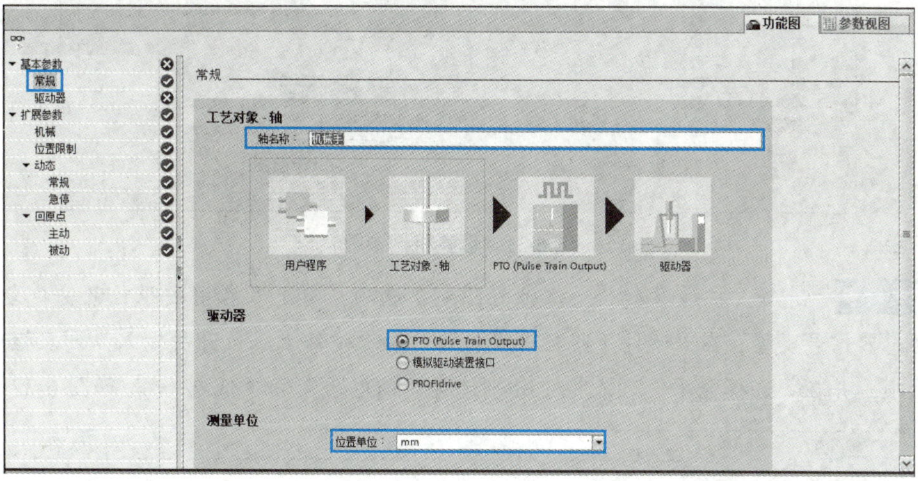

图 6-29　设置轴的参数

步骤 3▶ 如图 6-30 所示，选择“基本参数”→“驱动器”选项，在“脉冲发生器”列表框中选择“脉冲输出”选项，在“信号类型”列表框中选择“PTO（脉冲 A 和方向 B）”选项，在“脉冲输出”列表框中选择“机械手_脉冲”选项并设置输出地址，勾选“激活方向输出”复选框，在“方向输出”列表框中选择“机械手_方向”选项并设置输出地址。

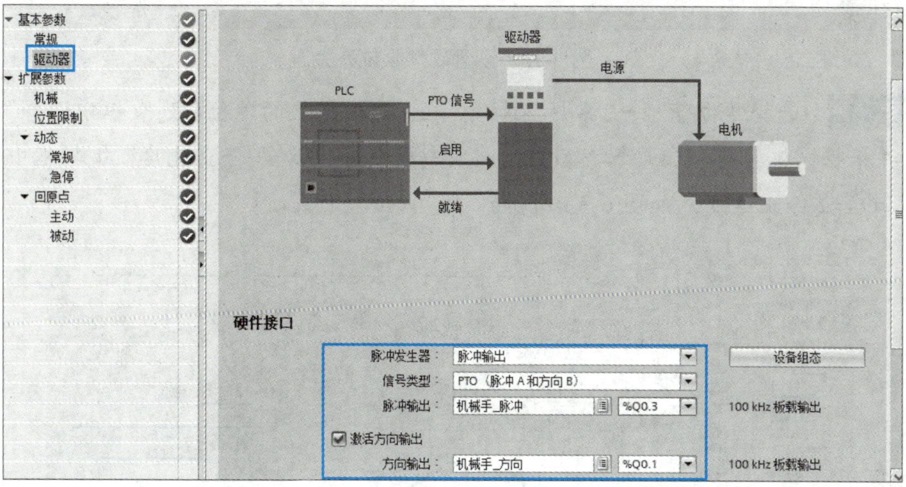

图 6-30　设置驱动器

步骤 4▶ 选择“扩展参数”→“机械”选项，在“电机每转的脉冲数”和“电机每转的负载位移”编辑框中输入电机每转的脉冲数和电机每转的负载位移（根据驱动器的参数和实际机械位移来设置），如图 6-31 所示。

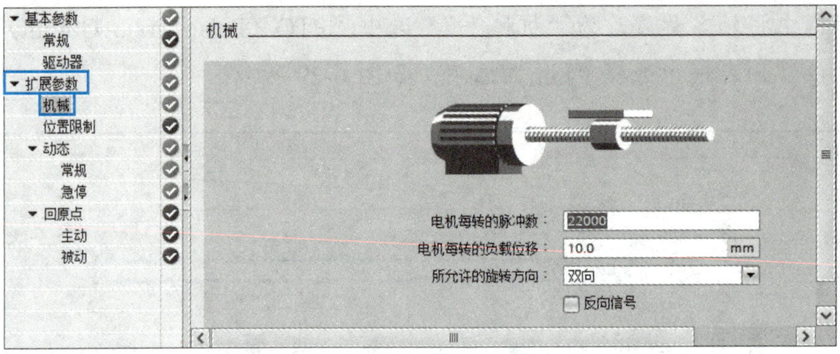

图 6-31　设置机械参数

步骤 5▶　选择“扩展参数”→“位置限制”选项，勾选“启用硬限位开关”复选框，根据传感器信号类型，在“硬件下限位开关输入”和“硬件上限位开关输入”列表框中选择相应选项，并在“选择电平”列表框中分别选择“高电平”和“低电平”，如图 6-32 所示。

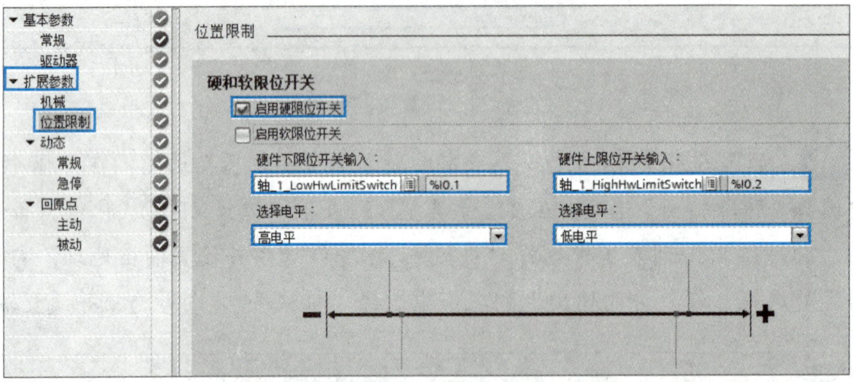

图 6-32　设置硬件限位开关

步骤 6▶　选择“动态”→“常规”选项，在“速度限值的单位”列表框中选择“mm/s”选项，并根据电机转速和驱动器参数在“最大转速”和“启动/停止速度”编辑框中设置最大转速和启动/停止速度，如图 6-33 所示。

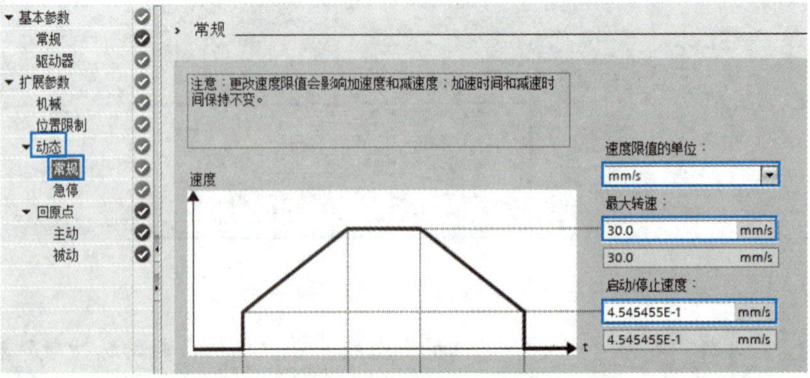

图 6-33　设置速度限值

六、运动控制指令

运动控制指令使用相关工艺数据块、PTO 和工艺指令实现对运动控制信号的处理和监视。

在程序界面的右侧，打开“指令”→“工艺”→“Motion Control”文件夹，可以看到所有的 S7-1200 PLC 运动控制指令，如图 6-34 所示。

工艺

名称	描述	版本
计数		V1.1
PID 控制		
Motion Control		V6.0
MC_Power	启动/禁用轴	V6.0
MC_Reset	确认错误，重新启动...	V6.0
MC_Home	归位轴，设置起始位置	V6.0
MC_Halt	暂停轴	V6.0
MC_MoveAbsolute	以绝对方式定位轴	V6.0
MC_MoveRelative	以相对方式定位轴	V6.0
MC_MoveVelocity	以预定义速度移动轴	V6.0
MC_MoveJog	以“点动”模式移动轴	V6.0
MC_CommandTable	按移动顺序运行轴作业	V6.0
MC_ChangeDynamic	更改轴的动态设置	V6.0
MC_WriteParam	写入工艺对象的参数	V6.0
MC_ReadParam	读取工艺对象的参数	V6.0

图 6-34　运动控制指令

将光标放在指令上，会弹出该指令的说明文档链接，单击该链接便可查看指令说明，如图 6-35 所示。

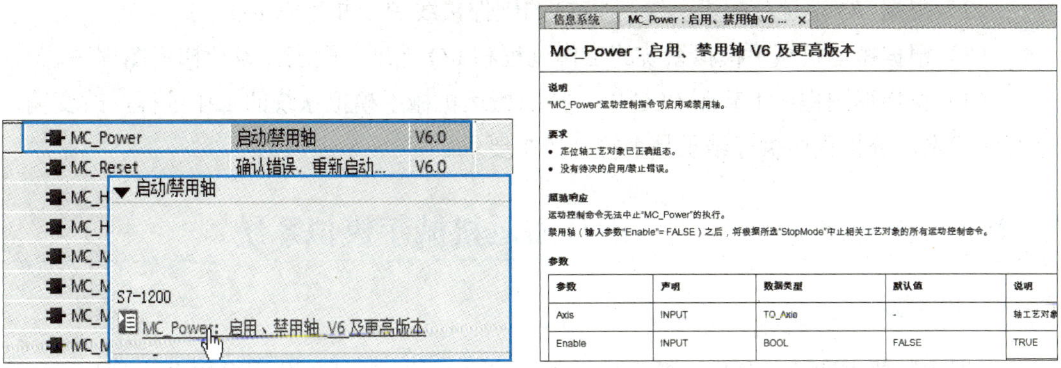

（a）打开文档　　（b）指令说明

图 6-35　查看指令说明文档

任务分析

本任务需要先学习运动控制的相关知识，在此基础上，才能完成搬运机械手模拟系统的设计。

如图 6-36 所示，分析搬运机械手模拟系统的工作过程，具体如下。

（1）初始状态下，机械手在原位（初始位置）。

（2）按下启动按钮，机械手开始工作，驱动电机使机械手下降。

（3）当碰到下限位开关 SQ1 时，机械手夹紧物体。

（4）经过一段延时（设 30 s）后，机械手上升。

（5）碰到上限位开关 SQ2 后，机械手右移。

（6）碰到右限位开关 SQ3 后，机械手下降。

（7）碰到下限位开关 SQ1 后，机械手松开物体。

（8）经过一段延时（设 30 s）后，机械手上升。

（9）碰到上限位开关 SQ2 后，机械手左移。

（10）碰到左限位开关 SQ4 后，机械手回到原位，开始下一个周期的运行。

（11）按下停止按钮后，机械手完成本周期动作后回到原位并停止工作。

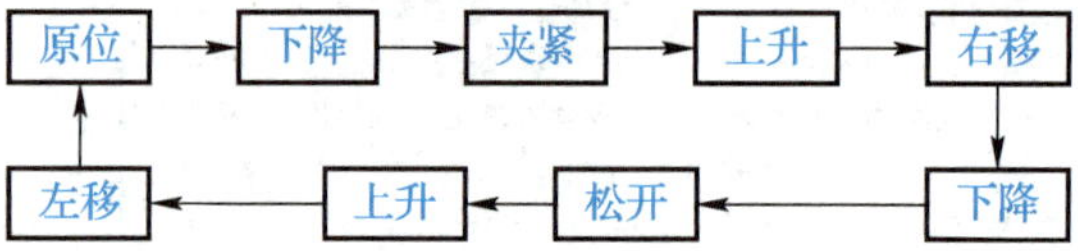

图 6-36　搬运机械手模拟系统的工作过程

完成该任务的主要步骤如下。

（1）根据搬运机械手模拟系统的工作过程，填写 I/O 地址分配表。

（2）根据 I/O 地址分配表，绘制 PLC 的硬件接线图，并完成接线。

（3）根据搬运机械手模拟系统的工作过程和 I/O 地址分配表，设计梯形图程序。

（4）将梯形图程序下载到 PLC 中，按照搬运机械手模拟系统的工作过程，改变输入信号的状态，分析程序执行结果是否符合控制要求。

任务实施——设计搬运机械手模拟系统

1. I/O 地址分配

根据控制要求和任务分析，搬运机械手模拟系统的 I/O 地址分配表如表 6-4 所示。

表 6-4　搬运机械手模拟系统的 I/O 地址分配表

输　入			输　出		
元　件	I/O 地址	备　注	元　件	I/O 地址	备　注
SB0	I0.0	启动按钮	KM1	Q0.0	上下电机脉冲
SQ1	I0.1	下限位开关	KM2	Q0.1	上下电机方向
SQ2	I0.2	上限位开关	KM3	Q0.2	左右电机脉冲

表 6-4（续）

输　入			输　出		
元　件	I/O 地址	备　注	元　件	I/O 地址	备　注
SQ3	I0.3	右限位开关	KM4	Q0.3	左右电机方向
SQ4	I0.4	左限位开关	KY	Q0.4	夹紧电磁阀
SB1	I0.5	停止按钮	HL	Q0.5	原位指示灯

2. 硬件接线

根据表 6-4 绘制 PLC 的硬件接线图（见图 6-37），并根据接线图完成接线。

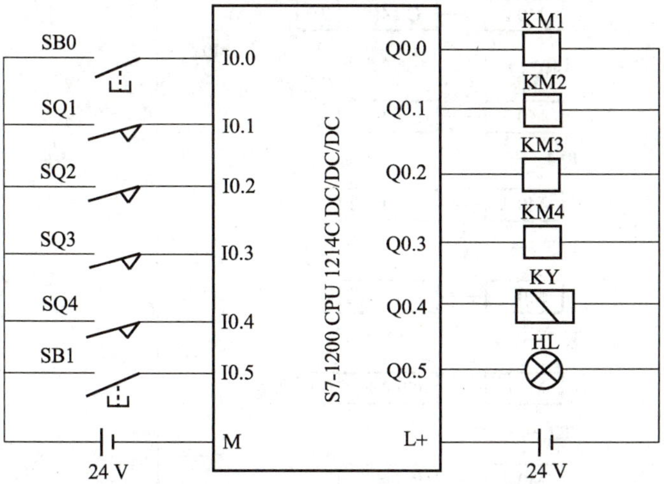

图 6-37　PLC 的硬件接线图

扫一扫

设计搬运机械手模拟系统

3. 程序设计与仿真

搬运机械手模拟系统的程序设计与仿真步骤如下。

步骤 1▶ 完成项目创建和组态设备选择，将项目命名为“搬运机械手模拟系统”。

步骤 2▶ 按照表 6-4 所示设置 PLC 变量，如图 6-38 所示。

PLC 变量

名称	变量表	数据类型	地址	保持	可从 ...	从 H...	在 H...	注释
启动按钮SB0	Input&Output	Bool	%I0.0	☐	☑	☑	☑	
下限位开关SQ1	Input&Output	Bool	%I0.1	☐	☑	☑	☑	
上限位开关SQ2	Input&Output	Bool	%I0.2	☐	☑	☑	☑	
右限位开关SQ3	Input&Output	Bool	%I0.3	☐	☑	☑	☑	
左限位开关SQ4	Input&Output	Bool	%I0.4	☐	☑	☑	☑	
停止按钮SB1	Input&Output	Bool	%I0.5	☐	☑	☑	☑	
上下电机脉冲KM1	MBit	Bool	%Q0.0	☐	☑	☑	☑	
上下电机方向KM2	Input&Output	Bool	%Q0.1	☐	☑	☑	☑	
左右电机脉冲KM3	Input&Output	Bool	%Q0.2	☐	☑	☑	☑	
左右电机方向KM4	Input&Output	Bool	%Q0.3	☐	☑	☑	☑	
夹紧电磁阀KY	Input&Output	Bool	%Q0.4	☐	☑	☑	☑	
原位指示灯HL	Input&Output	Bool	%Q0.5	☐	☑	☑	☑	

图 6-38　设置 PLC 变量

步骤 3▶ 根据搬运机械手的工作过程，绘制顺序功能图，如图 6-39 所示。

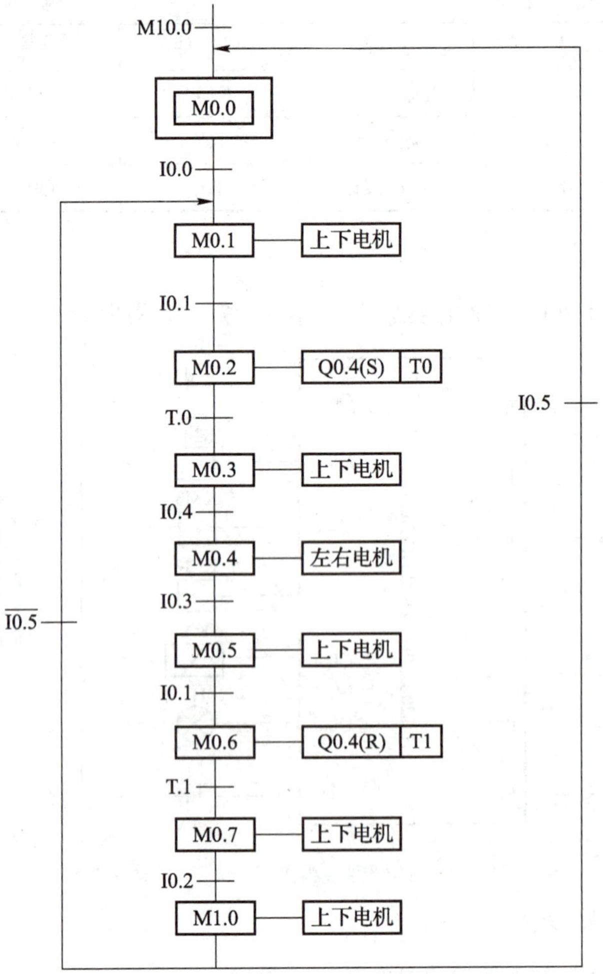

图 6-39 搬运机械手模拟系统的顺序功能图

步骤 4▶ 根据 I/O 地址分配表设置上下电机和左右电机的硬件接口参数，如图 6-40、图 6-41 所示。

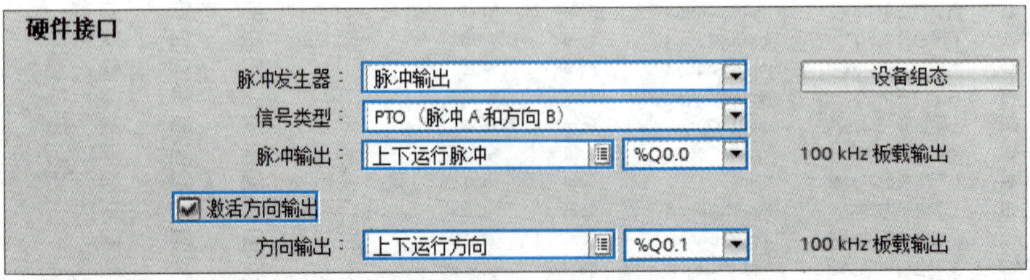

图 6-40 设置上下电机的硬件接口参数

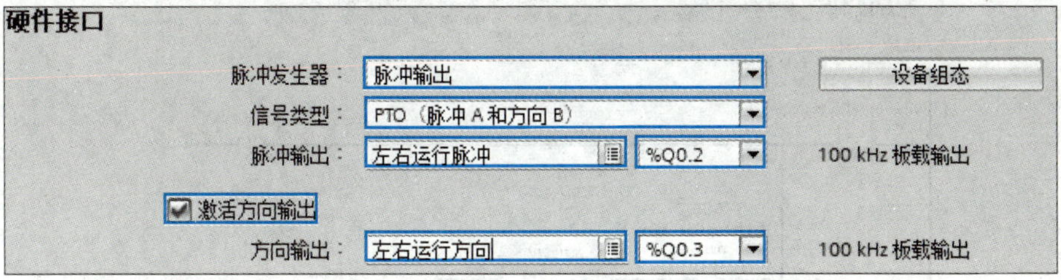

图 6-41　设置左右电机的硬件接口参数

步骤 5▶　编写梯形图程序，设计思路如下。

由图 6-39 可知，当系统运行到步 M0.1、M0.3、M0.5 和 M0.7 时，上下电机执行运动控制指令；当系统运行到步 M0.4 和 M1.0 时，左右电机执行运动控制指令。

搬运机械手模拟系统的部分梯形图程序如图 6-42 所示。

....

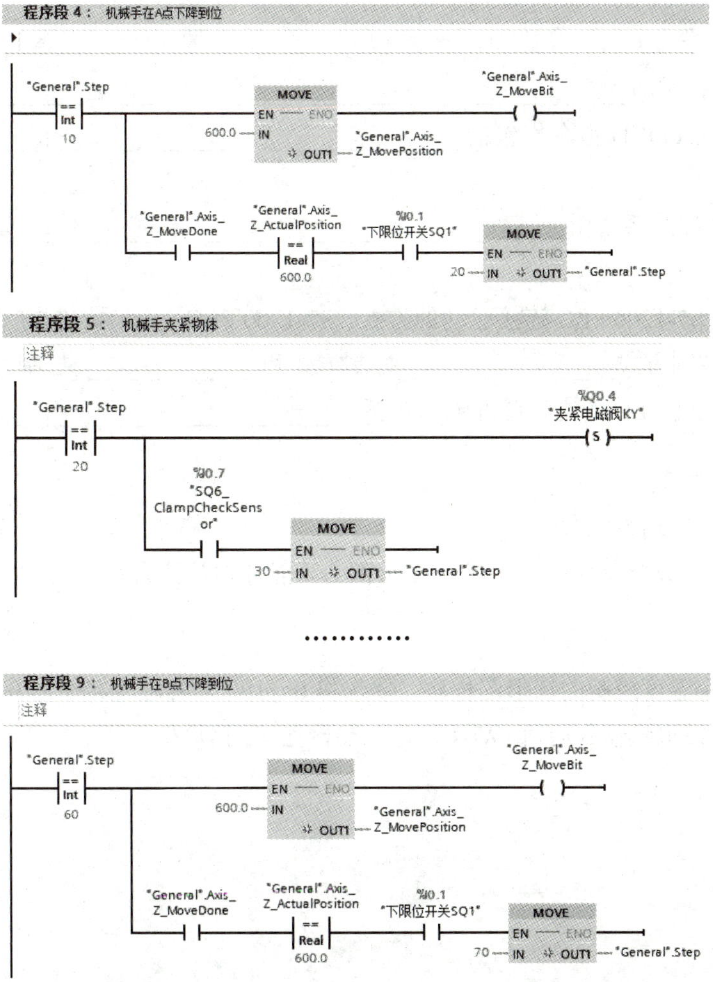

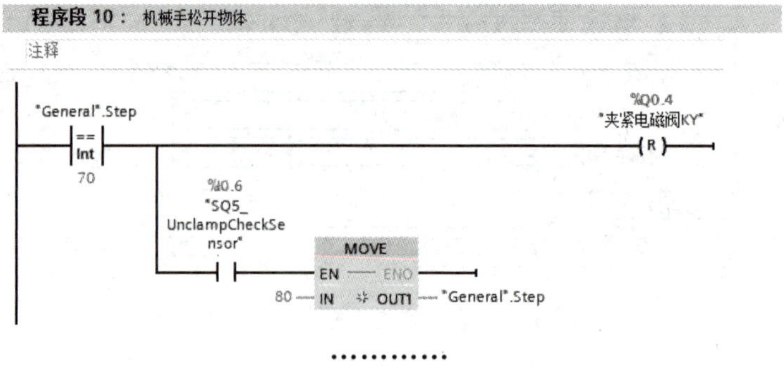

图 6-42　搬运机械手模拟系统的部分梯形图程序

学习成果检验

一、填空题

（1）PID 控制即______________、______________、______________控制。

（2）Compact PID 指令集包括______________、______________和______________ 3 个指令。

（3）运动控制系统由____________、____________、____________及____________等设备构成。

（4）根据 S7-1200 PLC 连接驱动的方式，S7-1200 PLC 的运动控制方式可分为脉冲串输出（PTO）控制方式、______________控制方式和______________控制方式 3 种。

（5）S7-1200 PLC 的高速脉冲输出包括______________和______________两种模式。

二、简答题

（1）简述 PID 控制原理。

（2）高速计数器指令中 HSC、DIR 引脚的功能分别是什么？

三、设计题

试设计一个温度控制的梯形图程序，要求将 0～100 ℃的温度转换为 0～1 V 的电压信号，送到 CPU 模拟量输入通道 IW64 中，加热器连接到 Q0.0。

学习成果评价

指导教师根据学生的实际学习成果对其进行评价，学生配合指导教师共同完成学习成果评价表，如表 6-5 所示。

表 6-5　学习成果评价表

班级		组号		日期	
姓名		学号		指导教师	
评价项目	评价内容			满分/分	评分/分
知识	PID 控制原理			5	
	PID 指令			10	
	运动控制系统的工作原理和运动控制方式			5	
	高速计数器、高速脉冲输出、运动控制参数和运动控制指令			15	
技能	能够完成恒压供水系统的设计			20	
	能够完成搬运机械手模拟系统的设计			20	
素养	积极参加教学活动，主动学习、思考、讨论			5	
	认真负责，按时完成学习、训练任务			5	
	团结协作，与组员之间密切配合			5	
	服从指挥，遵守课堂和实训室纪律			5	
	有竞争意识、勇于克服困难			5	
合计				100	
自我评价					
教师评价					

项目七

PLC 通信和人机界面的应用

项目导读

随着工业自动化的发展，PLC 已成为自动化控制系统中的重要组成部分。PLC 通信技术作为 PLC 的重要功能之一，也在不断地发展和应用。在实际生产中，为了满足对角度、速度、温度等工艺变量的实时显示要求，通常需要安装人机界面以便在使用设备时更好地实现人机互动。本项目将主要介绍如何建立 PLC 与 PLC 之间，以及 PLC 与人机界面之间的通信。

知识目标

- 熟悉 S7-1200 PLC 支持的通信类型。
- 掌握 S7-1200 PLC 通信指令的基本用法。
- 了解人机界面的定义。
- 熟悉触摸屏的工作原理和分类。

技能目标

- 掌握两台电机异地启停控制系统的设计方法。
- 掌握用触摸屏控制电机的设计方法。
- 能熟练运用通信指令进行 PLC 程序设计。

素质目标

- 树立正确的职业观，努力提高自己的职业技能。
- 加强团队合作意识，增强沟通能力。
- 关注行业资讯，增强学生的民族认同感和自信心。

任务一 掌握 PLC 通信的应用

▪ 任务引入 ▪

随着计算机网络技术的发展，现代企业的自动化程度越来越高。在大型控制系统中，由于控制任务复杂，点数较多，各任务间的数字量、模拟量相互交叉，因而出现了仅靠增强单机的控制功能及点数已难以胜任的问题。于是，各 PLC 生产厂家为了适应复杂生产的需要，也为了对 PLC 进行监控，均开发了各自的 PLC 通信技术及通信网络。

请设计两台电机异地启停控制系统，控制要求：按下本地启动按钮 SB0，本地电机 1 和异地电机 2 同时启动；按下本地停止按钮 SB1，本地电机 1 和异地电机 2 同时停止；按下异地启动按钮 SB2 或异地停止按钮 SB3，本地电机 1 和异地电机 2 也同时启动或停止。

▪ 任务工单 ▪

请扫描下方的二维码，获取任务工单，根据任务工单，学生可以课前预习相关知识，课后按步骤进行任务实施，提高操作技能。

扫一扫

一、通信基础知识

当任意两台设备之间有信息交换时，它们之间就产生了通信。PLC 通信是指 PLC 与 PLC、PLC 与计算机、PLC 与人机界面（触摸屏）、PLC 与变频器、PLC 与其他智能设备之间的信息交换。PLC 通信的任务是将地理位置不同的 PLC、计算机、各种现场设备等，通过通信介质连接起来，按照规定的通信协议，以某种特定的通信方式完成数据的传送、交换和处理。

1. 通信的基本概念

1）串行通信和并行通信

- **串行通信：** 数据的各位在一根数据线上按顺序一位一位地传送，如图 7-1 所示。串行通信的特点是数据传输速度慢，但由于只需要一根传输线且适合远距离通信，因此，PLC 与 PLC、PLC 与计算机、PLC 与人机界面（触摸屏）、PLC 与变频器之间的通信通常采用串行通信。

- **并行通信**：数据的各位在多根数据线上同时传送，如图 7-2 所示。并行通信的特点是数据传输速度快，但由于需要的传输线较多，因此成本较高，只适合近距离通信。

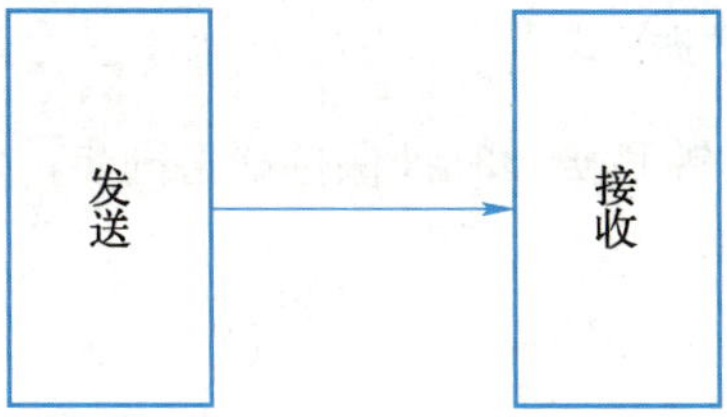

图 7-1　串行通信示意图

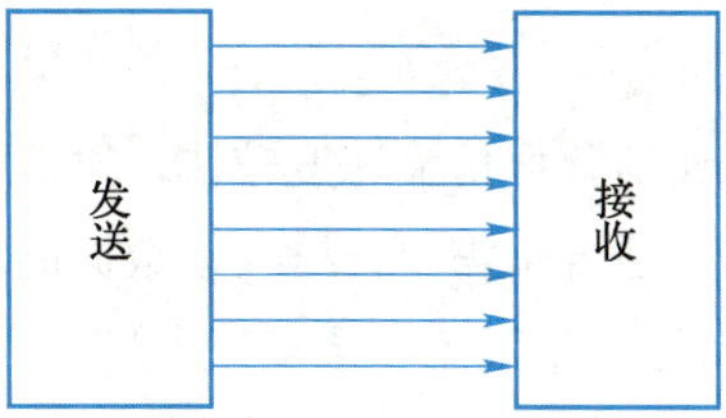

图 7-2　并行通信示意图

2）异步通信和同步通信

（1）异步通信。

异步通信是一种不连续传送数据的通信方式。数据通常是以字符为单位组成字符帧进行传送的，字符帧由发送端一帧一帧地发送，通过传输线由接收端一帧一帧地接收。

在异步通信中，接收端是靠字符帧的格式来判断发送端是何时开始及何时结束发送数据的。字符帧也称数据帧，由起始位、数据位、奇偶校验位和停止位等组成，其格式如图 7-3 所示。

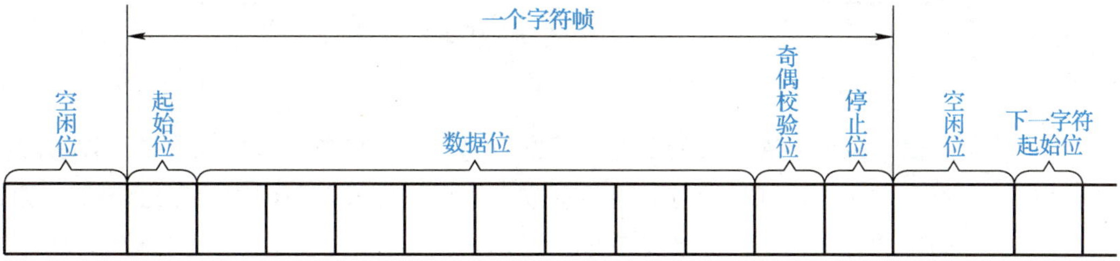

图 7-3　字符帧的格式

提　示

异步通信中额外的附加位（如起始位、停止位等）较多，因此，数据传输速度较慢，但是其对硬件的要求较低，实现起来比较容易。

（2）同步通信。

同步通信是一种连续传送数据的通信方式。数据通常是以多个字符组成的数据块为单位进行传送的。同步通信时，接收端和发送端必须先建立同步（即双方的时钟要调整到同一个频率），然后才能进行数据的传输。

在同步通信中，接收端是靠数据的格式来接收数据的。数据由同步字符、数据字符和校验字符等组成，其格式如图 7-4 所示。

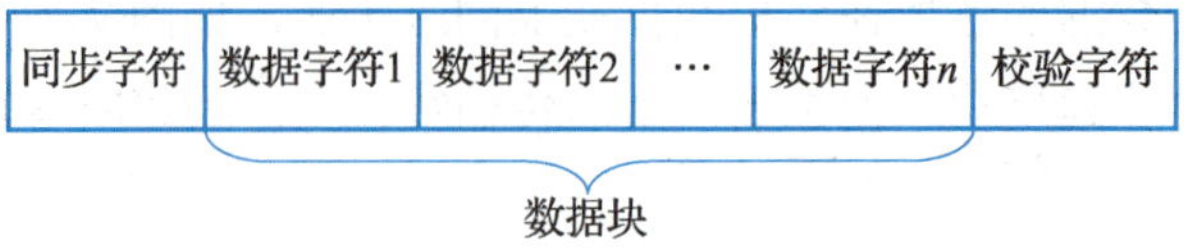

图 7-4　同步通信的数据格式

同步通信数据传输速度较快，但是要求发送时钟和接收时钟保持严格同步，对硬件的要求较高，适合于需要传送大量数据的场合。

3）单工、半双工、全双工通信

串行通信按照数据传送的方向可分为单工、半双工和全双工 3 种方式，如图 7-5 所示。

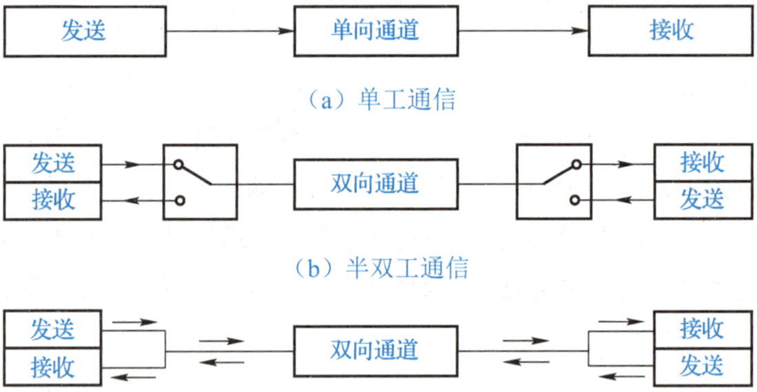

（a）单工通信

（b）半双工通信

（c）全双工通信

图 7-5　串行通信方式

- **单工通信：** 数据只能单向传送。通信双方只具有发送数据或接收数据一种功能，若一方为发送端，则另一方只能是接收端，它们形成单向连接，只允许数据按照一个固定的方向传送，如图 7-5（a）所示。
- **半双工通信：** 数据可以双向传送。通信双方均具有发送数据和接收数据两种功能，但发送和接收不能同时进行。通信时，数据只能在一个方向上传送，如图 7-5（b）所示。
- **全双工通信：** 数据可以双向传送。通信双方均具有发送数据和接收数据两种功能，而且通信时，数据能够同时在两个方向上传送，如图 7-5（c）所示。

2．RS-485 标准串行接口

串行通信的接口主要有 RS-232、RS-422 和 RS-485 接口，其中 RS-232、RS-485 接口较为常用，下面主要介绍 RS-485 接口。

RS-485 接口是在 RS-422 接口基础上发展起来的一种 EIA 标准串行接口，采用“平衡差分驱动”方式。RS-485 接口采用 9 针连接器，其外观与引脚如图 7-6 所示。

（a）外观

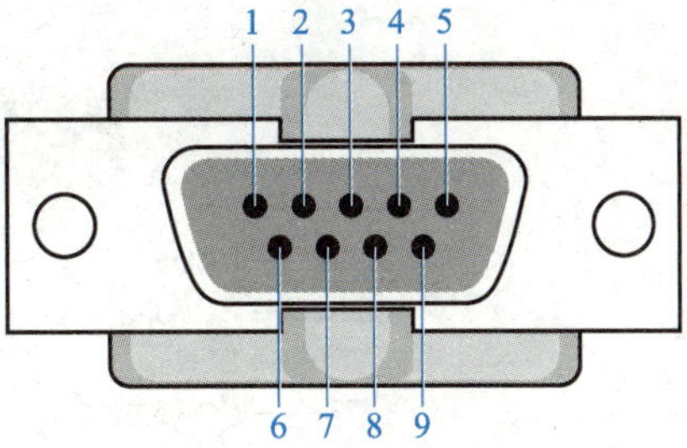

（b）引脚

图 7-6 RS-485 接口

3. S7-1200 PLC 支持的通信类型

S7-1200 PLC 的 CPU 具有一个集成的 PROFINET 端口，支持以太网和基于 TCP/IP 协议的通信标准。使用这个通信端口可以实现 S7-1200 PLC 与编程设备、人机界面（触摸屏）及其他 S7 PLC 之间的通信。PROFINET 端口适用于标准或交叉的以太网线。

S7-1200 PLC 通过扩展通信模块可实现串口通信，S7-1200 PLC 串口通信模块有两种型号，分别为 CM 1241 RS-232、CM 1241 RS-485。CM 1241 RS-232 和 CM 1241 RS-485 都支持基于字符的自由口协议。因此，这种串口通信又称为自由口通信。

提 示

S7-1200 PLC 的两种串口通信模块都必须安装在 CPU 的左侧，且数量之和不能超过 3，它们都由 CPU 模块供电，不需要外部供电。

二、S7-1200 PLC 之间的以太网通信

两台 S7-1200 PLC 之间的以太网通信，可以通过 TCP 或 ISO-on-TCP 协议来实现。博途软件提供了不带连接管理的通信指令和带连接管理的通信指令。不带连接管理的通信指令包括 TCON 指令（建立以太网连接）、TDISCON 指令（断开以太网连接）、TSEND 指令（发送数据）和 TRCV 指令（接收数据）。带连接管理的通信指令包括 TSEND_C 指令（建立以太网连接并发送数据）和 TRCV_C 指令（建立以太网连接并接收数据），本任务主要介绍带连接管理的通信指令。

1. TSEND_C 指令

TSEND_C 指令兼具 TCON 指令、TSEND 指令和 TDISCON 指令的功能，该指令首先建立以太网连接，然后发送数据，最后断开以太网连接。它可用于以太网通信（要求 CPU S7-1200 固件版本 V4.0 及以上版本）和 PROFIBUS 通信。TSEND_C 指令的指令符号如图 7-7 所示，引脚功能如表 7-1 所示。

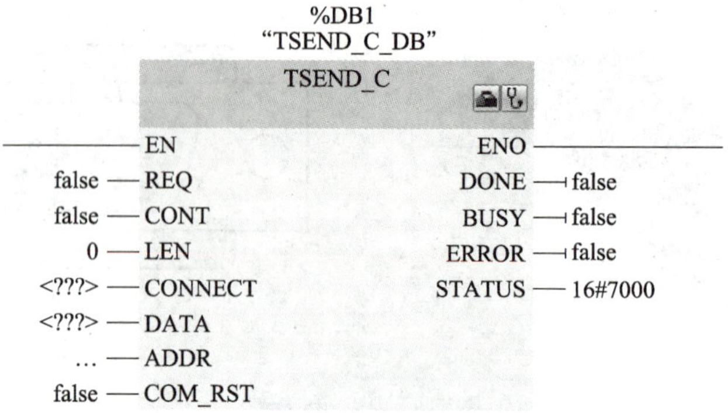

图 7-7　TSEND_C 指令的指令符号

表 7-1　TSEND_C 指令的引脚功能

引　脚	数据类型	说　明
REQ	Bool	用于建立通过 ID 指定的连接作业。该作业在上升沿时启动
CONT	Bool	0：断开通信连接 1：建立并保持通信连接
LEN	Udint	发送数据的最大字节长度
CONNECT	TCON_Param	指向连接描述的指针
DATA	Variant	包含要发送数据的地址和长度
ADDR	Any	可选参数，指向接收方地址的指针
COM_RST	Bool	重置连接，状态为“1”时，重置现有连接
DONE	Bool	0：作业尚未开始或仍在运行 1：作业无错完成
BUSY	Bool	0：作业完成 1：作业尚未完成，无法触发新作业
ERROR	Bool	0：无错误 1：处理时出错
STATUS	Word	错误代码

2．TRCV_C 指令

TRCV_C 指令兼具 TCON 指令、TRCV 指令和 TDISCON 指令的功能，该指令首先建立以太网连接，然后接收数据，最后断开以太网连接。TRCV_C 指令的指令符号如图 7-8 所示。

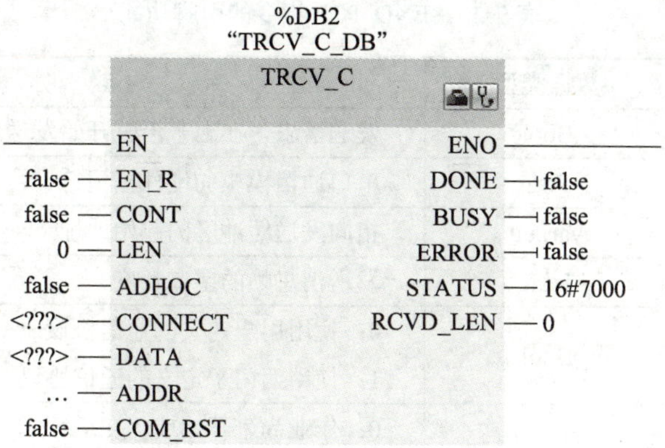

图 7-8 TRCV_C 指令的指令符号

在 TRCV_C 指令中，除 EN_R、ADHOC 和 RCVD_LEN 引脚外，其他引脚功能与 TSEND_C 指令的引脚功能相同。EN_R 的数据类型为 Bool，当 EN_R 的状态为“1”时启动。ADHOC 的数据类型为 Bool，当其状态为“0”时，可接收指定长度的数据；当其状态为“1”时，可设置为 Ad-hoc 模块。RCVD_LEN 的数据类型为 Int，它表示实际接收的数据量（以字节为单位）。

两台 S7-1200 PLC 之间的以太网通信的详细步骤将在任务实施中详细介绍，这里不再赘述。

三、S7-1200 PLC 之间的自由口通信

要实现两台 S7-1200 PLC 之间的自由口通信，需要用到 SEND_PTP 指令和 RCV_PTP 指令。

1. SEND_PTP 指令

SEND_PTP 指令是自由口通信的发送指令，当 REQ 端为上升沿时，通信模块发送消息。SEND_PTP 指令的指令符号如图 7-9 所示，引脚功能如表 7-2 所示。

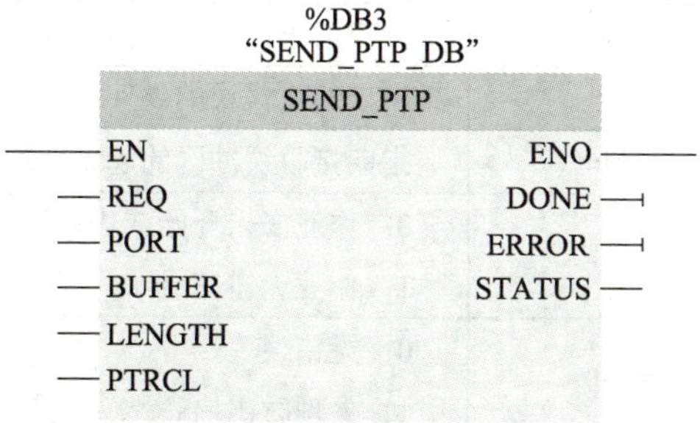

图 7-9 SEND_PTP 指令的指令符号

表 7-2　SEND_PTP 指令的引脚功能

引　脚	数据类型	说　明
REQ	Bool	发送请求，在上升沿时开始发送消息帧
PORT	Port	串口通信模块的硬件标识符
BUFFER	Variant	指向发送缓冲区的起始地址
LENGTH	Uint	发送消息帧的字节长度
PTRCL	Bool	0：使用用户定义的通信协议 1：使用西门子定义的通信协议
DONE	Bool	0：作业尚未开始或仍在运行 1：作业无错完成
ERROR	Bool	0：无错误 1：处理时出错
STATUS	Word	错误代码

2. RCV_PTP 指令

RCV_PTP 指令是自由口通信的接收指令，当 EN_R 端为上升沿时，通信模块接收消息。RCV_PTP 指令的指令符号如图 7-10 所示，引脚功能如表 7-3 所示。

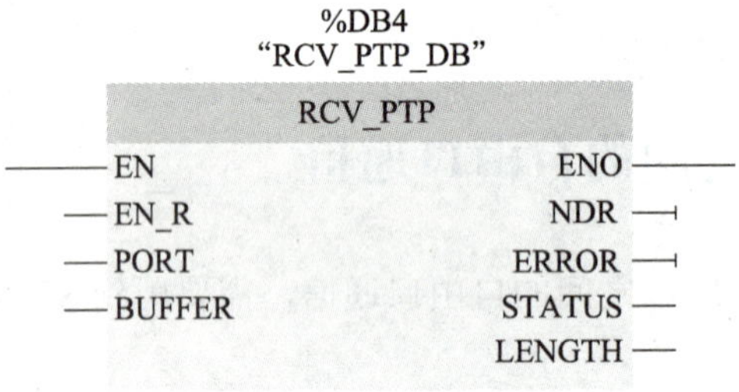

图 7-10　RCV_PTP 指令的指令符号

表 7-3　RCV_PTP 指令的引脚功能

引　脚	数据类型	说　明
EN_R	Bool	接收请求，在上升沿时开始接收消息帧
PORT	Port	串口通信模块的硬件标识符
BUFFER	Variant	指向接收缓冲区的起始地址
NDR	Bool	0：作业尚未开始或仍在运行 1：作业无错完成
ERROR	Bool	0：无错误 1：处理时出错
STATUS	Word	错误代码
LENGTH	Uint	接收消息帧的字节长度

两台 S7-1200 PLC 之间的自由口通信，可以通过添加通信模块来实现，在此均增加 CM 1241 RS-485。下面以例 7-1 为例来介绍两台 S7-1200 PLC 之间实现自由口通信的详细步骤。

【例 7-1】两台设备 S7-1200 PLC 的 CPU 均为 CPU 1214C，两者之间进行自由口通信，实现设备 1 的启停按钮能启停设备 2 上的电机。

分析：

（1）主要软硬件配置。

① TIA Portal V15.1。

② 一根网线。

③ 两块 CM 1241C RS-485。

④ 两台 PLC，设备类型均为 CPU 1214C DC/DC/DC。

（2）硬件组态。

① 新建项目。新建一个项目，名称为“S7-1200 PLC 之间的自由口通信”，然后添加两台 CPU 1214C DC/DC/DC 和两块 CM 1241 RS-485，如图 7-11 所示。

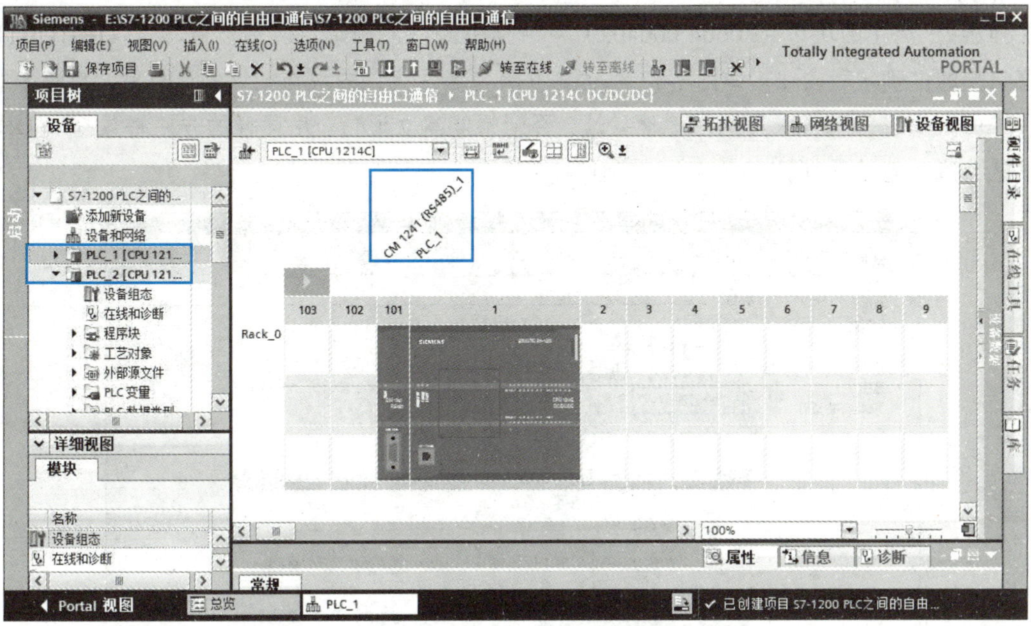

图 7-11 组态两个 CPU

② 启用系统和时钟存储器字节。先选中 PLC_2 中的 CPU 1214C DC/DC/DC，再选择“属性”→“常规”→“系统和时钟存储器”选项，在右边窗口中勾选“启用系统存储器字节”和“启用时钟存储器字节”，如图 7-12 所示。用同样的方法启用 PLC_1 中的系统和时钟存储器字节，并将 M0.5 设置成 1 Hz 的周期脉冲。

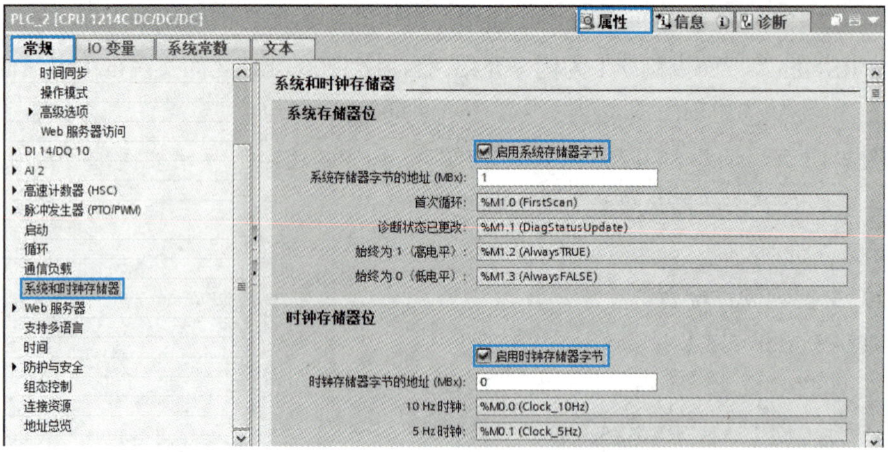

图 7-12　启用系统和时钟存储器字节

③ 添加数据块。分别在 PLC_1 和 PLC_2 中添加数据块，命名为 DB1 和 DB2。在项目树窗口中，右击新生成的数据块 DB1，在弹出的快捷菜单中单击“属性”选项，打开“DB1[DB1]”窗口，选择“常规”→“属性”选项，取消勾选“优化的块访问”复选框，在弹出的“优化的块访问(0604:000402)”对话框中，单击“确定”按钮，然后单击“DB1[DB1]”窗口中的“确定”按钮，如图 7-13 所示。取消勾选“优化的块访问”复选框后，对该数据块中的数据访问就可采用绝对地址寻址，否则不能建立通信。用同样的方法将数据块 DB2 设置为绝对地址寻址。

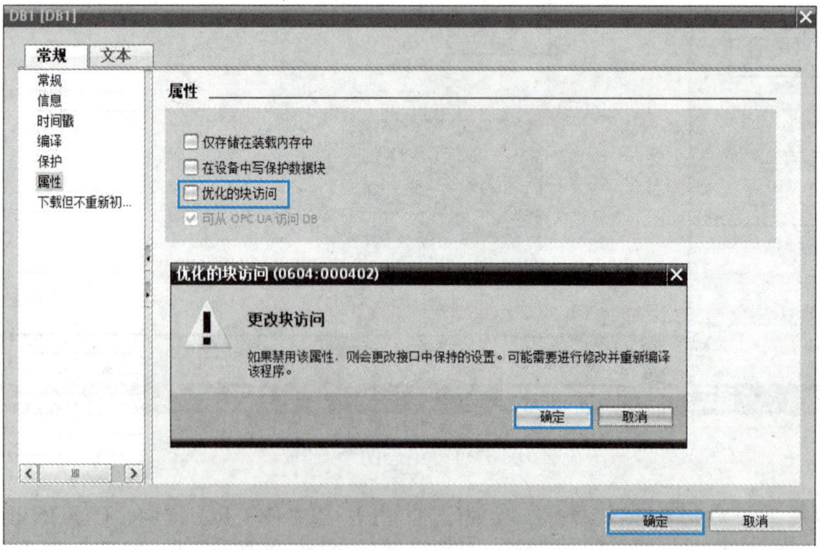

图 7-13　将数据块 DB1 设置为绝对地址寻址

④ 创建数组。打开 PLC_1 中的数据块 DB1，创建数组 A[0..1]，数组中有两个字节 A[0]和 A[1]，如图 7-14 所示。用同样的方法在 PLC_2 的数据块 DB2 中创建数组 A[0..1]。

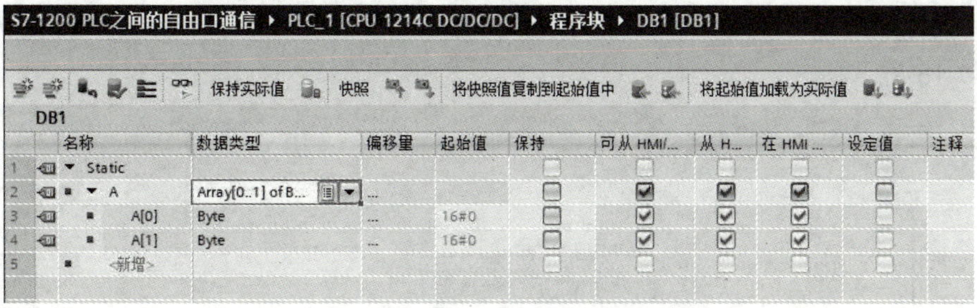

图 7-14　在 DB1 中创建数组 A[0..1]

（3）编写程序。

① PLC_1 中的程序为发送程序。打开 PLC_1 下程序块中的主程序 OB1，编写发送程序如图 7-15 所示。

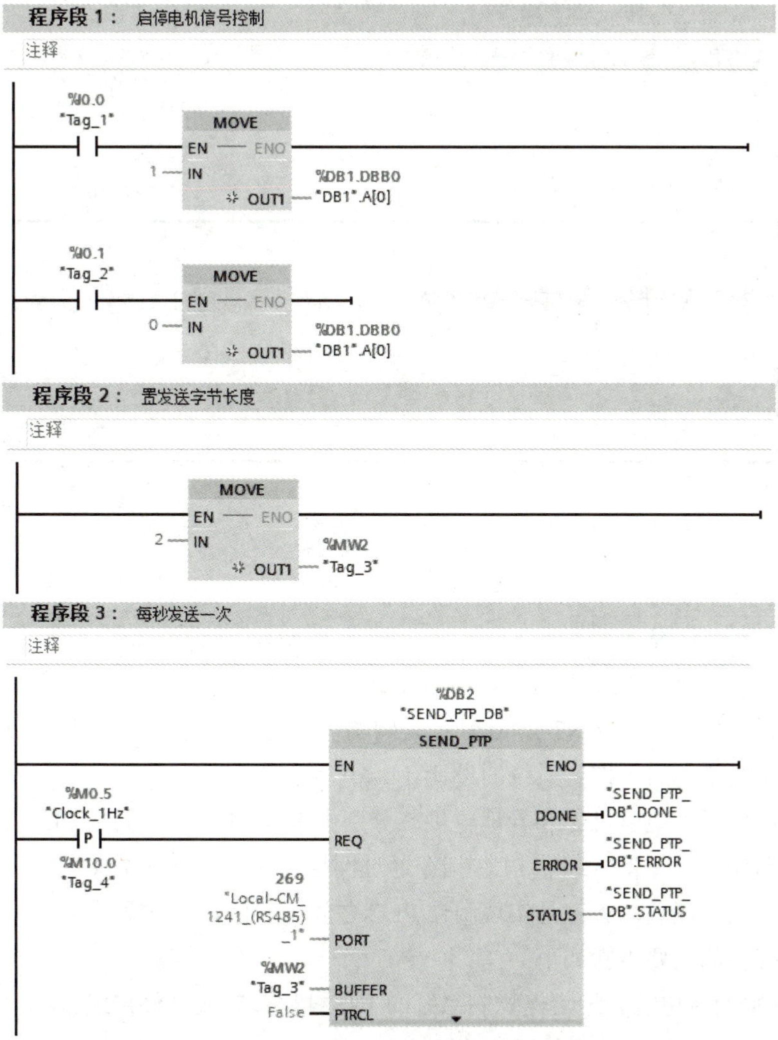

图 7-15　发送程序

② PLC_2 中的程序为接收程序。打开 PLC_2 下程序块中的主程序 OB1，编写接收程序如图 7-16 所示。

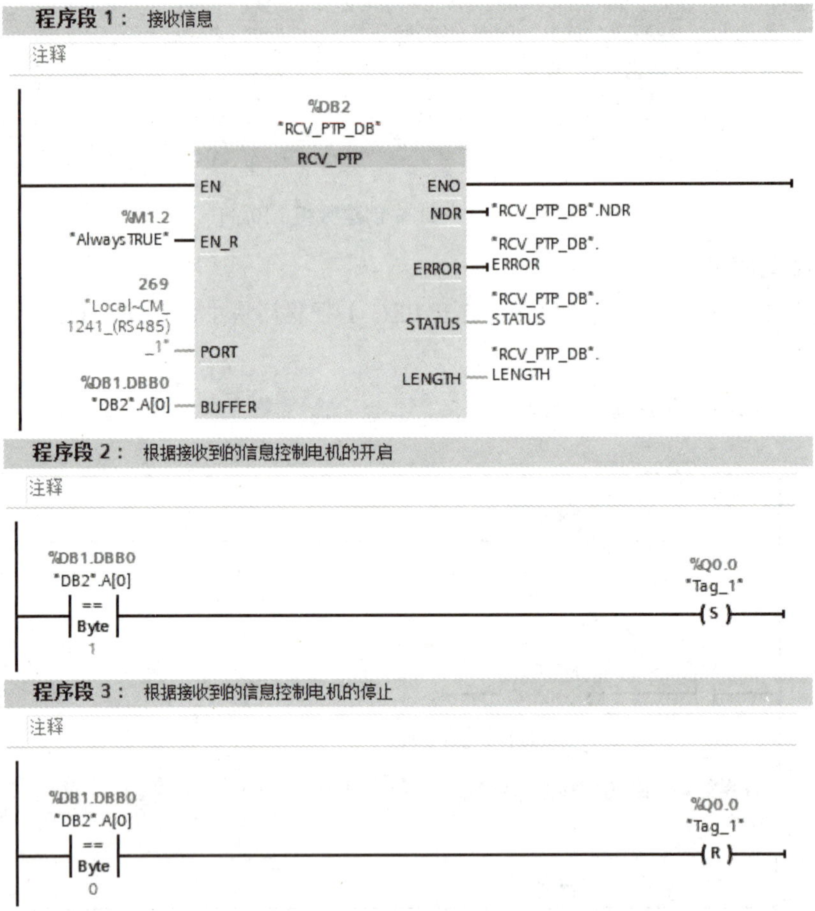

图 7-16 接收程序

任务分析

本任务需要先学习建立 S7-1200 PLC 之间的以太网通信的相关知识，在此基础上，才能完成两台电机异地启停控制系统的设计。

在本任务中，本地电机 1 和异地电机 2 分别由本地 PLC_1 和异地 PLC_2 控制，要完成电机异地启停，需要将本地的 PLC 指令通过网络传送到远程的 PLC 中，并利用网络完成远程控制，故本任务的关键是实现两台 PLC 之间的通信。

完成该任务的主要步骤如下。

（1）根据两台电机异地启停控制系统的工作过程，完成硬件接线。

（2）建立两台 PLC 之间的通信。

任务实施——设计两台电机异地启停控制系统

1. 硬件接线

扫一扫

设计两台电机异地启停控制系统

将本地启动按钮 SB0 和本地停止按钮 SB1 分别连接到 PLC_1 的 I0.0 和 I0.1 引脚，电机 1 的接触器连接到 PLC_1 的 Q0.0 引脚；异地启动按钮 SB2 和异地停止按钮 SB3 分别连接到 PLC_2 的 I0.0 和 I0.1 引脚，电机 2 的接触器连接到 PLC_2 的 Q0.0 引脚。

2. 建立两台 PLC 之间的通信

建立 PLC_1 与 PLC_2 之间的通信，然后用通信指令完成两台 PLC 之间的数据传输，主要步骤如下。

步骤 1▶ 用带有水晶头的网线连接两台 PLC。

步骤 2▶ 打开博途软件，创建新项目，并将其命名为“两台电机异地启停控制系统”。然后添加新设备，选择两个控制器 PLC_1 和 PLC_2，设备类型均为 CPU 1214C DC/DC/DC（订货号为 6ES7 214-1AG40-0XB0）。

步骤 3▶ 在项目树窗口中，双击“PLC_1[CPU 1214C DC/DC/DC]”下的“设备组态”选项，然后在编辑区下方选择“属性”→“常规”→“系统和时钟存储器”选项，勾选“启用系统存储器字节”和“启用时钟存储器字节”复选框，如图 7-17 所示。用同样的方法设置 PLC_2[CPU 1214C DC/DC/DC]。

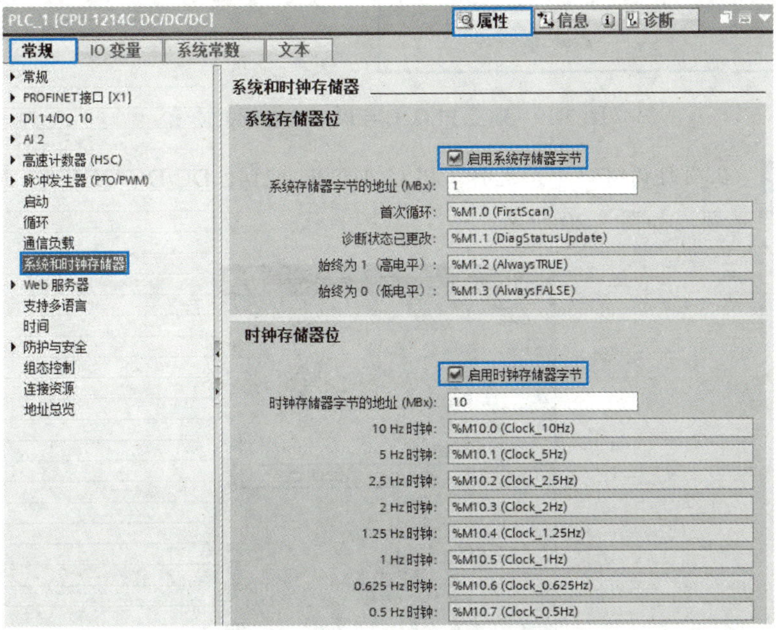

图 7-17 设置“系统和时钟存储器”

步骤 4▶ 选择“常规”→“PROFINET 接口[X1]”→“以太网地址”选项，选中“在项目中设置 IP 地址”单选钮，在“IP 地址”编辑框中输入“192.168.0.1”，如图 7-18 所示。用同样的方法将 PLC_2 的以太网地址设置为 192.168.0.2，然后在“网络视图”窗口中连接两台 PLC，如图 7-19 所示。

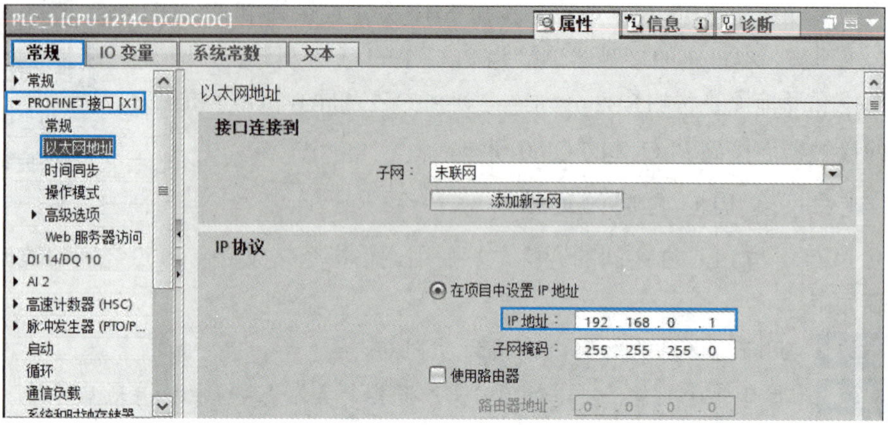

图 7-18 设置 IP 地址

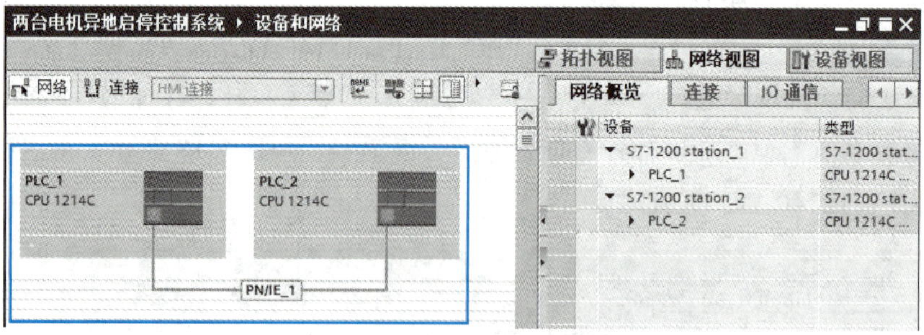

图 7-19 建立 PLC_1 与 PLC_2 之间的通信

步骤 5▶ 在项目树窗口中，选择“PLC_1[CPU 1214C DC/DC/DC]”→“程序块”→“添加新块”选项，如图 7-20 所示。

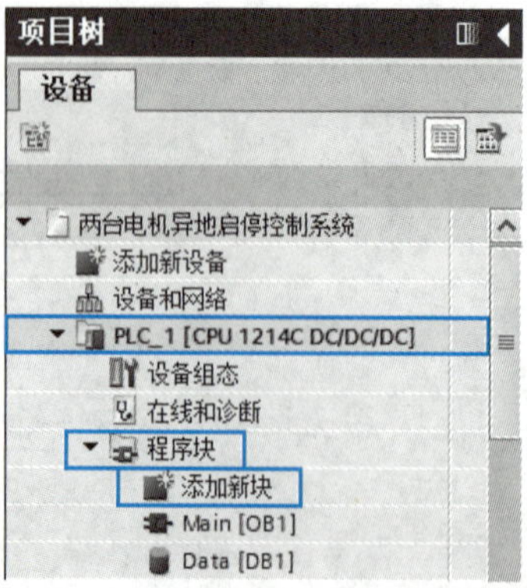

图 7-20 添加新块

步骤 6▶ 双击“添加新块”，打开“添加新块”界面，在“名称”编辑框中输入“Data”，在“类型”列表框中选择“全局 DB”选项，然后单击“确定”按钮，如图 7-21 所示。

图 7-21 新建全局数据块

步骤 7▶ 在数据块 Data 中，新建数组 send（方法请参考项目四），用来发送数据到对方通信 PLC 中，数据类型为 Array[0..9] of Bool，共计 10 个字节；新建数组 get，用来接收对方通信 PLC 发送过来的数据，数据类型为 Array[0..9] of Bool，共计 10 个字节，如图 7-22 所示。

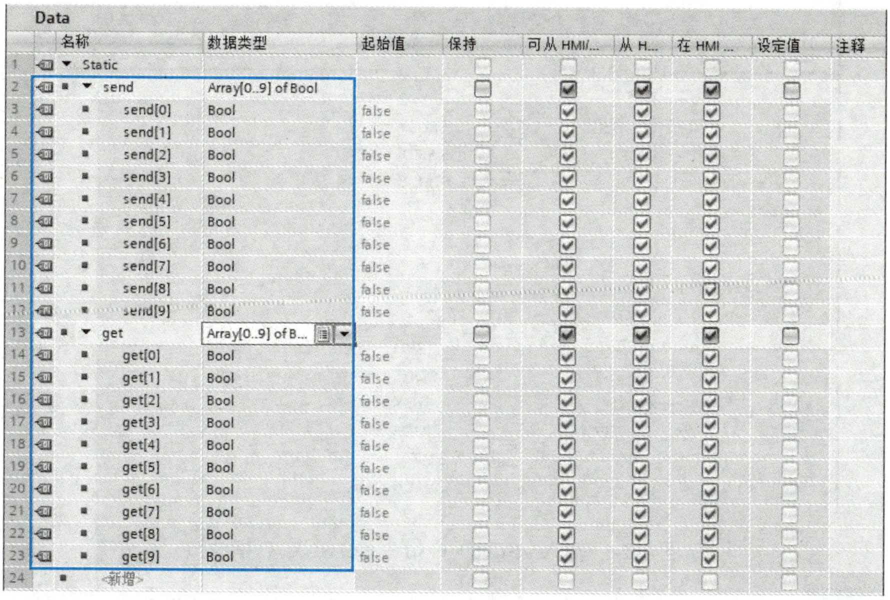

Data

	名称	数据类型	起始值	保持	可从 HMI/...	从 H...	在 HMI ...	设定值	注释
1	▼ Static			☐	☐	☐	☐	☐	
2	▼ send	Array[0..9] of Bool		☐	☑	☑	☑	☐	
3	send[0]	Bool	false	☐	☑	☑	☑	☐	
4	send[1]	Bool	false	☐	☑	☑	☑	☐	
5	send[2]	Bool	false	☐	☑	☑	☑	☐	
6	send[3]	Bool	false	☐	☑	☑	☑	☐	
7	send[4]	Bool	false	☐	☑	☑	☑	☐	
8	send[5]	Bool	false	☐	☑	☑	☑	☐	
9	send[6]	Bool	false	☐	☑	☑	☑	☐	
10	send[7]	Bool	false	☐	☑	☑	☑	☐	
11	send[8]	Bool	false	☐	☑	☑	☑	☐	
12	send[9]	Bool	false	☐	☑	☑	☑	☐	
13	▼ get	Array[0..9] of B...		☐	☑	☑	☑	☐	
14	get[0]	Bool	false	☐	☑	☑	☑	☐	
15	get[1]	Bool	false	☐	☑	☑	☑	☐	
16	get[2]	Bool	false	☐	☑	☑	☑	☐	
17	get[3]	Bool	false	☐	☑	☑	☑	☐	
18	get[4]	Bool	false	☐	☑	☑	☑	☐	
19	get[5]	Bool	false	☐	☑	☑	☑	☐	
20	get[6]	Bool	false	☐	☑	☑	☑	☐	
21	get[7]	Bool	false	☐	☑	☑	☑	☐	
22	get[8]	Bool	false	☐	☑	☑	☑	☐	
23	get[9]	Bool	false	☐	☑	☑	☑	☐	
24	<新增>			☐	☐	☐	☐	☐	

图 7-22 新建数组

步骤 8▶ 在项目树窗口中，右击“Data[DB1]”选项，在弹出的快捷菜单中单击“属性”选项。在打开的“Data[DB1]”窗口中，取消勾选“优化的块访问”复选框，在弹出的“优化的块访问（0604:000402）”对话框中，单击“确定”按钮，然后单击“Data[DB1]”窗口中的“确定”按钮，将数据块 Data[DB1]设置为绝对地址寻址，如图 7-23 所示。

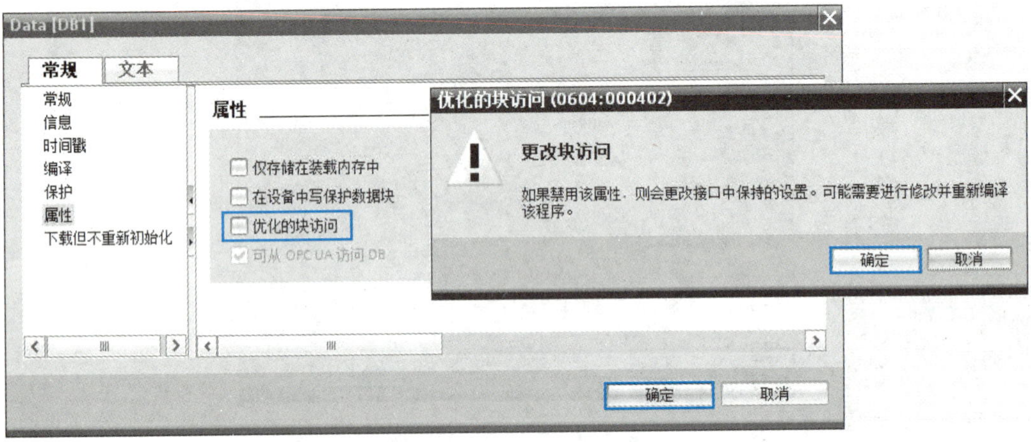

图 7-23　将数据块 Data[DB1]设置为绝对地址寻址

步骤 9▶ 在 PLC_1 程序块 Main[OB1]的编辑区中，输入通信指令中的 TSEND_C 指令和 TRCV_C 指令，如图 7-24 所示。

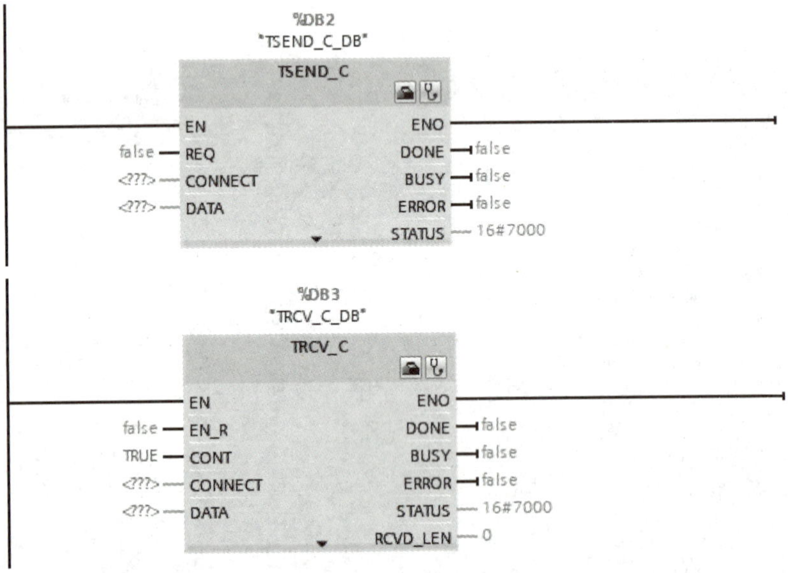

图 7-24　输入 TSEND_C 指令和 TRCV_C 指令

步骤 10▶ 单击“TSEND_C”，在下方“属性”窗口的“组态”选项卡中选择“连接参数”，按照图 7-25 所示设置各项参数。

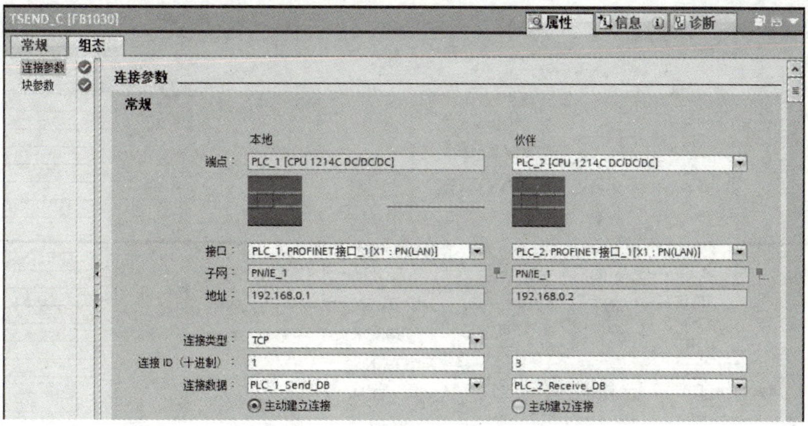

图 7-25 设置 TSEND_C 的参数

步骤 11▶ 按照步骤 10 的方法，设置 TRCV_C 的参数，如图 7-26 所示。

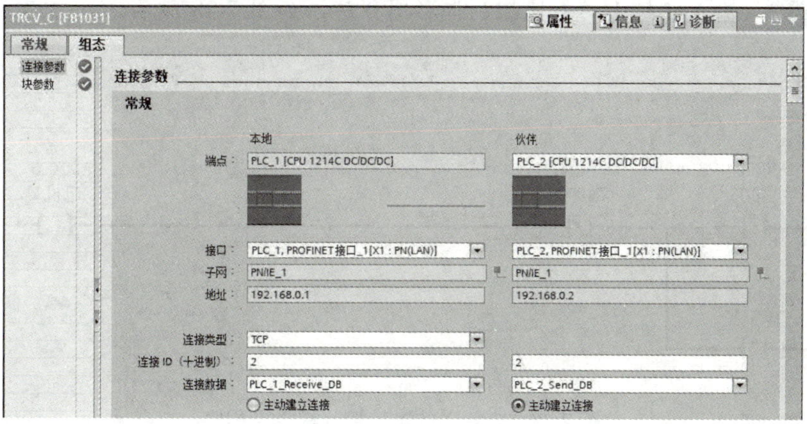

图 7-26 设置 TRCV_C 的参数

步骤 12▶ 设置 TSEND_C 指令和 TRCV_C 指令的引脚参数，如图 7-27 所示。

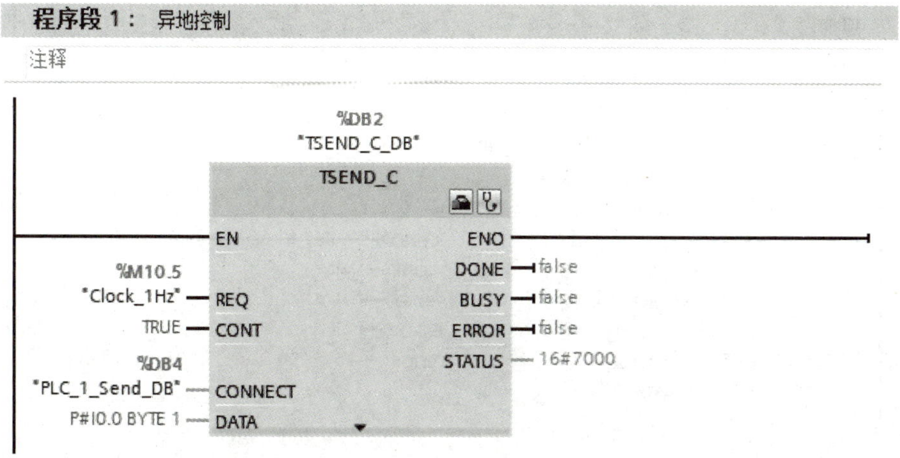

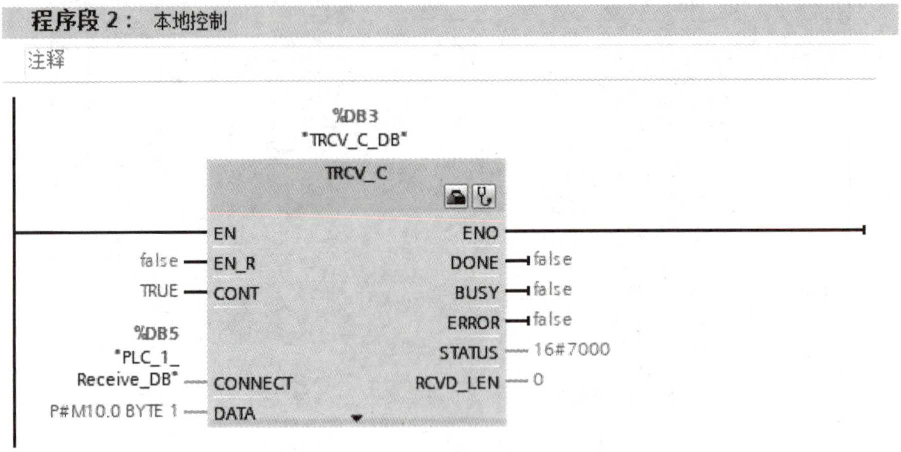

图 7-27　设置 TSEND_C 指令和 TRCV_C 指令的引脚参数

步骤 13▶ 输入电机 1 的本地控制梯形图程序，如图 7-28 所示。

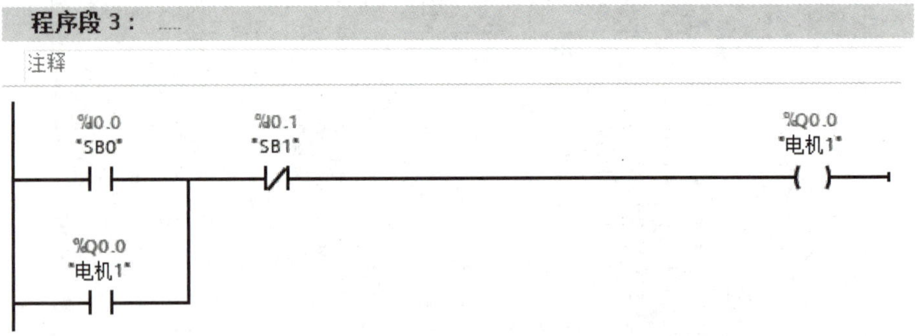

图 7-28　电机 1 的本地控制梯形图程序

步骤 14▶ 按照步骤 5～步骤 13 的方法，在 PLC_2 的 Main[OB1]中，输入 TSEND_C 指令和 TRCV_C 指令，完成 PLC_2 的组态和编程，梯形图程序如图 7-29 所示。

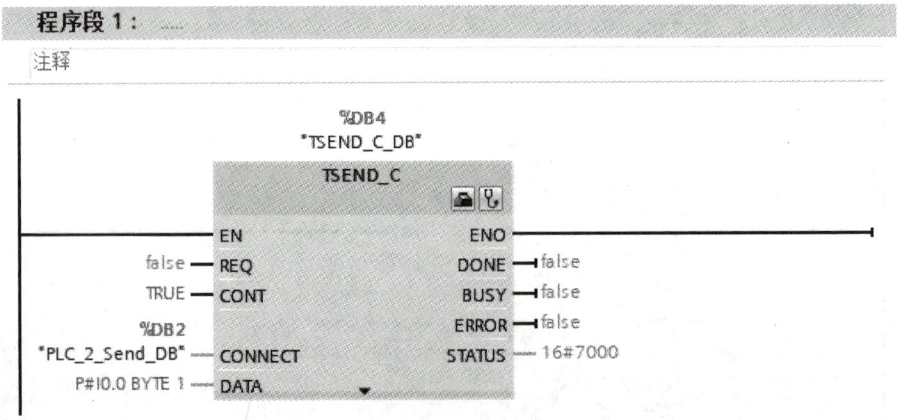

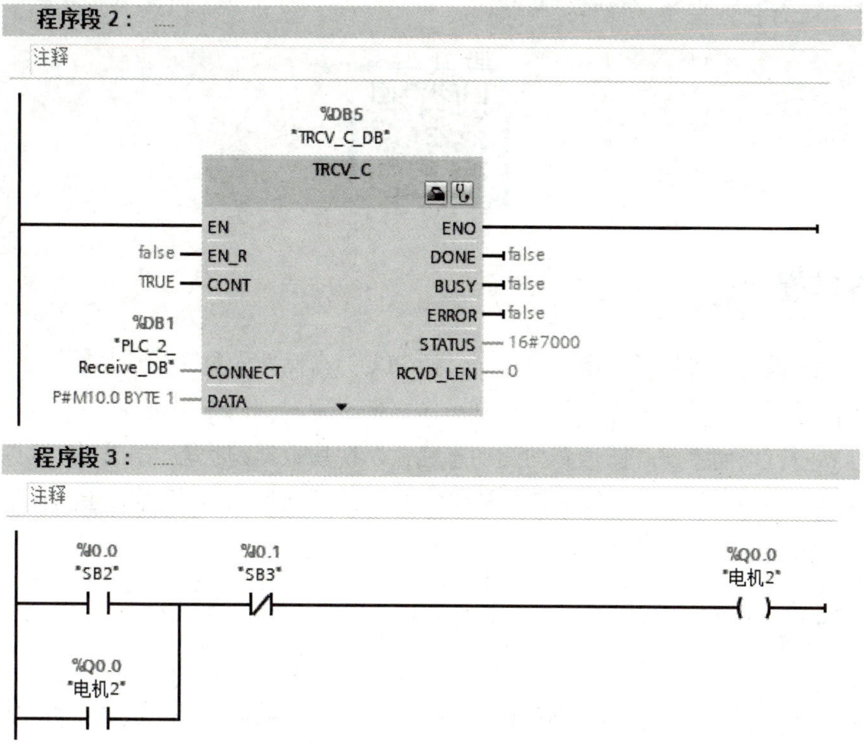

图 7-29 电机 2 的远程控制梯形图程序

步骤 15▶ 将程序下载到对应 PLC 中，依次按下 SB0、SB1、SB2 和 SB3，观察两台电机的工作状态。

任务二 掌握人机界面的应用

任务引入

人机界面（HMI）又称人机接口，在生活中我们比较常见的人机界面就是触摸屏，在本任务中，我们将重点学习触摸屏与 S7-1200 PLC 之间的组态与应用。

请用触摸屏控制电机，控制要求：在触摸屏上添加三个按钮和两个指示灯，三个按钮分别用来控制电机的正转、反转和停止，两个指示灯分别用来表示电机的正转和反转。

任务工单

请扫描下方的二维码，获取任务工单，根据任务工单，学生可以课前预习相关知识，课后按步骤进行任务实施，提高操作技能。

扫一扫

一、人机界面

从广义上说，人机界面是指计算机（包括 PLC）与操作人员交换信息的设备。在控制领域，人机界面一般特指操作人员与控制系统之间进行对话的专用设备。

人机界面可以用字符、图形和动画动态地显示现场数据和状态，操作人员可以通过人机界面控制现场的被控设备，使设备在最佳状态下运行。此外，人机界面还具有记录数据、管理用户、报警、通信等功能。

二、触摸屏

触摸屏是人机界面发展的一个重要产物，用户可以在触摸屏上生成满足要求的触摸式按键，也可以直观地看到系统的控制结果。触摸屏画面上的按钮和指示灯可以取代传统的硬件元件，从而减少 PLC 需要的 I/O 点数，降低企业成本。

1．触摸屏的工作原理

触摸屏由触摸检测器和触摸屏控制器组成，触摸检测器安装在显示器的屏幕上，用于检测用户触摸的位置，接收信息后送至触摸屏控制器；触摸屏控制器用于将接收到的信息转换成触点坐标，并送给 PLC；同时，它还能接收 PLC 发来的命令，并加以执行。

2．触摸屏的分类

西门子的触摸屏主要包括 SIMATIC 精简系列面板、SIMATIC 精智面板、SIMATIC 移动式面板等，本任务以 SIMATIC 精简系列面板为例介绍触摸屏与 S7-1200 PLC 之间的连接。

SIMATIC 精简系列面板具有独特的 SIMATIC 触摸屏工业设计特点，采用 PROFINET/以太网通信接口或 PROFIBUS 的标准通信接口，通过这些通信接口与控制器进行通信、传输参数、设置数据和组态数据。

任务分析

本任务需要先学习人机界面与触摸屏的相关知识，在此基础上，才能建立触摸屏与 S7-1200 PLC 之间的网络通信，并完成触摸屏控制电机的设计。

完成该任务的主要步骤如下。

（1）PLC 硬件组态。

（2）画面组态的准备工作。

（3）组态文本域。

（4）组态按钮。

（5）组态指示灯。

（6）程序下载及仿真。

任务实施——用触摸屏控制电机

用触摸屏控制电机的主要步骤如下。

扫一扫

用触摸屏控制电机

1. PLC 硬件组态

步骤 1▶ 完成项目创建和组态设备选择，将项目命名为“用触摸屏控制电机”。

步骤 2▶ 添加控制器，设备类型为 CPU 1214C DC/DC/DC。

步骤 3▶ 设置 PLC 的 I/O 变量。在“设备视图”窗口中，选中 PLC 后，选择“属性”窗口中的“IO 变量”选项卡，设置 I/O 变量的“名称”“类型”“地址”等，如图 7-30 所示。

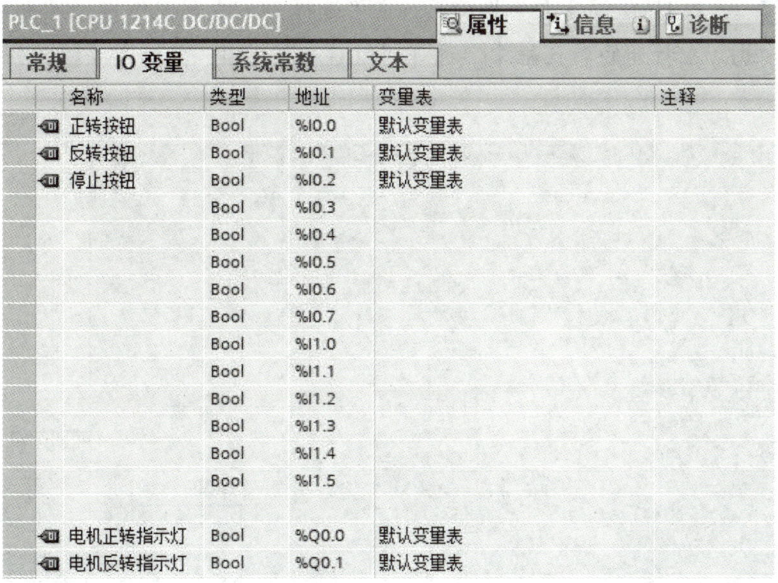

名称	类型	地址	变量表	注释
正转按钮	Bool	%I0.0	默认变量表	
反转按钮	Bool	%I0.1	默认变量表	
停止按钮	Bool	%I0.2	默认变量表	
	Bool	%I0.3		
	Bool	%I0.4		
	Bool	%I0.5		
	Bool	%I0.6		
	Bool	%I0.7		
	Bool	%I1.0		
	Bool	%I1.1		
	Bool	%I1.2		
	Bool	%I1.3		
	Bool	%I1.4		
	Bool	%I1.5		
电机正转指示灯	Bool	%Q0.0	默认变量表	
电机反转指示灯	Bool	%Q0.1	默认变量表	

图 7-30 设置 PLC 的 I/O 变量

2. 画面组态的准备工作

步骤 1▶ 添加 HMI（方法请参考项目一任务二），如图 7-31 所示。

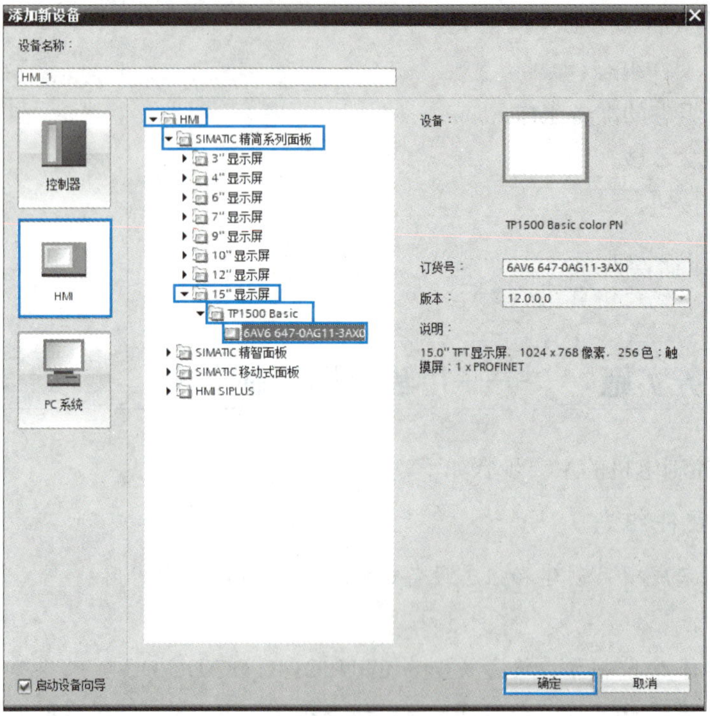

图 7-31　添加 HMI

步骤 2▶ 进入 HMI 设备向导界面后，在“选择 PLC”列表框中，单击“浏览...”右侧的下拉按钮▾，在打开的对话框中，选择“PLC_1”选项，然后单击☑按钮，如图 7-32 所示。

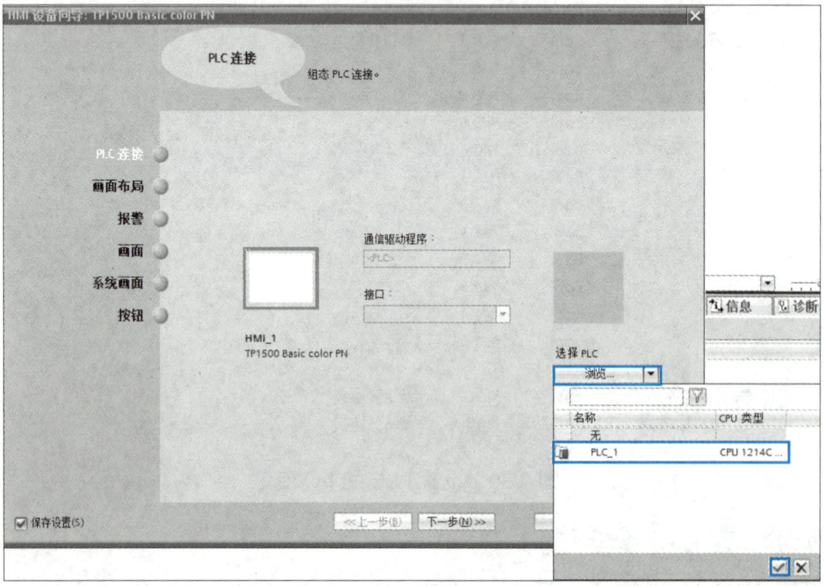

图 7-32　连接 HMI 与 PLC

步骤 3▶ 单击“下一步”按钮，进入画面布局界面，单击“背景色”右侧的下拉按钮▼，修改背景颜色，然后勾选“页眉”、“日期时间”和“Logo”复选框，如图 7-33 所示。

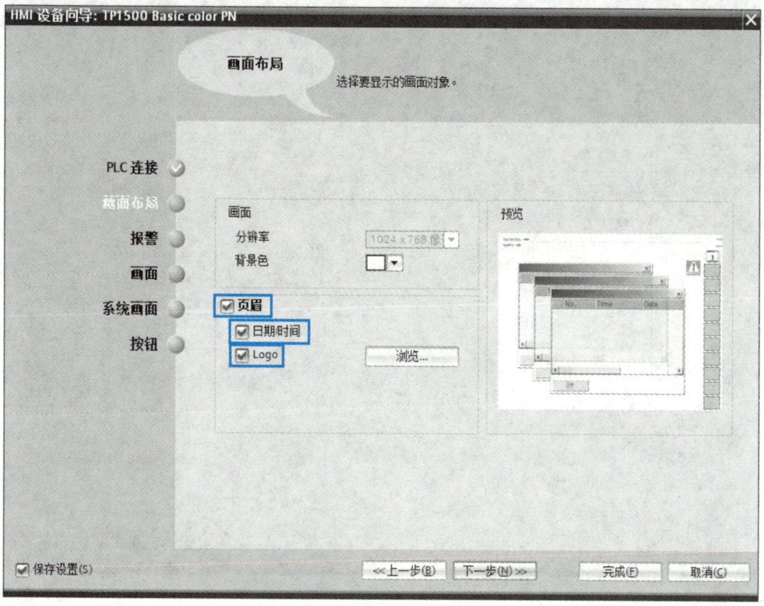

图 7-33　设置画面布局

步骤 4▶ 单击“下一步”按钮，进入报警界面，根据需要选择报警信号，本任务中勾选“未确认的报警”“未决报警”和“未决的系统事件”复选框，如图 7-34 所示。

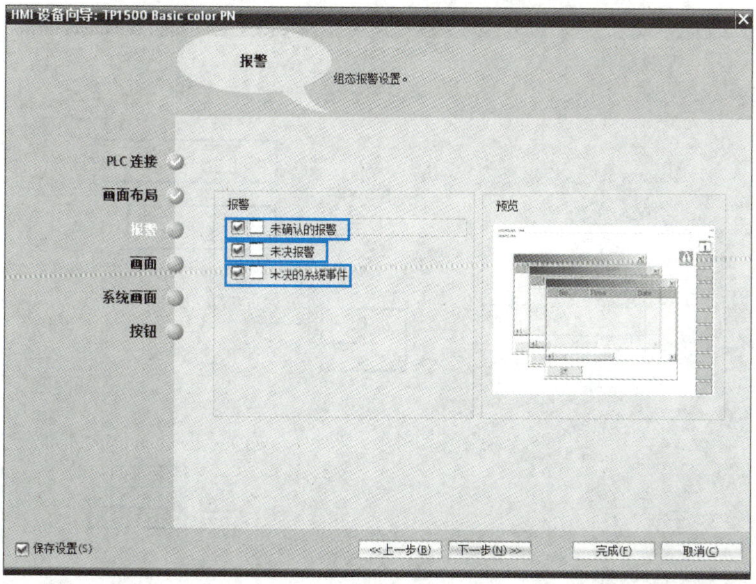

图 7-34　选择报警信号

步骤 5▶ 单击“下一步”按钮，进入画面浏览界面，单击“+”按钮添加画面，如图 7-35 所示。

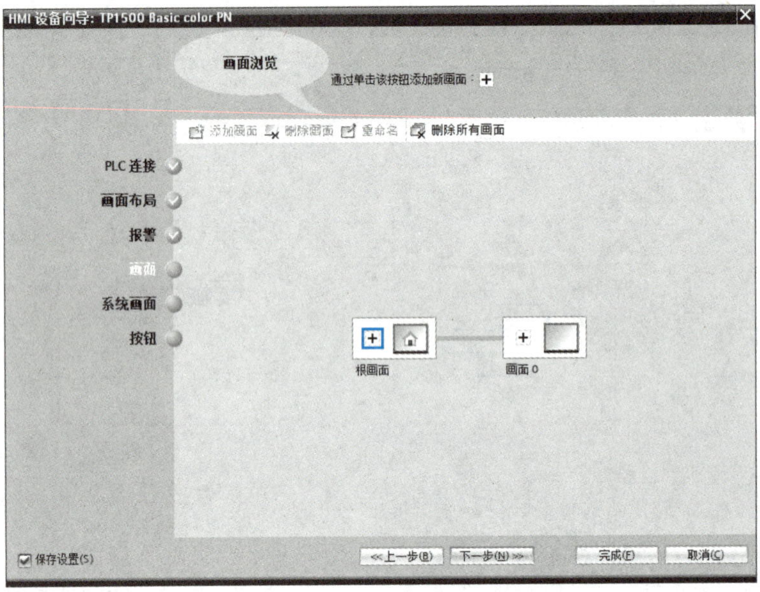

图 7-35 添加画面

步骤 6▶ 单击“下一步”按钮，进入系统画面界面，勾选“系统画面”“SIMATIC PLC 系统诊断视图”“项目信息”复选框及“操作模式”“语言切换”“停止运行系统”子复选框（根据系统实际需求勾选），如图 7-36 所示。

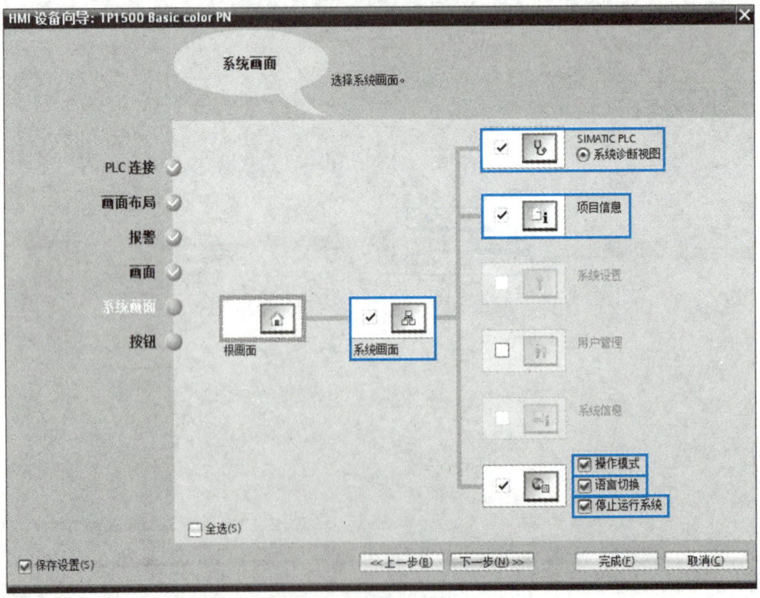

图 7-36 设置系统画面

步骤 7▶ 单击“下一步”按钮，进入按钮界面，勾选“按钮区域”的“左”“下”“右”3 个复选框（也可根据需要取消勾选），如图 7-37 所示。

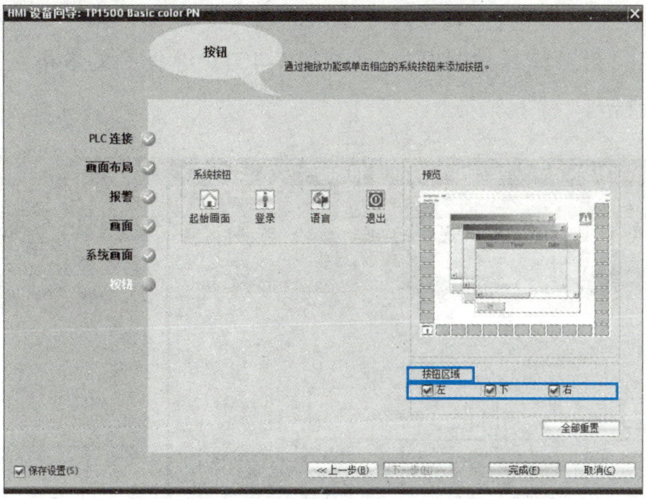

图 7-37 设置系统按钮

步骤 8▶ 单击“完成”按钮，进入 HMI 画面，如图 7-38 所示。

图 7-38 HMI 画面

步骤 9▶ 在项目树窗口中，选择“HMI_1[TP1500 Basic color PN]”中的“HMI 变量”选项，双击“显示所有变量”，打开“HMI 变量”窗口。设置 HMI 变量如图 7-39 所示。

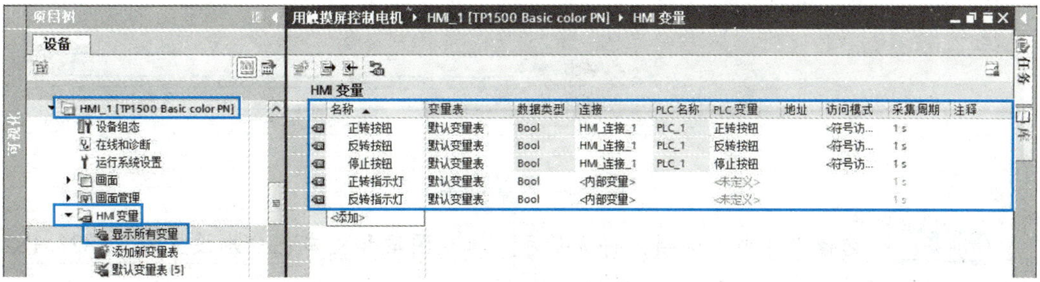

图 7-39 设置 HMI 变量

3. 组态文本域

步骤 1▶ 关闭“HMI 变量”窗口。在“根画面”窗口中，将“基本对象”下的“文本域”A添加到画面中（拖拽），打开文本域的“属性”窗口。选择“常规”选项，在“文本”编辑框中输入“用触摸屏控制电机”（见图 7-40）；选择“文本格式”选项，设置文本格式，如图 7-41 所示。

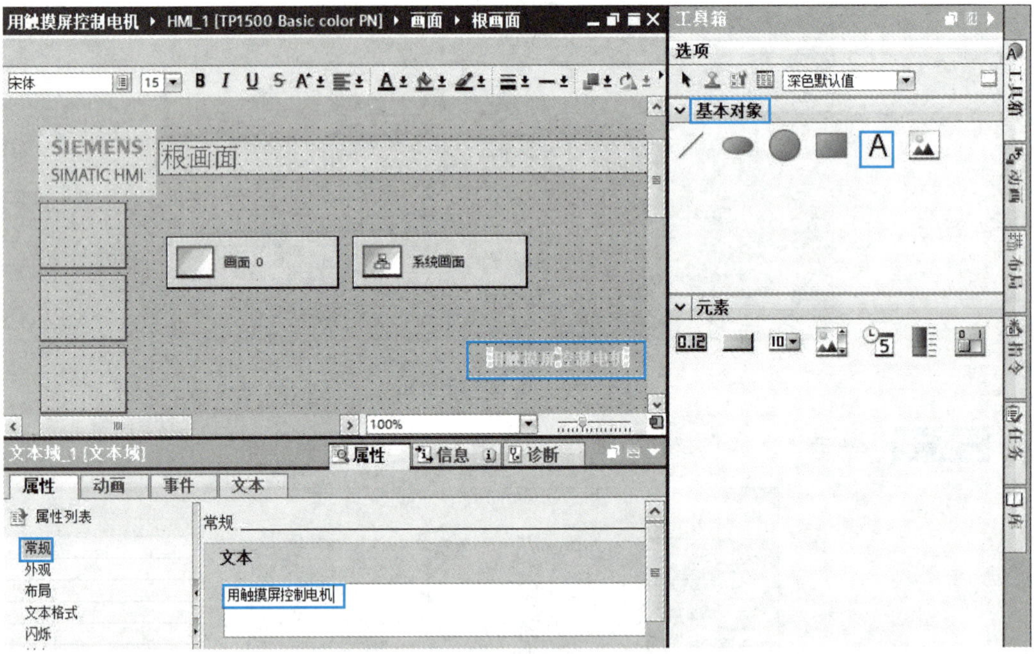

图 7-40 输入文本

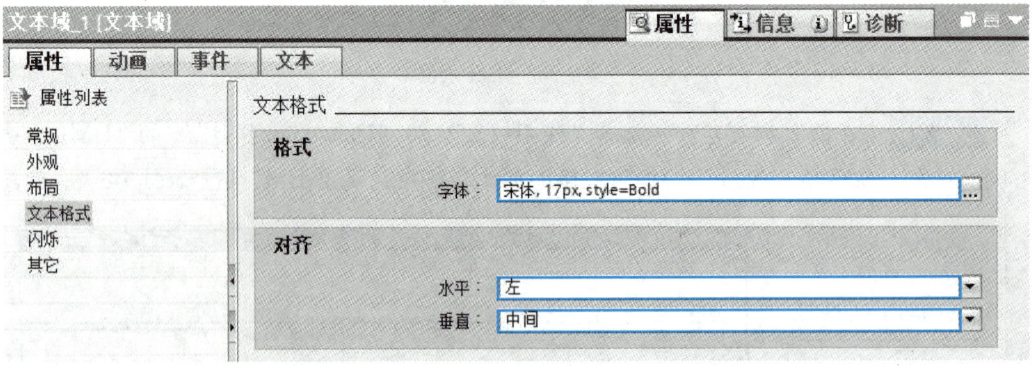

图 7-41 设置文本格式

步骤 2▶ 选择“外观”选项，将背景色、填充图案和文本色分别设置为“182，182，182”“透明”和“0，0，0”，如图 7-42 所示。

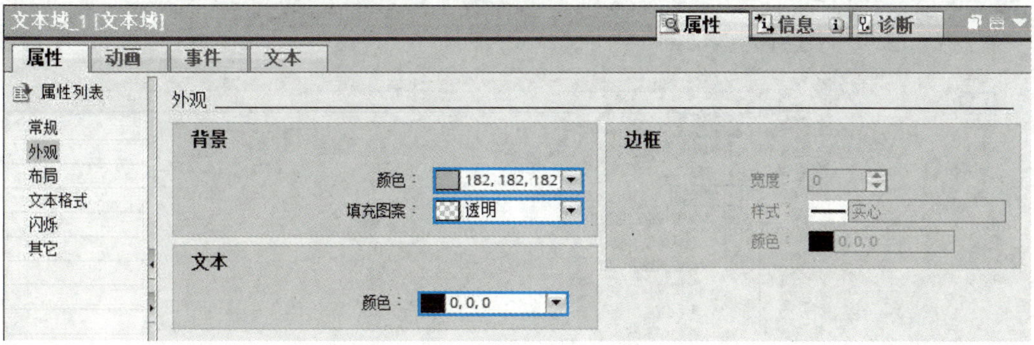

图 7-42　设置文本域外观

4. 组态按钮

步骤 1▶　将“元素”中的“按钮”添加到画面中，在“属性”窗口的“属性”选项卡中，选择“常规”选项，设置“模式”为“文本”，“标签”为“文本”且按钮“未按下”时显示的图形为“正转”，如图 7-43 所示。

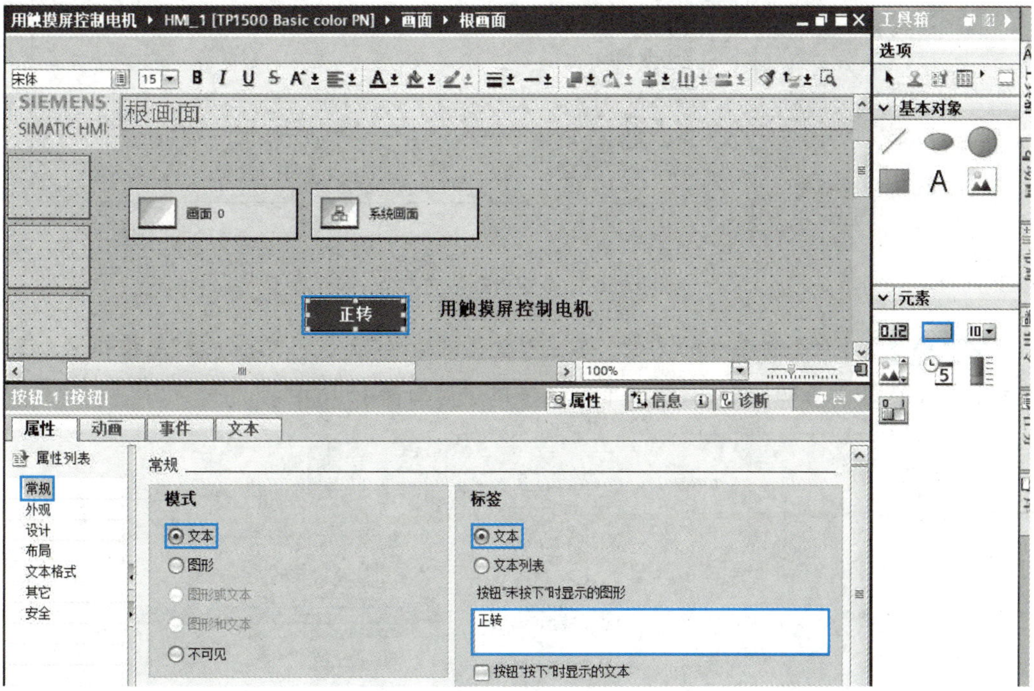

图 7-43　添加按钮

步骤 2▶　在“事件”选项卡中，选择“按下”选项，单击“添加函数”右侧的下拉按钮，选择“系统函数”→“编辑位”→“置位位”选项，如图 7-44（a）所示；然后继续添加函数，选择“系统函数”→“编辑位”→“复位位”选项，如图 7-44（b）所示。

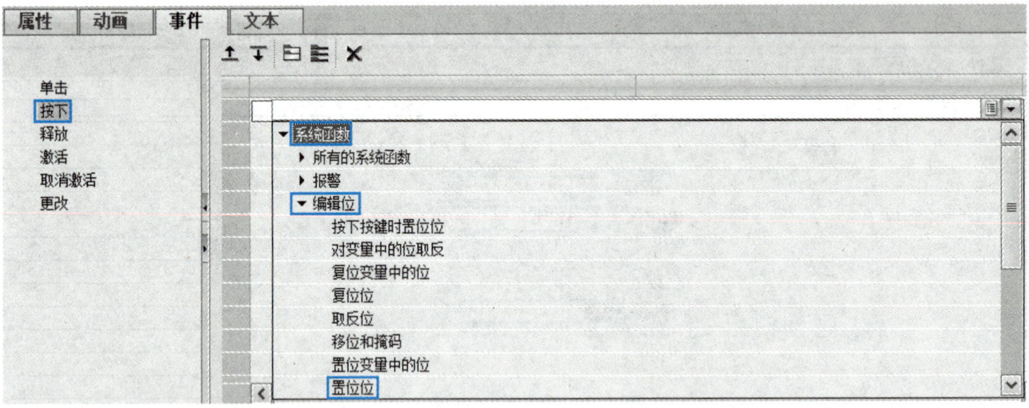

（a）

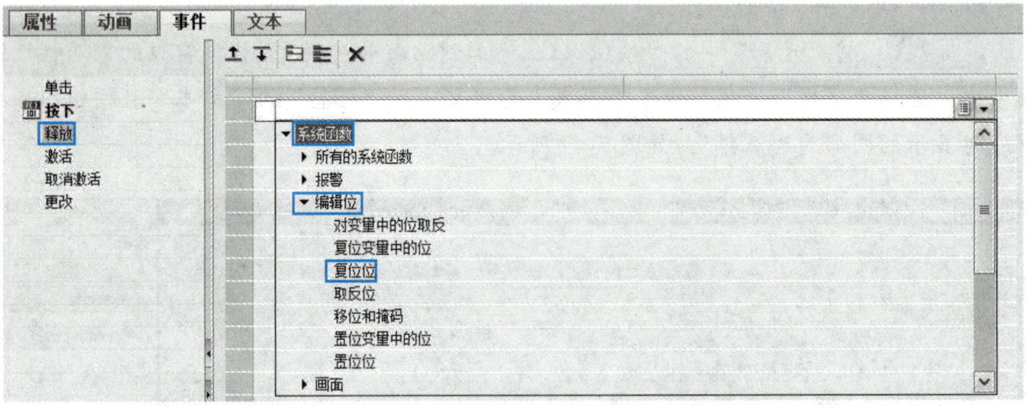

（b）

图 7-44　设置启动按钮事件

步骤 3▶ 对两个新添加的函数，单击“变量（输入/输出）”右侧的扩展按钮，在变量列表框中选择“正转按钮”，然后单击按钮，如图 7-45 所示。

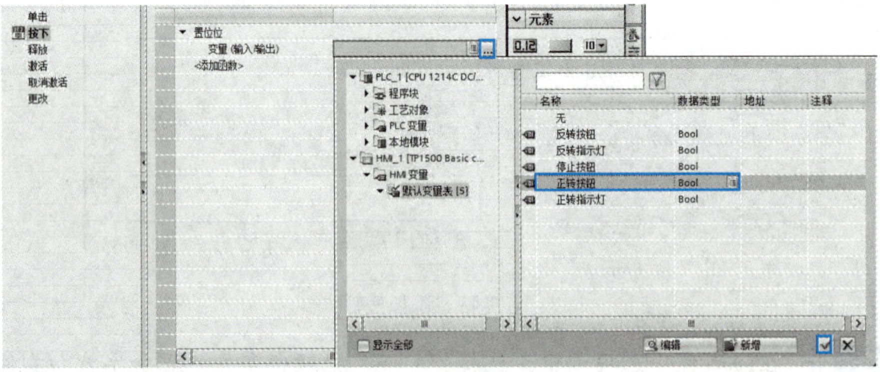

图 7-45　设置启动按钮对应变量

步骤 4▶ 按照步骤 1～步骤 3 的方法，添加和设置“反转”按钮和“停止”按钮。

5. 组态指示灯

步骤 1▶ 设置正转指示灯动画。添加指示灯形状“圆”后，在“属性”窗口中，选择“动画”→“显示”→“添加新动画”选项，在弹出的“添加动画”对话框中，选择“外观”选项，单击“确定”按钮，如图 7-46（a）所示。在“名称”编辑框中输入“正转指示灯”，选中“范围”单选钮，并设置范围参数，如图 7-46（b）所示。

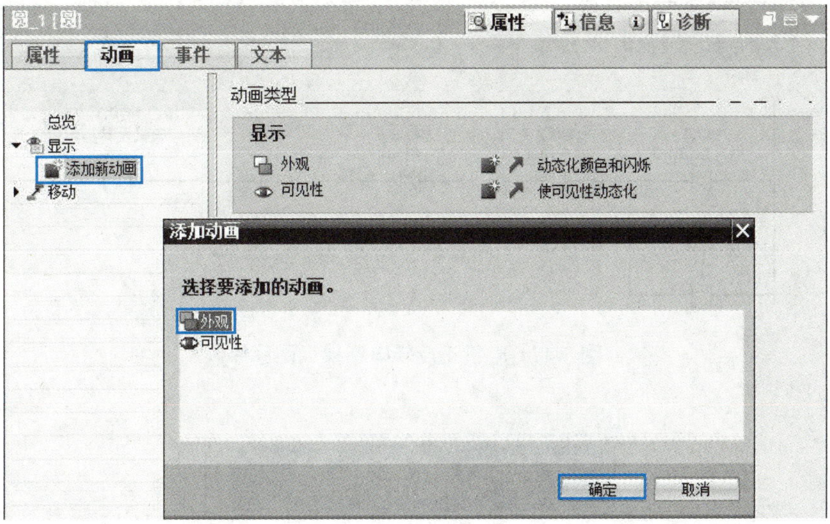

（a）

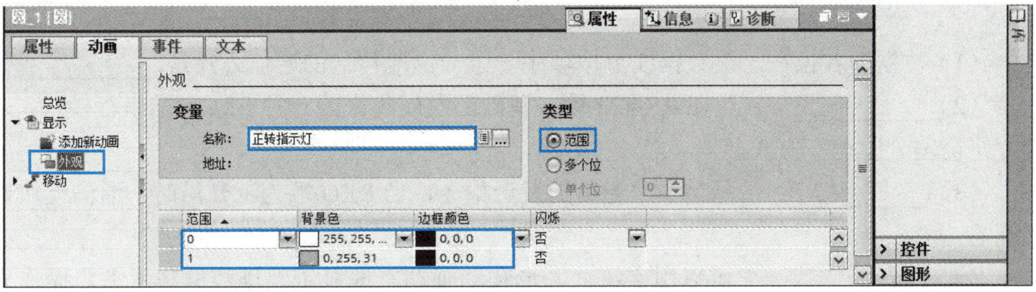

（b）

图 7-46 添加正转指示灯

步骤 2▶ 按照步骤 1 的方法设置反转指示灯动画。

6. 程序下载及仿真

步骤 1▶ 编写梯形图程序，如图 7-47 所示。

步骤 2▶ 将 PLC 站点和 HMI 站点分别下载到项目中。

步骤 3▶ 用以太网电缆将 PLC 与触摸屏连接起来，验证 PLC 与触摸屏的功能是否符合要求。

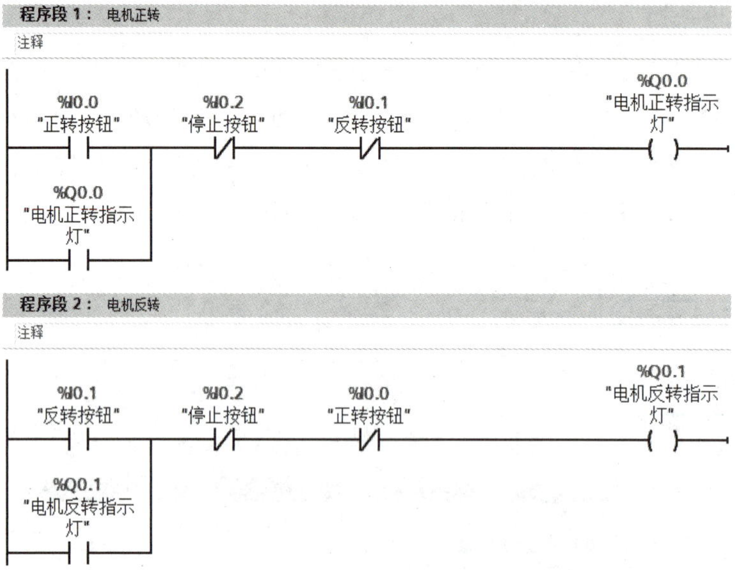

图 7-47　电机正反转电路梯形图程序

学习成果检验

一、填空题

（1）数据的各位在一根数据线上按顺序一位一位地传送的通信方式是____________。

（2）______________是在 RS-422 接口基础上发展起来的一种 EIA 标准串行接口，采用“平衡差分驱动”方式。

（3）______________是自由口通信的发送指令，当 REQ 端为上升沿时，通信模块发送消息。

（4）______________可以用字符、图形和动画动态地显示现场数据和状态，操作人员可以通过人机界面控制现场的被控设备，使设备在最佳状态下运行。

（5）触摸屏控制器用于将接收到的信息转换成______________，并送给 PLC；同时，它还能接收 PLC 发来的命令，并加以执行。

二、简答题

（1）TRCV_C 指令有什么功能？

（2）什么是人机界面？

三、设计题

请用以太网通信，完成将一个 S7-1200 PLC 的 DB10.DBW0～DB10.DBW4 中的数据写到另一个 S7-1200 PLC 的 DB100.DBW0～DB100.DBW4 中。

学习成果评价

指导教师根据学生的实际学习成果对其进行评价，学生配合指导教师共同完成学习成果评价表，如表 7-4 所示。

表 7-4 学习成果评价表

班级		组号		日期	
姓名		学号		指导教师	
评价项目	评价内容			满分/分	评分/分
知识	通信的基本概念			5	
	RS-485 标准串行接口			5	
	S7-1200 PLC 支持的通信类型			5	
	TSEND_C 指令			5	
	TRCV_C 指令			5	
	SEND_PTP 指令			5	
	RCV_PTP 指令			5	
	人机界面			5	
	触摸屏的工作原理和分类			5	
技能	掌握两台电机异地启停控制系统的设计方法			10	
	掌握用触摸屏控制电机的设计方法			10	
	能熟练运用通信指令进行 PLC 程序设计			10	
素养	积极参加教学活动，主动学习、思考、讨论			5	
	认真负责，按时完成学习、训练任务			5	
	团结协作，与组员之间密切配合			5	
	服从指挥，遵守课堂和实训室纪律			5	
	有竞争意识、勇于克服困难			5	
合计				100	
自我评价					
教师评价					

项目八

PLC 控制系统应用实例

项目导读

学习完 PLC 的相关知识，应能将其应用在实际的 PLC 控制系统中。电梯是宾馆、商店、住宅、多层厂房等高层建筑不可缺少的垂直方向的交通工具，是 PLC 控制系统的典型应用之一。本项目将以设计单部四层电梯控制系统为例来介绍设计 PLC 控制系统总体方案、硬件方案和软件方案的基本方法。

知识目标

- 掌握 PLC 控制系统的设计原则和设计步骤。
- 掌握选择 PLC、选择 I/O 模块和选择其他硬件设备的基本方法。
- 掌握 PLC 程序的设计原则和设计步骤。

技能目标

- 能够根据控制要求选择合适的 PLC。
- 能够设计单部四层电梯控制系统。

素质目标

- 理解分工与合作在团队中的重要性，发挥自己的优势，在团队中找准定位。
- 增强遵守规则的意识，养成按规矩行事的习惯。

任务一 设计 PLC 控制系统的总体方案

任务引入

在进行 PLC 控制系统设计时，需要先了解 PLC 控制系统的设计原则和设计步骤，然后对 PLC 控制系统的总体方案进行设计，以保证设计的控制系统程序准确、简单。

请完成单部四层电梯控制系统的总体方案设计并绘制系统框图。控制要求：单部四层电梯控制系统会根据不同楼层客户需求即时响应，实现自动平层、开关门、超重提示、层门联锁保护等功能，并能根据不同需求做出合理响应。

任务工单

请扫描下方的二维码，获取任务工单，根据任务工单，学生可以课前预习相关知识，课后按步骤进行任务实施，提高操作技能。

扫一扫

一、PLC 控制系统的设计原则

在进行 PLC 控制系统设计时，应遵循以下原则。

（1）充分发挥 PLC 功能，最大限度地满足控制对象的控制要求。

（2）在满足控制要求的前提下，力求使控制系统简单、经济、使用方便、维修方便。

（3）保证控制系统安全可靠。

（4）考虑到生产的发展和工艺的改进，在选择 PLC 的型号、I/O 点数和存储器容量等时，应留有适当的余量。

二、PLC 控制系统的设计步骤

前面项目已经介绍过，PLC 控制系统的设计主要分为两大部分：硬件设计和软件设计。

1. 硬件设计

硬件设计是根据 PLC 控制系统的控制要求、工艺要求和技术要求等，选择合适的 PLC 和其他硬件设备，确定 I/O 模块，绘制硬件接线图，并进行硬件电路的连接及调试。

2. 软件设计

软件设计是在硬件设计的基础上，结合 PLC 控制系统的工作过程进行程序设计和调试。

PLC 控制系统设计的具体步骤如图 8-1 所示。

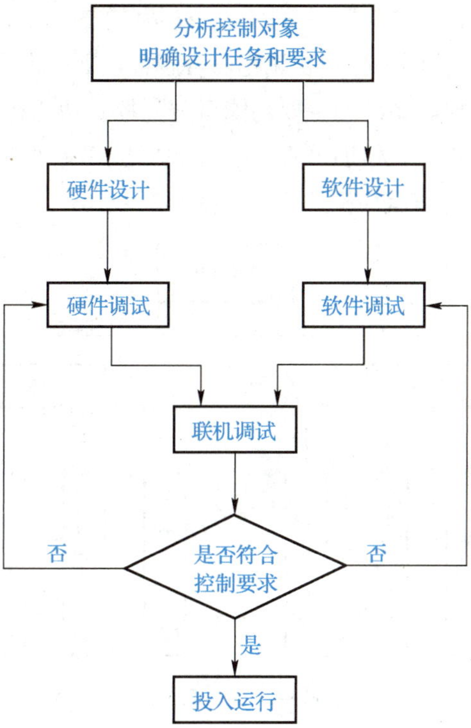

图 8-1 PLC 控制系统设计的具体步骤

任务分析

本任务需要先了解 PLC 控制系统的设计原则和设计步骤，在此基础上，才能完成单部四层电梯控制系统总体方案的设计。

单部四层电梯控制系统的工作过程如下。

（1）按下电梯的开关后，电梯开始工作。

（2）在电梯上行期间，响应电梯所在楼层及上层呼叫。例如，电梯在二层时，响应二层～四层的呼梯和内呼，若呼梯中既有上行呼梯又有下行呼梯，则优先响应上行呼梯。

（3）同理，在电梯下行期间，响应电梯所在楼层及下层呼叫。例如，电梯在二层时，响应一层和二层的呼梯和内呼，若呼梯中既有上行呼梯又有下行呼梯，则优先响应下行呼梯。

（4）若某楼层有同向呼梯信号或内呼信号，则电梯运行到该楼层后启动开门信号。

（5）开门到位后检测是否有人出入，无人状态持续一定时间后启动关门信号。

（6）关门信号启动过程中检测是否有人出入。若有，则立即停止关门，重新启动开门信号。

（7）电梯门关闭（限位开关）时，称重传感器检测电梯是否超重。若超重，则电梯门关不上且启动报警信号。

（8）电梯运行期间，检测电梯是否越程，若越程，则停止电梯运行并启动报警信号。

因此，单部四层电梯控制系统的主要功能可分为控制功能和保护功能两类。控制功能主要包括初始化、集选控制、开关门控制和运行状态显示等；保护功能主要包括超载保护、终端越程保护、开关门保护和运行保护等，如图 8-2 所示。

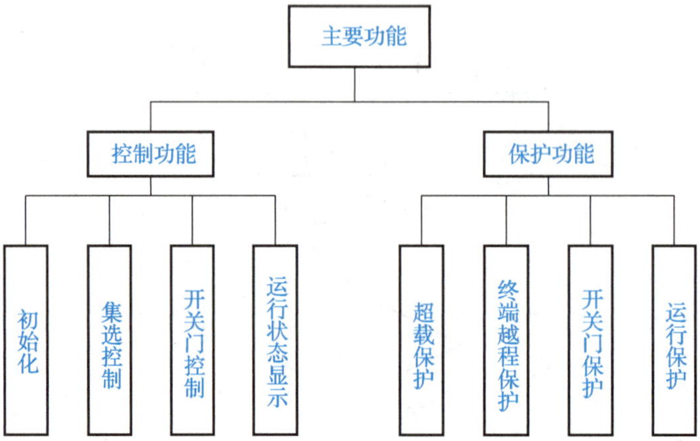

图 8-2　单部四层电梯控制系统的主要功能

完成该任务的主要步骤如下。

（1）分析控制对象。

（2）明确设计任务和要求。

（3）绘制系统框图。

任务实施——设计单部四层电梯控制系统的总体方案

1. 分析控制对象

单部四层电梯控制系统的控制对象包括电梯和用户，在设计单部四层电梯控制系统的总体方案时，需要将控制对象模型化，在此基础上，才能设计出比较合适的控制系统，使得系统响应达到预期效果，从而符合工程实际需要。

电梯模型主要包括内部呼叫面板、外部呼叫面板、限位开关、平层开关、电梯光幕、称重传感器、变频器、监控中心、七段数码管等。电梯模型中各元件与 PLC 相连，实施自动控制。

- 内部呼叫面板：主要包括各楼层号（1～4）、手动开门按钮、手动关门按钮和紧急呼叫按钮。
- 外部呼叫面板：主要包括各楼层上行呼梯按钮和下行呼梯按钮。
- 限位开关：包括电梯门限位开关和越程限位开关。电梯门限位开关主要用来检测开关门是否到位；越程限位开关主要用来完成越程控制。
- 平层开关：主要用来检测电梯是否运行到位。
- 电梯光幕：主要用来检测轿厢门是否有障碍物阻挡。
- 称重传感器：主要用来检测轿厢是否超重。
- 变频器：主要用来实现电梯的稳定启停和加速减速功能。
- 监控中心：主要用来监控电梯的运行状态并及时接收报警信号。
- 七段数码管：主要用来显示电梯所在楼层和运行方向。

用户模型是指利用软件系统模拟各楼层用户对电梯的操作。用户模型可以模拟现实情况下用户使用电梯时的具体情况，从而观察 PLC 所控制的电梯是否符合要求。例如，在软件系统中模拟按下期望到达的目标楼层按钮，观察电梯是否在该楼层执行开关门动作。

2. 明确设计任务和要求

通过分析单部四层电梯控制系统的工作过程，可将单部四层电梯控制系统总体方案的设计任务划分为初始化、集选控制、开关门控制、运行状态显示等子任务。

（1）初始化。电梯开始运行时，首先进行必要的初始化工作，并返回准备就绪信号，如使电梯位于一层待命等。在初始化之前，要通过电梯开关控制电梯的启动和停止。

（2）集选控制。集选控制是指集合呼叫信号和选择应答信号控制。例如，电梯在运行过程中，可以应答同一方向所有楼层的呼梯信号和内呼信号，并自动在这些信号指定的楼层停靠。电梯运行响应完所有呼梯信号和内呼信号后，停在最后一次运行的目标层待命。

（3）开关门控制。电梯门根据当前电梯的状态、轿厢门的状态、呼梯信号、内呼信号及光幕信号状态等，做出合理的判断。例如，当电梯门未全关时，如有光幕信号（检测到有障碍物），须立即将电梯门打开。又如，当长按开门按钮时，电梯门延时关闭功能失效，并保持打开状态。

（4）运行状态显示。在运行过程中，需要始终显示当前运行方向和当前楼层（采用七段数码管显示）。

另外，在电梯整个运行过程中，还需要设置一些保护措施。当出现异常状态时，提醒用户发生故障。

（1）超载保护。电梯超载时，故障指示灯闪烁，并保持开门状态，电梯不允许启动。

（2）终端越程保护。电梯的上、下端都装有终端减速开关和终端限位开关，以保证电梯不会越程。

（3）开关门保护。如果电梯持续关门一段时间后，尚未收到关闭到位信号，电梯就停止运行，并点亮故障报警指示灯。如果电梯持续开门一段时间后，尚未收到开门到位信号，电梯就停止运行，并点亮故障报警指示灯。

（4）运行保护。为了安全起见，在门区外（两个楼层之间）及电梯运行中，设定电梯不能开门。

3. 绘制系统框图

单部四层电梯控制系统的系统框图如图 8-3 所示。

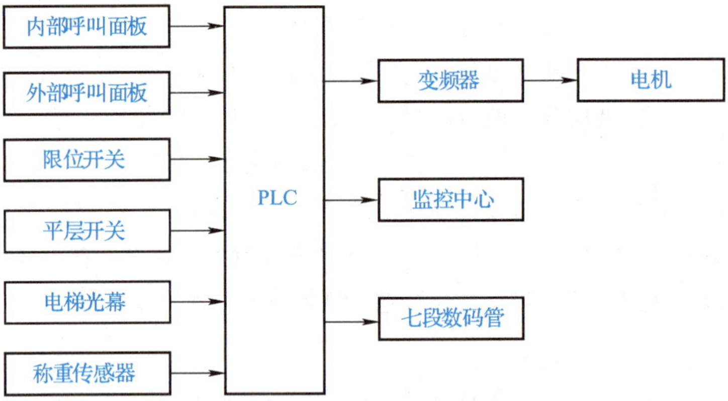

图 8-3 单部四层电梯控制系统的系统框图

任务二 设计 PLC 控制系统的硬件方案

任务引入

设计完 PLC 控制系统的总体方案后，需要设计 PLC 控制系统的硬件方案，包括选择 PLC、选择 I/O 模块、选择其他硬件设备等。请根据单部四层电梯控制系统的控制要求和总体方案，完成单部四层电梯控制系统硬件方案的设计。

任务工单

请扫描下方的二维码，获取任务工单，根据任务工单，学生可以课前预习相关知识，课后按步骤进行任务实施，提高操作技能。

扫一扫

一、选择 PLC

选择 PLC 是设计 PLC 控制系统硬件方案中非常重要的环节，选择时应从 PLC 的结构、CPU 的功能、I/O 点数、用户存储器容量等方面综合考虑，如表 8-1 所示。

表 8-1　PLC 的选择

PLC 的结构	整体式 PLC 的价格相对便宜、功能简单，一般用于中小型控制系统；模块式 PLC 功能灵活、扩展方便，但价格较高，一般用于一些较复杂、要求较高的控制系统
CPU 的功能	根据用户需求从逻辑功能、数据传送功能、运算功能、高速计数功能、模拟量处理功能等方面考虑
I/O 点数	根据对控制对象的分析，列出与 PLC 相连的全部输入、输出装置及类型，确定出实际的 I/O 点数，再加上 10%～20%的余量，最终确定 PLC 控制系统所需要的 I/O 点数 在满足控制要求的前提下力争使 I/O 点数最少，但必须留有一定的余量
用户存储器容量	通常由用户程序的长短决定，系统功能越复杂，程序越长，I/O 点数越多，所需要的存储器容量就越大。可按公式（存储器容量＝数字量 I/O 点数×10＋模拟量通道数×100）粗略计算实际需求量，再按实际需要留适当的余量（一般为 20%～30%） 对于初学者来说，选择容量时要留有更大余量，一般为 50%～100%

二、选择 I/O 模块

I/O 模块包括普通 I/O 模块和智能 I/O 模块。与普通 I/O 模块相比，智能 I/O 模块自带微处理芯片、系统程序和存储器等，常通过串口与 PLC 的 CPU 相连，并在 CPU 的协调管理下独立工作。为减轻 CPU 的负担，保证系统的稳定，在单部四层电梯控制系统中，常选用智能 I/O 模块。

PLC 系统可供选择的智能 I/O 模块主要包括通信处理模块、A/D 模块、D/A 模块、PID 模块、阀门控制模块和变频器控制模块等。

三、选择其他硬件设备

其他硬件设备（非智能设备）主要包括按钮、开关、传感器、继电器、接触器、电磁阀、电机、指示灯和蜂鸣器等。在单部四层电梯控制系统中，其他硬件设备包括按钮、电梯光幕、平层开关、限位开关、称重传感器、七段数码管等。

1. 按钮

按照接触点形式的不同，按钮可分为启动按钮、停止按钮和复合按钮 3 类。启动按钮带有常开触点，按下时常开触点闭合；停止按钮带有常闭触点，按下时常闭触点断开；复合按钮带有常开触点和常闭触点，按下时，常开触点闭合，常闭触点断开。

在单部四层电梯控制系统中，楼层选择按钮、开关门按钮、紧急呼叫按钮和呼梯按钮等均选用启动按钮（即常开触点）。

2. 电梯光幕

在单部四层电梯控制系统中，选择使用电梯光幕来提供光幕信号。电梯光幕是由红外传感器组成的，即轿厢门的一边等间距安装多个红外发射管，另一边相应安装相同数量、相同排列的红外接收管。在有障碍物的情况下，红外发射管发出的信号（光幕信号）不能顺利到达红外接收管，相应的内部电路输出高电平信号提示有障碍物，并将该信号送到 PLC。

3. 平层开关

平层开关即平层传感器。在单部四层电梯控制系统中，平层开关常用来检测轿厢平层状态，控制电梯平层停梯。单部四层电梯控制系统中选择的平层开关是永磁传感器，它具有工作可靠、体积小、安装方便、对环境要求低等特点。

4. 限位开关

限位开关又称行程开关，是一种位置开关。限位开关用来限制机械运动的位置或行程，使机械按一定位置或行程自动停止、反向运动、变速运动或自动往返运动等。在使用过程中，机械运动部件的碰撞使限位开关的触头动作，进而接通或断开控制电路，达到一定的控制目的。

在单部四层电梯控制系统中，用限位开关实现轿厢开关门的位置控制和电梯的上下限（终端）越程控制。在轿厢门控制中，开门过程中碰触到开门限位开关时，开门限位开关向 PLC 发送一个高电平信号，然后 PLC 向驱动电机发送停止信号，开门过程结束；关门过程同开门过程类似，这里不再赘述。

电梯的上下限越程控制中有两个上限位开关和两个下限位开关，分别为上端站第一限位开关、上端站第二限位开关、下端站第一限位开关和下端站第二限位开关。电梯上行过程中，碰触到上端站第一限位开关时，限位开关向 PLC 发送一个高电平信号，然后 PLC 按照预先设定的算法控制曳引电机平稳减速；碰触到上端站第二限位开关时，曳引电机停止运行。电梯下行过程同电梯上行过程类似，这里不再赘述。

提　示

单部四层电梯控制系统中的电机包括驱动电机和曳引电机两类。

5. 称重传感器

在单部四层电梯控制系统中，称重传感器用来检测进入轿厢内人或物的重量，并与报警电路和开关门控制电路一起完成超载报警功能。当称重传感器检测到的重量超过设定值时，会输出高电平信号，禁止轿厢门关闭并启动报警信号。

6. 七段数码管

七段数码管利用不同发光段组合来显示不同的数字，发光段布置图如图 8-4 所示。根据发光二极管接线方式的不同，七段数码管可分为共阳极和共阴极两类。单部四层电梯控制系统使用共阴极七段数码管来显示楼层。

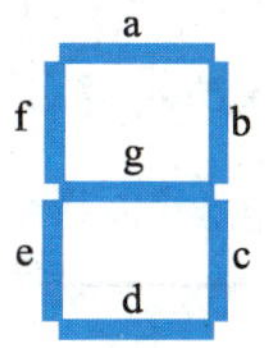

图 8-4　七段数码管的发光段布置图

在共阴极七段数码管中，当发光段状态为“1”时，该发光段点亮。单部四层电梯控制系统的楼层显示与发光段的逻辑关系如表 8-2 所示。

表 8-2　单部四层电梯控制系统的楼层显示与发光段的逻辑关系

楼层显示	发光段						
	a	b	c	d	e	f	g
1	0	1	1	0	0	0	0
2	1	1	0	1	1	0	1
3	1	1	1	1	0	0	1
4	0	1	1	0	0	1	1

任务分析

本任务需要先掌握选择 PLC、选择 I/O 模块及选择其他硬件设备的基本方法，在此基础上，才能完成单部四层电梯控制系统硬件方案的设计。

完成该任务的主要步骤如下。

（1）选择合适的 PLC 及其他硬件设备。

（2）确定 I/O 模块和 I/O 地址分配。

（3）根据单部四层电梯控制系统的工作过程和 I/O 地址分配表，绘制 PLC 的硬件接线图，并完成接线。

任务实施——设计单部四层电梯控制系统的硬件方案

1. 选择合适的 PLC 及其他硬件设备

本任务选择 S7-1200 PLC 中的 CPU 1214C DC/DC/DC。由于 CPU 1214C DC/DC/DC 的数字量接口不足且缺少模拟量接口，因此需要配备一定量的数字量接口模块和模拟量接口模块。其他硬件设备包括按钮、电梯光幕、平层开关、限位开关、称重传感器、七段数码管、指示灯、电机等。

2. 确定 I/O 模块和 I/O 地址分配

单部四层电梯控制系统的 I/O 模块选用智能 I/O 模块。根据工作过程分析，单部四层电梯控制系统的 I/O 地址分配表如表 8-3 所示。

表 8-3 单部四层电梯控制系统的 I/O 地址分配表

输入			输出		
元件	I/O 地址	备注	元件	I/O 地址	备注
QS0	I0.0	电梯开关	L0	Q0.0	工作状态指示
SB1	I0.1	一层内呼按钮	L1	Q0.1	一层内呼指示灯
SB2	I0.2	二层内呼按钮	L2	Q0.2	二层内呼指示灯
SB3	I0.3	三层内呼按钮	L3	Q0.3	三层内呼指示灯
SB4	I0.4	四层内呼按钮	L4	Q0.4	四层内呼指示灯
SB5	I0.5	一层上行呼梯按钮	L5	Q0.5	一层上行呼梯指示灯
SB6	I0.6	二层上行呼梯按钮	L6	Q0.6	二层上行呼梯指示灯
SB7	I0.7	三层上行呼梯按钮	L7	Q0.7	三层上行呼梯指示灯
SB8	I1.0	二层下行呼梯按钮	L8	Q1.0	二层下行呼梯指示灯
SB9	I1.1	三层下行呼梯按钮	L9	Q1.1	三层下行呼梯指示灯
SB10	I1.2	四层下行呼梯按钮	L10	Q1.2	四层下行呼梯指示灯
SB11	I1.3	开门按钮	HA	Q1.3	蜂鸣器报警
SB12	I1.4	关门按钮	KM1	Q1.5	上行电机接触器
SB13	I1.5	报警按钮	KM2	Q1.6	下行电机接触器
SB14	I1.6	光幕信号	a	Q2.0	LEDa

表 8-3（续）

输入			输出		
元　件	I/O 地址	备　注	元　件	I/O 地址	备　注
SB15	I1.7	超重信号	b	Q2.1	LEDb
SB16	I2.0	上平层信号	c	Q2.2	LEDc
SB17	I2.1	下平层信号	d	Q2.3	LEDd
SB18	I2.2	上端站第一限位开关	e	Q2.4	LEDe
SB19	I2.3	上端站第二限位开关	f	Q2.5	LEDf
SB20	I2.4	下端站第一限位开关	g	Q2.6	LEDg
SB21	I2.5	下端站第二限位开关	KM3	Q3.0	高速接触器
SB22	I2.6	开门限位开关	KM4	Q3.1	低速接触器
SB23	I2.7	关门限位开关	KM5	Q3.2	开门接触器
			KM6	Q3.3	关门接触器
			KM7	Q3.4	1 级减速制动
			KM8	Q3.5	2 级减速制动
			KM9	Q3.6	3 级减速制动
			L11	Q3.7	准备就绪信号
			L12	Q4.1	下行指示灯
			L13	Q4.2	上行指示灯

3. 硬件接线

根据表 8-3 绘制 PLC 的硬件接线图（见图 8-5），并根据接线图完成接线。

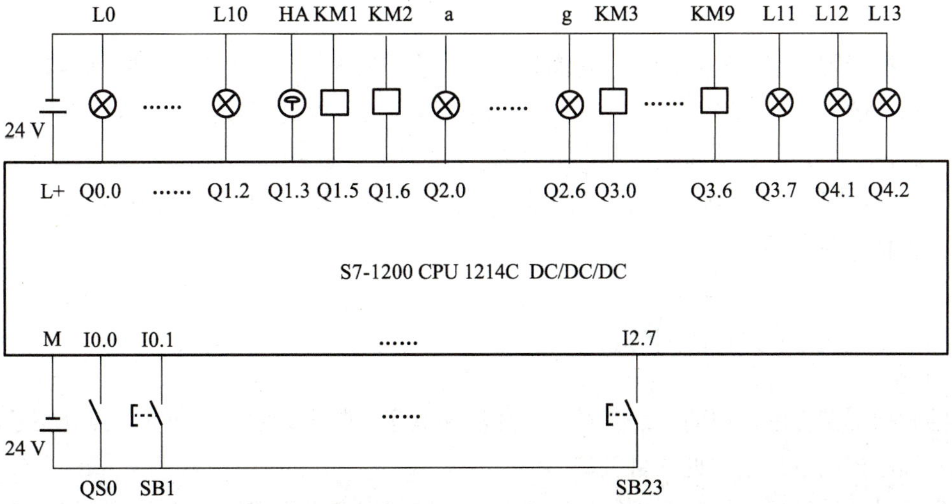

图 8-5　PLC 的硬件接线图

任务三 设计 PLC 控制系统的软件方案

任务引入

设计完 PLC 控制系统的总体方案和硬件方案后，还需要设计 PLC 控制系统的软件方案，即 PLC 梯形图程序设计与仿真。请根据单部四层电梯控制系统的工作过程，完成其软件方案的设计。

任务工单

请扫描下方的二维码，获取任务工单，根据任务工单，学生可以课前预习相关知识，课后按步骤进行任务实施，提高操作技能。

扫一扫

PLC 控制系统软件方案设计的主要工作是以控制要求和 I/O 地址分配表为依据，根据程序设计思想划分功能模块，使用 PLC 编程指令，设计出符合控制要求的梯形图程序。

一、PLC 程序的设计原则

绘制梯形图程序最基本的要求是满足控制系统的需求，除此之外，还要遵循以下原则。

（1）程序尽可能简短。PLC 的扫描周期与程序的长度有直接关系，程序越短，扫描周期就越短。另外，程序简短还可以节省内存、简化调试过程。

（2）程序尽可能清晰。PLC 程序越清晰、逻辑性越强，程序的可读性就越强，调试和修改也越方便。

二、PLC 程序的设计步骤

绘制梯形图程序常用的方法有经验设计法和顺序控制设计法。本任务重点介绍经验设计法（顺序控制设计法详见项目五）。

经验设计法是根据控制要求，将一些典型的控制程序进行组合，并不断地修改和完善梯形图程序。虽然经验设计法几乎没有规律可以遵循，但通常可以按以下几个步骤进行。

1. 划分功能模块

在了解控制要求后，将系统合理的划分成若干个功能模块，并准确把握各功能模块之间的关系。

2. 定义 PLC 变量

除定义 I/O 接口外，对于一些要用到的内部元件也要进行定义，以便后期设计梯形图程序。

3. 设计功能模块的梯形图程序

根据已划分的功能模块，进行梯形图程序设计。通常一个功能模块对应一个梯形图程序。这一阶段的关键是找到一些能够实现该模块功能的典型控制程序，然后选择最佳者，并进行必要的修改和完善。

4. 组合功能模块程序

设计出每个功能模块的梯形图程序后，需要对各功能模块进行组合，得到总的梯形图程序。

提　示

在组合功能模块程序时，要注意以下几点。

① 注意各功能模块组合的先后顺序。

② 注意各功能模块之间的关联信号。

③ 注意线圈之间的互锁。

5. 程序仿真

编译并下载程序，根据 PLC 控制系统的工作过程，对控制系统进行仿真，观察各工作状态是否满足控制要求。

任务分析

本任务需要先掌握 PLC 程序的设计原则和设计步骤，在此基础上，才能完成单部四层电梯控制系统软件方案的设计。

完成该任务的主要步骤如下。

（1）划分功能模块。

（2）定义 PLC 变量。

（3）设计功能模块的梯形图程序。

（4）组合功能模块程序。

（5）程序仿真。

任务实施——设计单部四层电梯控制系统的软件方案

1. 划分功能模块

扫一扫

设计单部四层电梯控制系统的软件方案

根据前述可知，单部四层电梯控制系统可划分为初始化、集选控制、开关门控制、运行状态显示等控制功能模块，以及超载保护、终端越程保护、开关门保护、运行保护等保护功能模块（见图 8-2）。在后面设计梯形图程序时，其保护功能程序会穿插在控制功能程序中。

2. 定义 PLC 变量

本任务首先按照表 8-3 定义 I/O 接口，然后定义用到的内部元件，如图 8-6 所示。

电梯开关QS0	Input	Bool	%I0.0	☐	☑	☑	☑
一层内呼按钮SB1	Input	Bool	%I0.1	☐	☑	☑	☑
二层内呼按钮SB2	Input	Bool	%I0.2	☐	☑	☑	☑
三层内呼按钮SB3	Input	Bool	%I0.3	☐	☑	☑	☑
四层内呼按钮SB4	Input	Bool	%I0.4	☐	☑	☑	☑
一层上行呼梯按钮SB5	Input	Bool	%I0.5	☐	☑	☑	☑
二层上行呼梯按钮SB6	Input	Bool	%I0.6	☐	☑	☑	☑
三层上行呼梯按钮SB7	Input	Bool	%I0.7	☐	☑	☑	☑
二层下行呼梯按钮SB8	Input	Bool	%I1.0	☐	☑	☑	☑
三层下行呼梯按钮SB9	Input	Bool	%I1.1	☐	☑	☑	☑
四层下行呼梯按钮SB10	Input	Bool	%I1.2	☐	☑	☑	☑
开门按钮SB11	Input	Bool	%I1.3	☐	☑	☑	☑
关门按钮SB12	Input	Bool	%I1.4	☐	☑	☑	☑
报警按钮SB13	Input	Bool	%I1.5	☐	☑	☑	☑
光幕信号SB14	Input	Bool	%I1.6	☐	☑	☑	☑
超重信号SB15	Input	Bool	%I1.7	☐	☑	☑	☑
上平层信号SB16	Input	Bool	%I2.0	☐	☑	☑	☑
下平层信号SB17	Input	Bool	%I2.1	☐	☑	☑	☑
上端站第一限位开关SB18	Input	Bool	%I2.2	☐	☑	☑	☑
上端站第二限位开关SB19	Input	Bool	%I2.3	☐	☑	☑	☑
下端站第一限位开关SB20	Input	Bool	%I2.4	☐	☑	☑	☑
下端站第二限位开关SB21	Input	Bool	%I2.5	☐	☑	☑	☑
开门限位开关SB22	Input	Bool	%I2.6	☐	☑	☑	☑
关门限位开关SB23	Input	Bool	%I2.7	☐	☑	☑	☑
工作状态指示L0	Output	Bool	%Q0.0	☐	☑	☑	☑
一层内呼指示灯L1	Output	Bool	%Q0.1	☐	☑	☑	☑
二层内呼指示灯L2	Output	Bool	%Q0.2	☐	☑	☑	☑

三层内呼指示灯L3	Output	Bool	%Q0.3	☐	☑	☑	☑
四层内呼指示灯L4	Output	Bool	%Q0.4	☐	☑	☑	☑
一层上行呼梯指示灯L5	Output	Bool	%Q0.5	☐	☑	☑	☑
二层上行呼梯指示灯L6	Output	Bool	%Q0.6	☐	☑	☑	☑
三层上行呼梯指示灯L7	Output	Bool	%Q0.7	☐	☑	☑	☑
二层下行呼梯指示灯L8	Output	Bool	%Q1.0	☐	☑	☑	☑
三层下行呼梯指示灯L9	Output	Bool	%Q1.1	☐	☑	☑	☑
四层下行呼梯指示灯L10	Output	Bool	%Q1.2	☐	☑	☑	☑
蜂鸣器报警HA	Output	Bool	%Q1.3	☐	☑	☑	☑
上行电机接触器KM1	Output	Bool	%Q1.5	☐	☑	☑	☑
下行电机接触器KM2	Output	Bool	%Q1.6	☐	☑	☑	☑
LEDa	Output	Bool	%Q2.0	☐	☑	☑	☑
LEDb	Output	Bool	%Q2.1	☐	☑	☑	☑
LEDc	Output	Bool	%Q2.2	☐	☑	☑	☑
LEDd	Output	Bool	%Q2.3	☐	☑	☑	☑
LEDe	Output	Bool	%Q2.4	☐	☑	☑	☑
LEDf	Output	Bool	%Q2.5	☐	☑	☑	☑
LEDg	Output	Bool	%Q2.6	☐	☑	☑	☑
高速接触器KM3	Output	Bool	%Q3.0	☐	☑	☑	☑
低速接触器KM4	Output	Bool	%Q3.1	☐	☑	☑	☑
开门接触器KM5	Output	Bool	%Q3.2	☐	☑	☑	☑
关门接触器KM6	Output	Bool	%Q3.3	☐	☑	☑	☑
1级减速制动KM7	Output	Bool	%Q3.4	☐	☑	☑	☑
2级减速制动KM8	Output	Bool	%Q3.5	☐	☑	☑	☑
3级减速制动KM9	Output	Bool	%Q3.6	☐	☑	☑	☑
准备就绪信号L11	Output	Bool	%Q3.7	☐	☑	☑	☑
下行指示灯L12	Output	Bool	%Q4.1	☐	☑	☑	☑
上行指示灯L13	Output	Bool	%Q4.2	☐	☑	☑	☑

图 8-6　定义内部元件

3. 设计功能模块的梯形图程序

将每个功能模块的梯形图程序添加成一个函数（添加函数的方法参考项目七），当满足条件时调用这些函数。

1）初始化程序

电梯开始工作时，首先进行初始化，此时电梯位于一层，七段数码管显示为 1，其梯形图程序如图 8-7 所示。

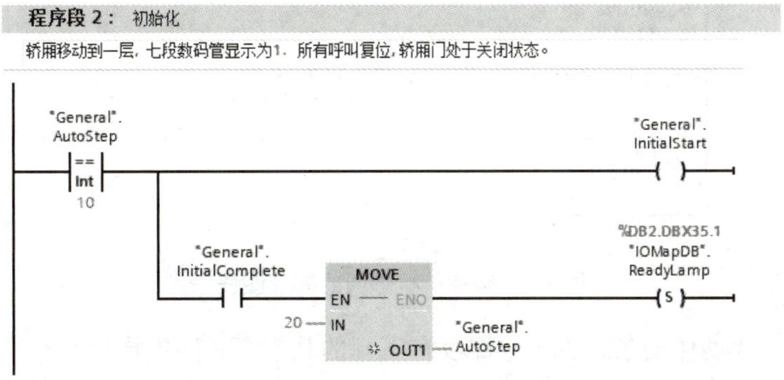

图 8-7　电梯初始化的梯形图程序

2）电梯集选控制程序

电梯执行动作的条件：在电梯处于待机状态下，当某楼层有呼叫信号时，电梯将运行至目标楼层，其梯形图程序如图 8-8 所示。

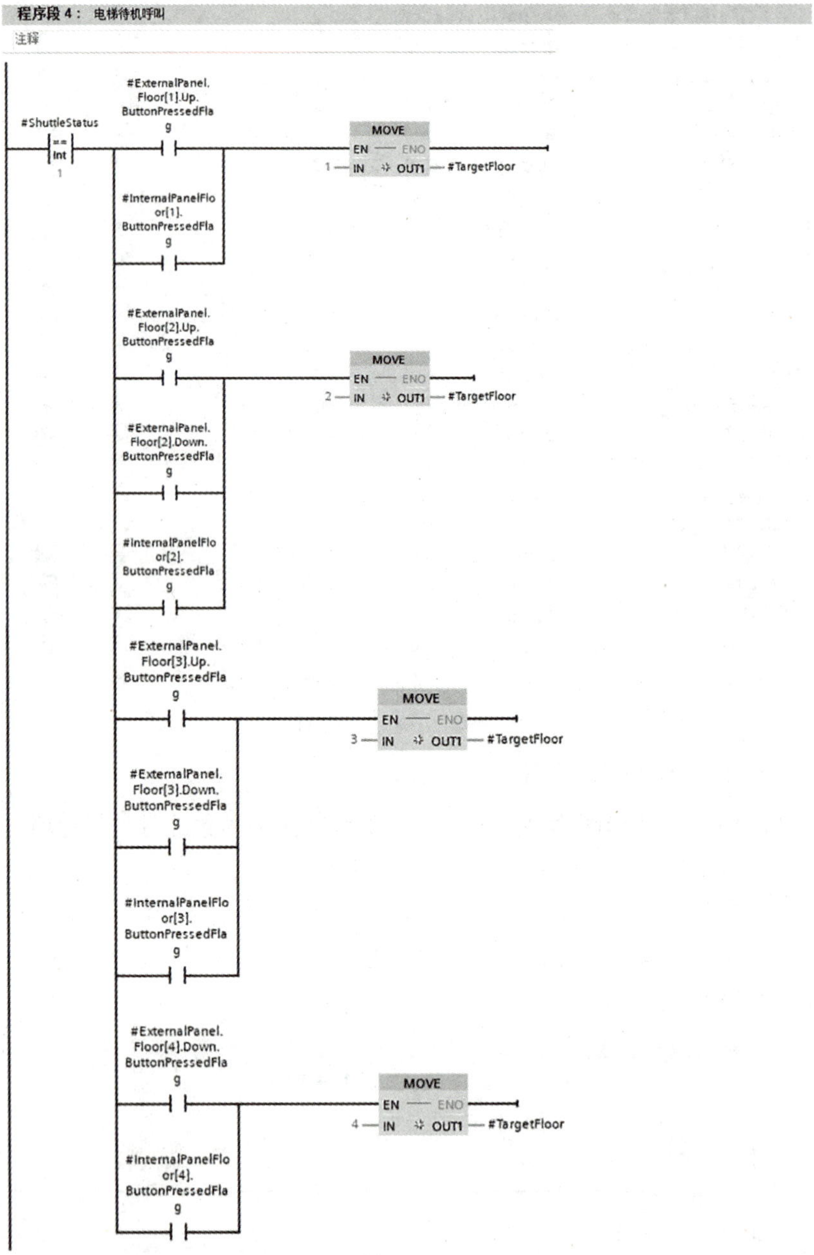

图 8-8　电梯待机呼叫的梯形图程序

电梯执行上行动作的条件：在电梯没有下行的状态下，当电梯停靠在一层时，二、三、四层有呼叫信号；当电梯停靠在二层时，三、四层有呼叫信号；当电梯停靠在三层时，四层有呼叫信号。电梯上行呼叫的梯形图程序如图 8-9 所示。

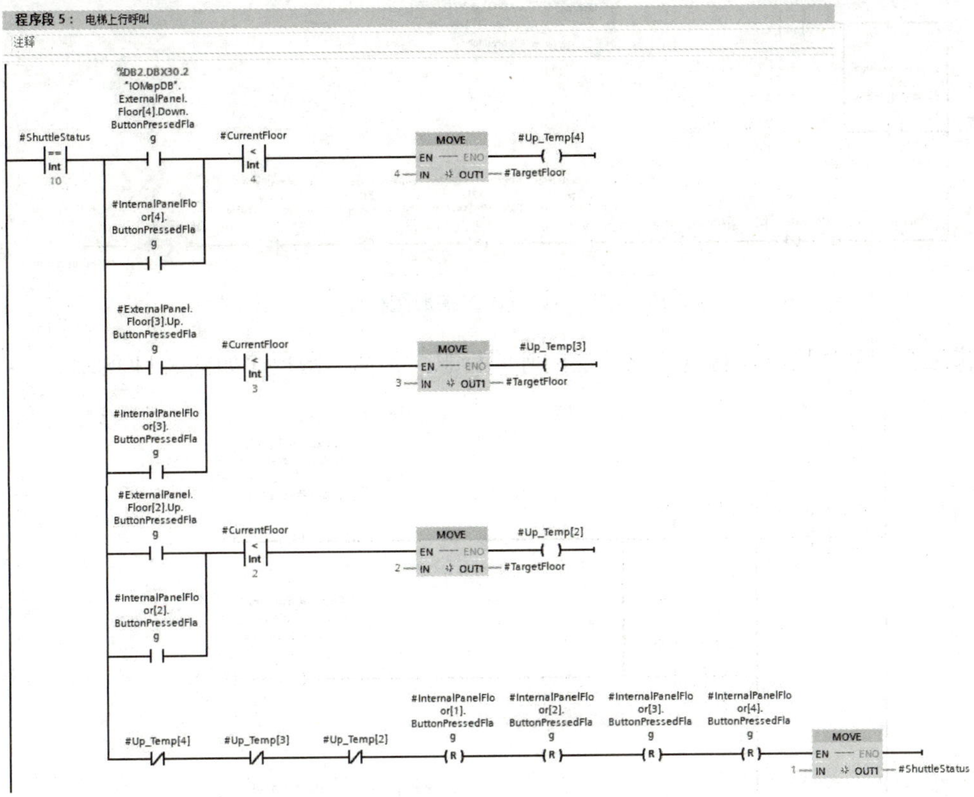

图 8-9 电梯上行呼叫的梯形图程序

电梯执行下行动作的条件：在电梯没有上行的状态下，当电梯停靠在四层时，一、二、三层有呼叫信号；当电梯停靠在三层时，一、二层有呼叫信号；当电梯停靠在二层时，一层有呼叫信号。电梯下行呼叫的梯形图程序如图 8-10 所示。

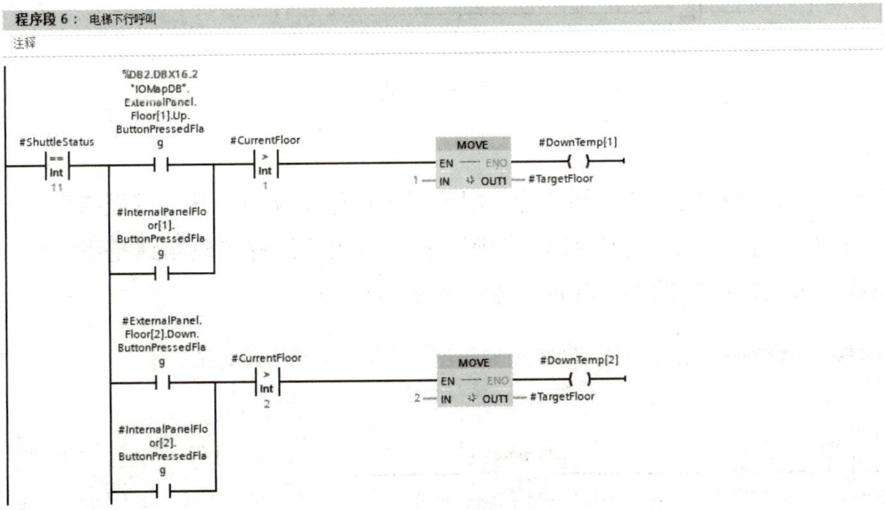

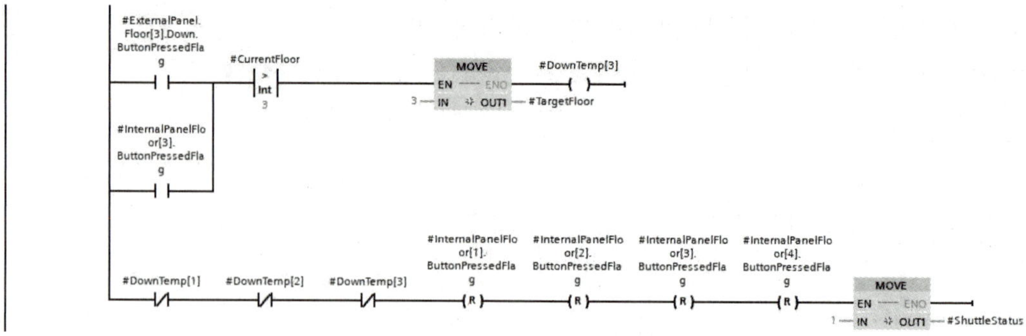

图 8-10　电梯下行呼叫的梯形图程序

电梯运行到某楼层时，将复位该楼层的呼叫标志，其梯形图程序如图 8-11 所示。

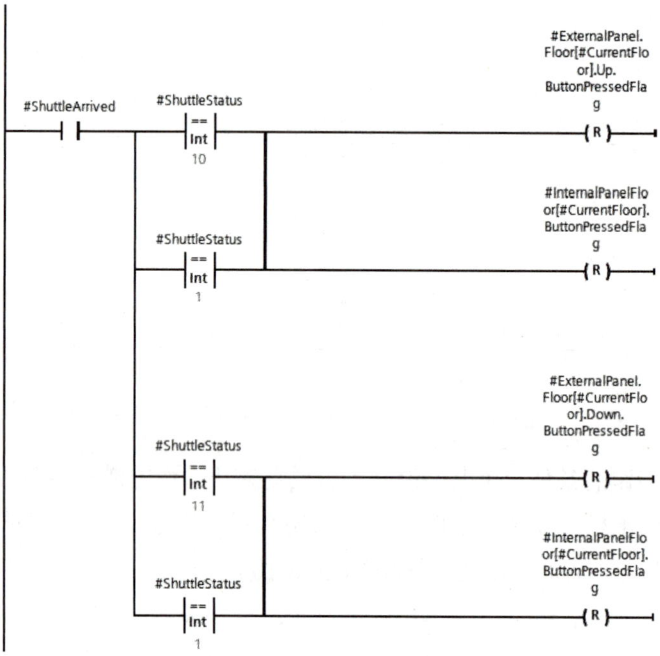

图 8-11　电梯到达某楼层的梯形图程序

3）开关门控制程序

电梯到达目标层时，电梯门打开，到达开门限位开关后停止开门。开门过程结束后，若没有光幕信号或按下开门按钮，延时 20 s，轿厢关门。若关门过程中检测到光幕信号，电梯转为开门状态。开关门控制的部分梯形图程序如图 8-12 所示。

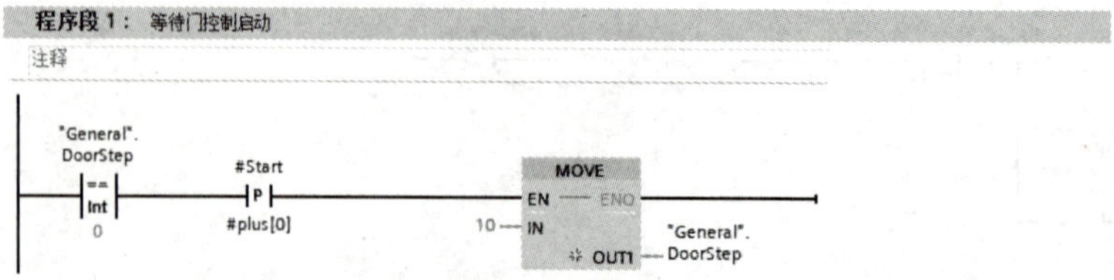

程序段 2： 门开启

注释

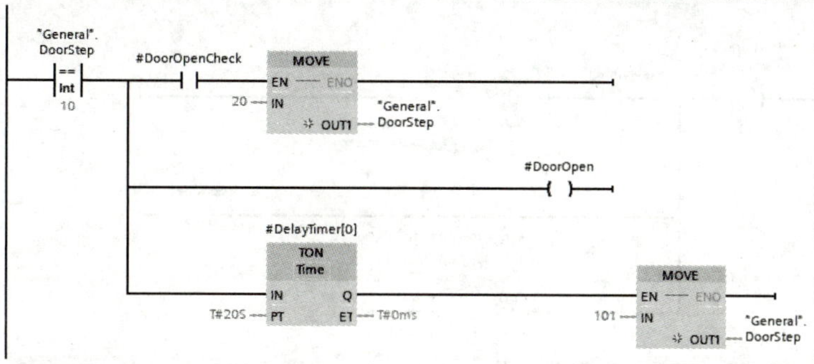

程序段 3： 延时

注释

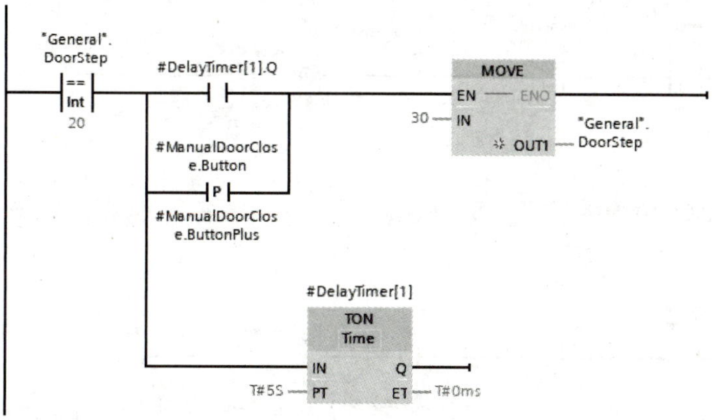

程序段 4： 门关闭

注释

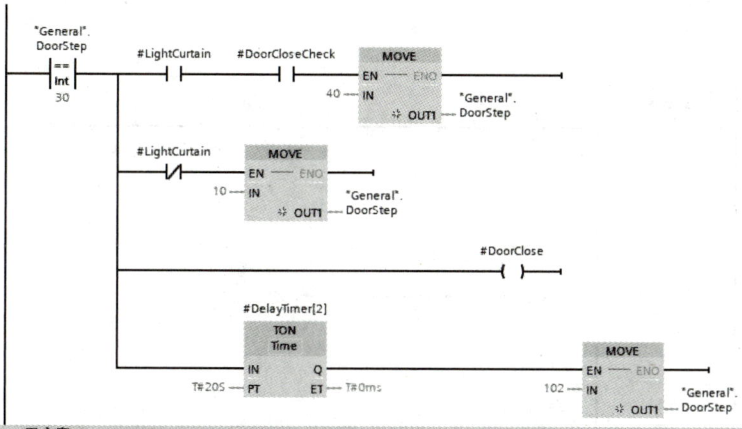

程序段 5： 无故障检测

注释

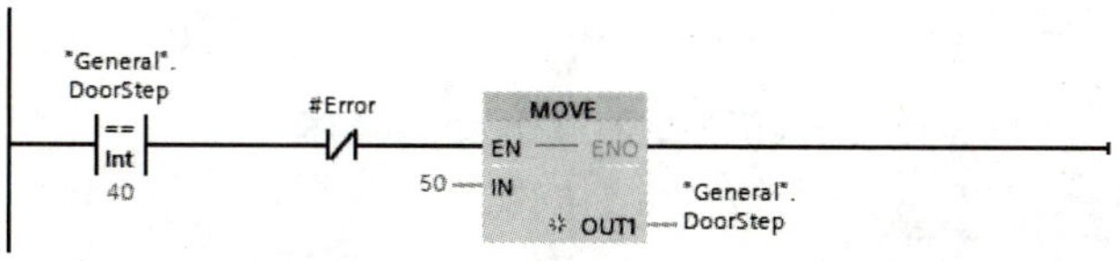

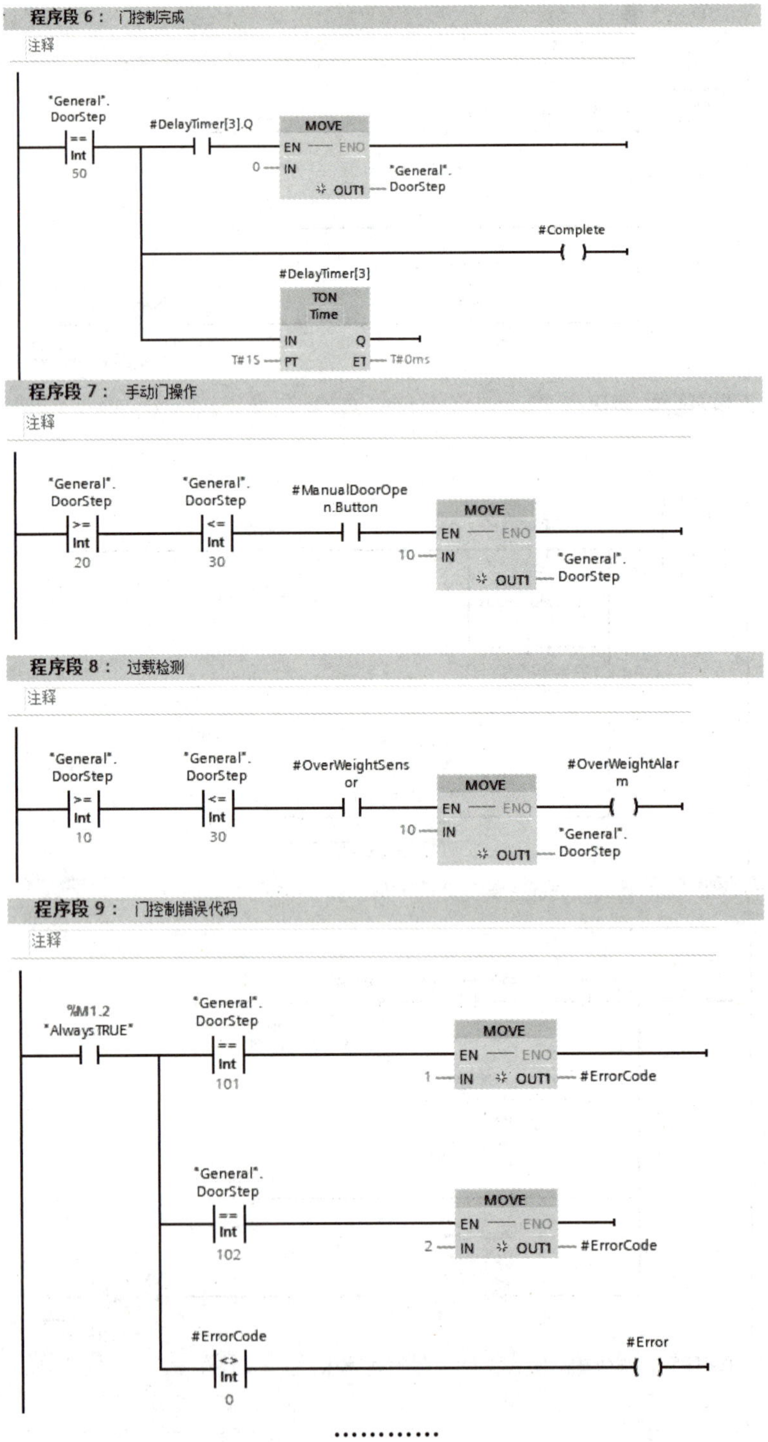

图 8-12　开关门控制的部分梯形图程序

4）运行状态显示程序

运行状态显示包括按钮指示灯、运行方向指示灯和楼层显示等，其部分梯形图程序如图 8-13 所示。

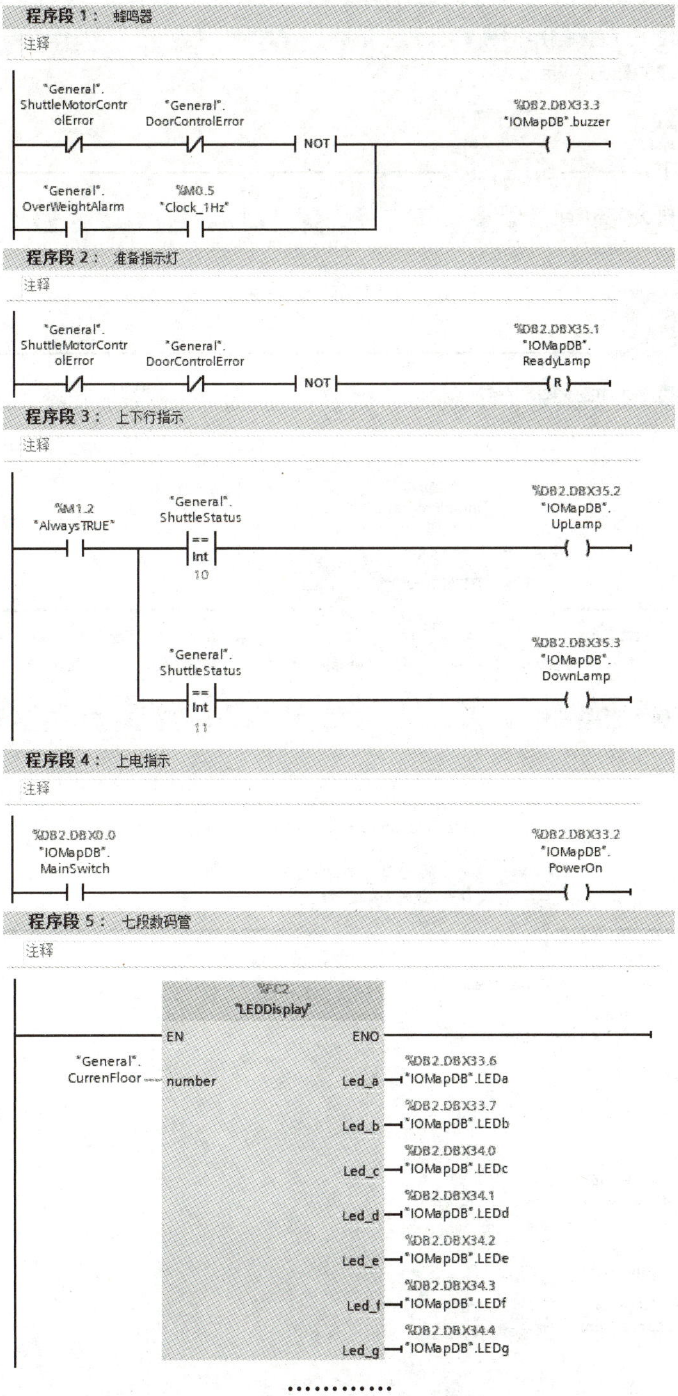

图 8-13 运行状态显示的部分梯形图程序

4. 组合功能模块程序

组合功能模块程序（主程序）的作用是将各功能模块程序通过接口变量连接起来，共同完成单部四层电梯的控制，其部分梯形图程序如图 8-14 所示。

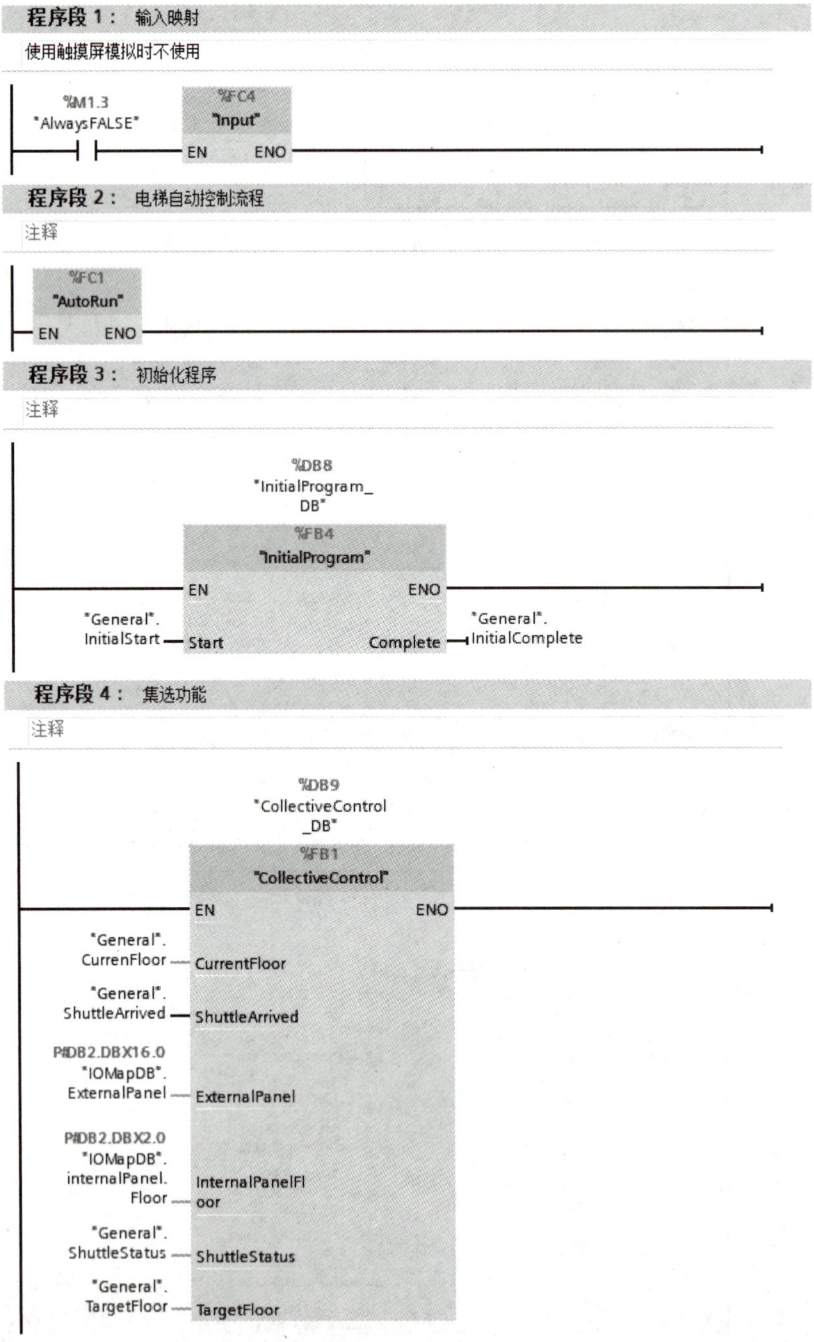

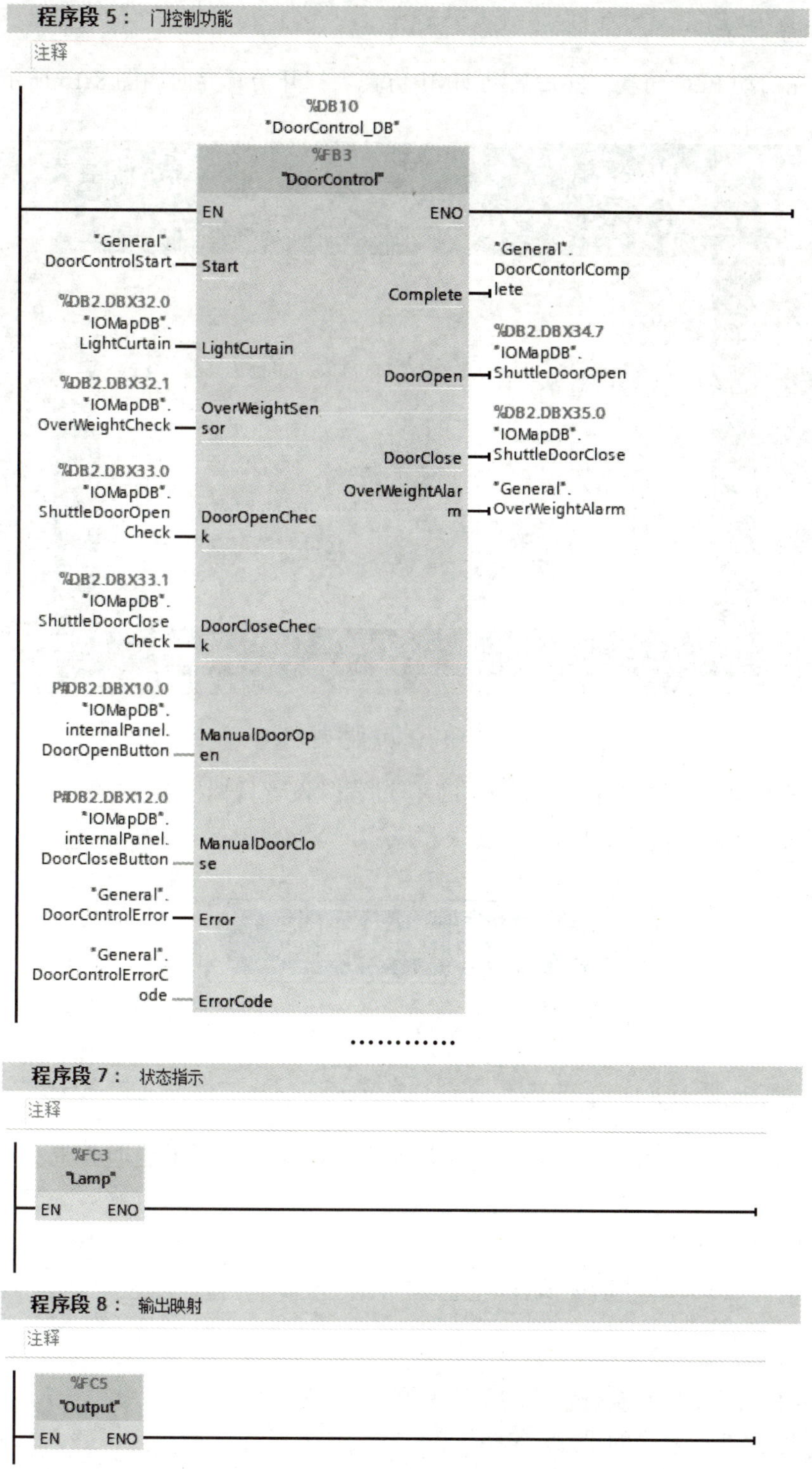

图 8-14　组合功能模块的部分梯形图程序

5. 程序仿真

（1）先启动 PLC 仿真，然后启动 HMI 仿真，打开仿真界面如图 8-15 所示。

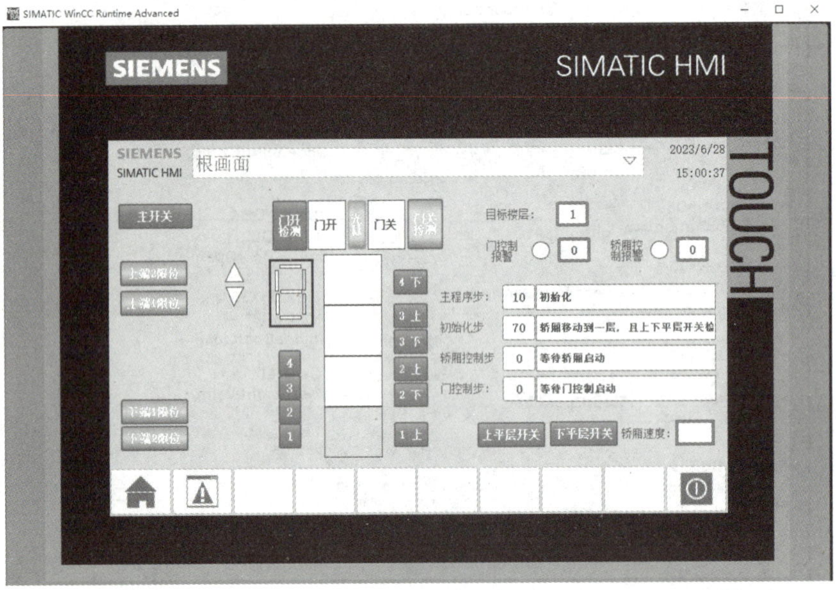

图 8-15　仿真界面

（2）按照单部四层电梯控制系统的工作过程，设置目标楼层，分别按呼梯按钮和内呼按钮，观察电梯运行状态是否符合要求。

学习成果检验

一、填空题

（1）PLC 控制系统的设计主要分为两大部分：__________和__________。

（2）选择 PLC 是设计 PLC 控制系统硬件方案中非常重要的环节，选择时应从__________、__________、__________、__________等方面综合考虑。

（3）I/O 模块包括__________和__________。

（4）绘制梯形图程序的原则有__________和__________。

二、简答题

（1）简述 PLC 控制系统设计的一般原则。

（2）简述 PLC 程序的设计步骤。

三、设计题

试设计用一个呼梯信号控制单部六层电梯的梯形图程序，其他控制要同单部四层电梯。

学习成果评价

指导教师根据学生的实际学习成果对其进行评价，学生配合指导教师共同完成学习成果评价表，如表 8-4 所示。

表 8-4 学习成果评价表

班级		组号		日期	
姓名		学号		指导教师	
评价项目	评价内容			满分/分	评分/分
知识	PLC 控制系统的设计原则			5	
	PLC 控制系统的设计步骤			5	
	选择 PLC			5	
	选择 I/O 模块			5	
	选择其他硬件设备			5	
	PLC 程序的设计原则			5	
	PLC 程序的设计步骤			5	
技能	能够根据控制要求选择合适的 PLC			10	
	能够设计单部四层电梯控制系统			30	
素养	积极参加教学活动，主动学习、思考、讨论			5	
	认真负责，按时完成学习、训练任务			5	
	团结协作，与组员之间密切配合			5	
	服从指挥，遵守课堂和实训室纪律			5	
	有竞争意识、勇于克服困难			5	
合计				100	
自我评价					
教师评价					

参考文献

[1] 芮庆忠，黄诚. 西门子 S7-1200 PLC 编程及应用［M］. 北京：电子工业出版社，2020.

[2] 陈贵银，祝福. 西门子 S7-1200 PLC 编程技术与应用工作手册式教程［M］. 北京：电子工业出版社，2021.

[3] 侍寿永. 西门子 S7-1200 PLC 编程及应用教程［M］. 2 版. 北京：机械工业出版社，2021.

[4] 向晓汉. 西门子 S7-1200 PLC 学习手册：基于 LAD 和 SCL 编程［M］. 北京：化学工业出版社，2018.